普通高等教育应用技术型“十三五”规划系列教材

CPLD/FPGA 设计及应用

主　编　马　玲　彭　敏

副主编　赵　庆　杨祖芳

刘琴涛　韩　洁

华中科技大学出版社

中国·武汉

内容简介

本书从实际应用角度出发，重点介绍了以下主要内容：一是可编程逻辑器件 CPLD/FPGA 的编程原理；二是 Quartus II 软件的安装使用方法；三是编程语言 VHDL 的应用。本书结合各类案例给读者介绍了复杂可编程逻辑器件的设计方法，介绍了各类工程模块电路的设计方法，展示了从图形设计输入、编译到软件仿真、下载和硬件测试等的全过程。

本书适合作为普通高等教育本科院校通信工程等电子信息类和计算机应用类相关专业的教材或参考书，也可作为工程技术人员的自学参考书。

图书在版编目(CIP)数据

CPLD/FPGA 设计及应用/马玲，彭敏主编. —武汉：华中科技大学出版社，2015.7
ISBN 978-7-5680-1115-0

Ⅰ. ①C… Ⅱ. ①马… ②彭… Ⅲ. ①可编程序逻辑器件-系统设计 Ⅳ. ①TP332.1

中国版本图书馆 CIP 数据核字(2015)第 179488 号

CPLD/FPGA 设计及应用 马 玲 彭 敏 主 编

策划编辑：范 莹
责任编辑：谢 婧
封面设计：原色设计
责任校对：马燕红
责任监印：周治超
出版发行：华中科技大学出版社(中国·武汉)
武昌喻家山 邮编：430074 电话：(027)81321913
录 排：武汉楚海文化传播有限公司
印 刷：武汉科源印刷设计有限公司
开 本：787mm×1092mm 1/16
印 张：13.75
字 数：342 千字
印 次：2015 年 9 月第 1 版第 1 次印刷
定 价：29.80 元

前　言

电子设计自动化(Electrical Design Automation,EDA)技术是现代集成电路(IC)及电子整机系统设计科技创新和产业发展的关键技术。EDA 技术教学是培养高素质电子设计人才(尤其是 IC 设计人才)的重要途径。基于 EDA 技术的 CPLD/FPGA 设计和应用是我国未来电子设计技术发展的主要方向。

本书的内容共七章。第一章概述 EDA 技术的基础知识,使读者对 EDA 有一个整体上的认知。第二章介绍可编程逻辑器件 CPLD/FPGA,对可编程逻辑器件的编程原理进行介绍,并介绍了目前市场上主流公司的不同型号器件。第三章介绍 VHDL 基础,重点介绍 VHDL 语言的技术结构、语法要素、顺序语句及并行语句。第四章介绍 QuartusⅡ软件平台,介绍 QuartusⅡ软件安装方法,结合各种不同输入方式对 EDA 的设计流程及软件的操作步骤进行了详细描述,并给出了设计实例。第五章介绍基本逻辑电路设计,通过具体设计实例,重点介绍基本的组合逻辑电路设计、时序逻辑电路设计以及分频器设计。第六章重点介绍状态机设计。第七章是设计实例分析,结合工程实际,列举了一些常用设计实例。

本书由武昌首义学院马玲、武汉工商学院彭敏共同主持编写,确定全书结构框架以及撰写主要内容。武汉工商学院杨祖芳对第一、二章进行了修订,武昌工学院赵庆对第三章进行了修订,江汉大学文理学院刘琴涛对第四章进行了修订,武昌首义学院韩洁对第五、六章进行了修订。同时,在本书编写过程中得到了华中科技大学出版社的大力支持,在此向他们一并表示诚挚的感谢。

由于作者水平有限,书中难免有不妥之处,恳请读者批评指正。

编　者

2015 年 8 月

前　言

目　录

第1章 概　述

1.1 EDA技术的含义

由于EDA技术是一门迅速发展的新技术，涉及面广，内容丰富，理解各异，因此目前尚无统一的定义。笔者认为：EDA技术，就是以大规模集成可编程逻辑器件为设计载体，以硬件描述语言为系统逻辑描述的主要表达方式，以计算机、大规模集成可编程逻辑器件的开发软件及实验开发系统为设计工具，通过有关的开发软件，自动完成电子系统设计到硬件系统的逻辑编译、逻辑化简、逻辑分割、逻辑综合及优化、逻辑布局布线、逻辑仿真，直至完成对于特定目标芯片的适配编译、逻辑映射、编程下载等工作，最终形成集成电子系统或专用集成芯片的一门新技术。

利用EDA技术进行电子系统的设计，具有以下几个特点：①用软件的方式设计硬件；②用软件方式设计的系统到硬件系统的转换是由有关的开发软件自动完成的；③设计过程中可用有关软件进行各种仿真；④系统可现场编程，在线升级；⑤整个系统可集成在一个芯片上，体积小、功耗低、可靠性高；⑥从以前的“组合设计”转向真正的“自由设计”；⑦设计的移植性好、效率高；⑧非常适合分工设计，团体协作。因此，利用EDA技术是现代电子设计的发展趋势。

1.2 EDA技术的发展历程

EDA技术伴随着计算机、集成电路、电子系统设计的发展，经历了计算机辅助设计（computer assist design，CAD）、计算机辅助工程设计（computer assist engineering design，CAE）和电子设计自动化（electronic design automation，EDA）三个发展阶段。

1.2.1 20世纪70年代的计算机辅助设计CAD阶段

早期的电子线路系统设计采用的是分立元件，随着集成电路的出现和应用，电子线路系统设计进入到初级阶段。初级阶段的设计大量选用中小规模标准集成电路，人们将这些器件焊接在电路板上，做成初级电子系统，对电子系统的调试是在组装好的印制电路板（PCB）上进行的。

由于传统的手工布图方法无法满足产品复杂性的要求，更不能满足工作效率的要求，于是人们开始将产品设计过程中高度重复性的繁杂劳动，如布图布线工作，用二维图形编辑与分析的CAD工具替代。其中最具代表性的产品就是美国ACCEL公司开发的Tango布线软件。20世纪70年代，是EDA技术发展初期，由于PCB布图布线工具受到计算机工作平台的制约，其支持的设计工作有限且性能比较差。

1.2.2 20 世纪 80 年代的计算机辅助工程设计 CAE 阶段

初期电子系统设计是用大量不同型号的标准芯片实现的。随着微电子工艺的发展，相继出现了集成上万只晶体管的微处理器、集成几十万直到上百万存储单元的随机存储器和只读存储器。此外，支持定制单元电路设计的硅编辑、掩膜编程的门阵列，如标准单元的半定制设计方法以及可编程逻辑器件(PAL 和 GAL)等一系列微结构和微电子学的研究成果都为电子系统的设计提供了新天地。因此，可以用少数几种通用的标准芯片实现电子系统的设计。

伴随计算机和集成电路的发展，EDA 技术进入到计算机辅助工程设计阶段。20 世纪 80 年代初推出的 EDA 工具则以逻辑模拟、定时分析、故障仿真、自动布局和布线为核心，重点解决电路设计没有完成之前的功能检测等问题。利用这些工具，设计师能在产品制作之前预知产品的功能与性能，能生成产品制造文件，在设计阶段对产品性能的分析前进了一大步。

如果说 20 世纪 70 年代的自动布局布线的 CAD 工具代替了设计工作中绘图的重复劳动，那么，20 世纪 80 年代出现的具有自动综合能力的 CAE 工具则代替了设计师的部分工作，对保证电子系统的设计、制造出最佳的电子产品起着关键的作用。20 世纪 80 年代后期，EDA 工具已经可以进行设计描述、综合与优化和设计结果验证，CAE 阶段的 EDA 工具不仅为成功开发电子产品创造了有利条件，而且为高级设计人员的创造性劳动提供了方便。但是，大部分从原理图出发的 EDA 工具仍然不能适应复杂电子系统的设计要求，具体化的元件图形制约着优化设计。

1.2.3 20 世纪 90 年代电子系统设计自动化 EDA 阶段

为了满足千差万别的系统用户提出的设计要求，最好的办法是由用户自己设计芯片，让他们把想设计的电路直接设计在自己的专用芯片上。微电子技术的发展，特别是可编程逻辑器件的发展，使得微电子厂家可以为用户提供各种规模的可编程逻辑器件，使设计者通过设计芯片实现电子系统功能。EDA 技术的发展，又为设计师提供了全线 EDA 工具。这个阶段发展起来的 EDA 工具，可以完成设计前期由设计师完成的许多高层次设计，如可以将用户要求转换为设计技术规范，有效地处理可用的设计资源与理想的设计目标之间的矛盾，按具体的硬件、软件和算法分解设计等。随着电子技术和 EDA 工具的发展，设计师可以在不太长的时间内使用 EDA 工具，通过一些简单标准化的设计过程，利用微电子厂家提供的设计库来完成数万门 ASIC 和集成系统的设计与验证。

20 世纪 90 年代，设计师逐步从使用硬件转向设计硬件，从单个电子产品开发转向系统级电子产品开发，即片上系统集成(system on a chip)。因此，EDA 工具是以系统机设计为核心，包括系统行为级描述与结构综合、系统仿真与测试验证、系统划分与指标分配、系统决策与文件生成等一整套电子系统设计自动化工具。这时的 EDA 工具不仅具有电子系统设计的能力，而且能提供独立于工艺和厂家的系统级设计功能，具有高级抽象的设计构思手段。例如，提供方框图、状态图和流程图的编辑功能，具有适合层次描述和混合信号描述的硬件描述语言(如 VHDL、AHDL 或 Verilog-HDL)，同时含有各种工艺的标准元件库。只有具备上述功能的 EDA 工具，才可能使电子系统工程师在不熟悉各种半导体工艺的情况下，完成电子系统的设计。

未来的EDA技术将向广度和深度两个方向发展，将会超越电子设计的范畴进入其他领域。随着基于EDA的单片系统（SOC）设计技术的发展，软硬核功能库的建立，以及基于VHDL所谓自顶向下设计理念的确立，未来的电子系统的设计与规划将不再是电子工程师们的专利。有专家认为，21世纪将是EDA技术快速发展的时期，并且EDA技术将是对21世纪产生重大影响的十大技术之一。

1.3 EDA技术的主要内容

EDA技术涉及面广，内容丰富。从教学和实用的角度看，一般认为，主要应掌握如下方面的内容：①大规模集成可编程逻辑器件；②硬件描述语言；③软件开发工具；④实验开发系统。其中，大规模集成可编程逻辑器件是利用EDA技术进行电子系统设计的载体，硬件描述语言是利用EDA技术进行电子系统设计的主要表达手段，软件开发工具是利用EDA技术进行电子系统设计的智能化自动化设计工具，实验开发系统则是利用EDA技术进行电子系统设计的下载工具及硬件验证工具。为了使读者对EDA技术有一个总体印象，下面对EDA技术的主要内容进行概要介绍。

1.3.1 大规模集成可编程逻辑器件

可编程逻辑器件（programmable logic device，PLD）是一种由用户编程以实现某种逻辑功能的新型逻辑器件。FPGA和CPLD分别是现场可编程门阵列和复杂可编程逻辑器件的简称。现在，FPGA和CPLD器件的应用已十分广泛，它们将随着EDA技术的发展而在电子设计领域担任重要角色。国际上生产FPGA/CPLD的主流公司，并且在国内占有较大市场份额的是Xilinx，Altera，Lattice三家公司。典型CPLD产品有，Lattice公司的ispMACH4A5、ispMACH4000、ispXPLD5000等系列；Altera公司的MAX3000A、MAX7000等系列；Xilinx公司的CoolRunner-Ⅱ、CoolRunner XPLA3、XC9500/XL/XV等系列。典型FPGA产品有，Lattice公司的MachXO、ispXPGA、EC/ECP、ECP2/M（含S系列）、ECP3、SC/SCM、XP/XP2、FPSC等系列；Altera公司的MAX Ⅱ、Cyclone、Cyclone Ⅱ、Cyclone Ⅲ、Arria GX、Arria Ⅱ GX、STRATIX、STRATIX Ⅱ、STRATIX Ⅲ、STRATIX Ⅳ、FLEX10K、FLEX8000、APEX20K、APEX Ⅱ、ACEX1K等系列；Xilinx公司的XC3000、XC4000、XC5200、Spartan Ⅱ、Spartan Ⅱ E、Spartan-3、Spartan-3A、Spartan-3E、Spartan-3L、Spartan-6、Virtex、Virtex-E、Virtex-Ⅱ、Virtex-4、Virtex-5、Virtex-6等系列。近年来，随着集成电路制造技术的飞速发展，这些公司不断地推出集成度更高、性能更好的产品系列和品种，现在一块CPLD/FPGA芯片上的等效逻辑门数可从几千到几百万。

FPGA在结构上主要分为可编程逻辑单元、可编程I/O单元和可编程连线三个部分。CPLD在结构上主要包括三个部分，即可编程逻辑宏单元，可编程I/O单元和可编程内部连线。

高集成度、高速度和高可靠性是FPGA/CPLD最明显的特点，其时钟延时可小至ns数量级，结合其并行工作方式，在超高速应用领域和实时测控方面有着非常广阔的应用前景。在高可靠应用领域，如果设计得当，将不会存在类似于MCU的复位不可靠和PC可能跑飞等问题。FPGA/CPLD 的高可靠性还表现在几乎可将整个系统下载于同一芯片中,实现所谓片上系统,从而大大缩小了体积,易于管理和屏蔽。

FPGA/CPLD 的集成规模非常大,可利用先进的 EDA 工具进行电子系统设计和产品开发。由于开发工具的通用性、设计语言的标准化以及设计过程几乎与所用器件的硬件结构没有关系,因而设计开发成功的各类逻辑功能块软件有很好的兼容性和可移植性。它几乎可用于任何型号和规模的 FPGA/CPLD,从而使得产品设计效率大幅度提高。可以在很短时间内完成十分复杂的系统设计,这正是产品快速进入市场最宝贵的特征。美国 IT 公司认为,一个专用集成电路(ASIC)80%的功能可用于 IP 核等现成逻辑合成。而未来大系统的 FPGA/CPLD 设计仅仅是各类再应用逻辑与 IP 核(core)的拼装,其设计周期将更短。

与 ASIC 设计相比,FPGA/CPLD 显著的优势是开发周期短、投资风险小、产品上市速度快、市场适应能力强和硬件升级回旋余地大,而且当产品定型和产量扩大后,可将在生产中得到充分检验的 VHDL 设计迅速实现 ASIC 投产。

对于一个开发项目,究竟是选择 FPGA 还是选择 CPLD,主要取决于开发项目本身的需要。对于普通规模,且产量不是很大的产品项目,通常使用 CPLD 比较好。对于大规模的 ASIC 设计,或单片系统设计,则多采用 FPGA。另外,FPGA 掉电后将丢失原有的逻辑信息,所以在实用中需要为 FPGA 芯片配置一个专用 ROM。

1.3.2 硬件描述语言

常用的硬件描述语言(HDL)有 VHDL、Verilog、ABEL。

VHDL:作为 IEEE 的工业标准硬件描述语言,在电子工程领域已成为事实上的通用硬件描述语言。

Verilog:支持的 EDA 工具较多,适用于 RTL 级和门电路级的描述,其综合过程较 VHDL 稍简单,但其在高级描述方面不如 VHDL。

ABEL:一种支持各种不同输入方式的 HDL,被广泛用于各种可编程逻辑器件的逻辑功能设计,其语言描述独立,适用于各种不同规模的可编程器件的设计。

有专家认为,未来 VHDL 与 Verilog 语言将承担几乎全部的数字系统设计任务。

1.3.3 软件开发工具

目前比较流行的、主流厂家的 EDA 软件工具有 Altera 公司的 Quartus Ⅱ、Xilinx 公司的 ISE/ISE-WebPACK series 及 Lattice 公司的 ispLEVER。这些软件的基本功能相同,主要区别在于面向的目标器件不一样、性能各有优劣。

Quartus Ⅱ:支持原理图、VHDL 和 Verilog 语言文本文件,以及以波形与 EDIF 等格式文件作为设计输入、并支持这些文件的任意混合设计。它具有门级仿真器,可以进行功能仿真和时序仿真,能够产生精确的仿真结果。在适配之后,Quartus Ⅱ 生成供时序仿真用的 EDIF、VHDL 和 Verilog 这三种不同格式的网表文件,它界面友好,使用便捷,被誉为业界最易学易用的 EDA 软件,并支持主流的第三方 EDA 工具,支持除 APEX20K 系列之外的所有 Altera 公司的 FPGA/CPLD 大规模逻辑器件。

ISE/ISE-WebPACK series:Xilinx 公司推出的 EDA 集成软件开发环境(integrated software environment,ISE)。Xilinx ISE 的操作简易方便,提供的各种最新改良功能能解决以往各种设计上的瓶颈,加快了设计与检验的流程。各版本的 ISE 软件皆支持 Windows 2000、Windows XP 操作系统。

ispLEVER:Lattice 公司最新推出的一套 EDA 软件,提供设计输入、HDL 综合、验证、器件适配、布局布线、编程和在线系统设计调试。设计输入可采用原理图、硬件描述语言、混合输入三种方式。能对所设计的数字电子系统进行功能仿真和时序仿真。软件中含有不同的工具,适用于各个设计阶段。ispLEVER 软件给开发者提供了一个有力的工具,用于设计所有 Lattice 公司可编程逻辑器件产品,这使得 ispLEVER 的用户能够设计所有 Lattice 公司的业界领先的 FPGA、FPSC、CPLD 产品而不必学习新的设计工具。

1.3.4 实验开发系统

实验开发系统提供芯片下载电路及 EDA 实验/开发的外围资源(类似于用于单片机开发的仿真器),供硬件验证用,一般包括:①实验或开发所需的各类基本信号发生模块,包括时钟、脉冲、高低电平等;②FPGA/CPLD 输出信息显示模块,包括数码显示、发光管显示、声响指示等;③监控程序模块,提供"电路重构软配置";④目标芯片适配座以及上面的 FPGA/CPLD 目标芯片和编程下载电路。

1.4 EDA 的工程设计流程

对于目标器件为 FPGA 和 CPLD 的 VHDL 设计,其工程设计步骤一般包括下面几个环节:第一,进行"源程序的编辑和编译"——用一定的逻辑表达手段将设计表达出来;第二,进行"逻辑综合"——将用一定的逻辑表达手段表达出来的设计经过一系列的操作,分解成一系列的基本逻辑电路及对应关系(电路分解);第三,进行目标器件的布线/适配——在选定的目标器件中建立这些基本逻辑电路及对应关系(逻辑实现);第四,目标器件的编程下载——将前面的软件设计经过编程变成具体的设计系统(物理实现);最后,进行硬件仿真/硬件测试——验证所设计的系统是否符合设计要求。同时,在设计过程中要进行有关仿真——模拟有关设计结果与设计构想是否相符。综上所述,EDA 工程设计的基本流程如图 1.1 所示,现具体阐述如下。

1.4.1 源程序的编辑和编译

利用 EDA 技术进行一项工程设计,首先须利用 EDA 工具的文本编辑器或图形编辑器将它用文本方式或图形方式表达出来,进行排错编译,变成 VHDL 文件格式,为进一步的逻辑综合做准备。

常用的源程序输入方式有三种。

(1)原理图输入方式:利用 EDA 工具提供的图形编辑器以原理图的方式进行输入。原理图输入方式比较容易掌握,直观且方便,所画的电路原理图(请注意,这种原理图与利用 Protel 画的原理图有本质的区别)与传统的器件连接方式完全一样,很容易被人接受,而且编辑器中有许多现成的单元器件可以利用,自己也可以根据需要设计元件。然而原理图输入法的优点

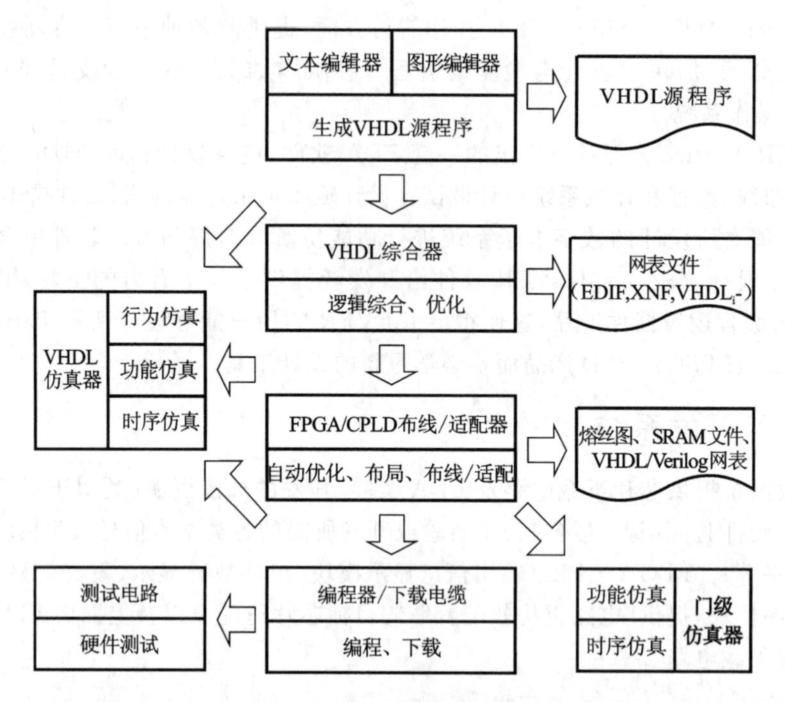

图 1.1　EDA 工程设计流程图

也是它的缺点:①随着设计规模增大,设计的易读性迅速下降,面对图中密密麻麻的电路连线,极难搞清电路的实际功能;②一旦完成,改变电路结构将十分困难,因而几乎没有可再利用的设计模块;③移植困难、入档困难、交流困难、设计交互困难,因为不可能存在一个标准化的原理图编辑器。

(2)状态图输入方式:以图形的方式表示状态图进行输入。当填好时钟信号名、状态转换条件、状态机类型等要素后,就可以自动生成 VHDL 程序。这种设计方式简化了状态机的设计,比较流行。

(3)VHDL 软件程序的文本方式:最一般化、最具普遍性的输入方式,任何支持 VHDL 的 EDA 工具都支持文本方式的编辑和编译。

1.4.2　逻辑综合和优化

若要把 VHDL 的软件设计与硬件的可实现性挂钩,就要利用 EDA 软件系统的综合器进行逻辑综合。

综合器的功能就是将设计者在 EDA 平台上完成的针对某个系统项目的 HDL、原理图或状态图形的描述,针对给定硬件结构组件进行编译、优化、转换和综合,最终获得门级电路甚至更底层的电路描述文件。由此可见,综合器工作前,必须给定最后实现的硬件结构参数,它的功能就是将软件描述与给定硬件结构用某种网表文件的方式联系起来。显然,综合器是软件描述与硬件实现的一座桥梁。综合过程就是将电路的高级语言描述转换成低级的,可与 FPGA/CPLD 或构成 ASIC 的门阵列基本结构相映射的网表文件。

由于 VHDL 仿真器的行为仿真功能是面向高层次的系统仿真,只能对 VHDL 的系统描述做可行性的评估测试,不针对任何硬件系统,因此基于这一仿真层次的许多 VHDL 语句不能被综合器所接受。这就是说，这类语句的描述至少在现阶段无法在硬件系统中实现，这时，综合器不支持的语句在综合过程中将忽略掉。综合器对源 VHDL 文件的综合是针对某一 PLD 供应商的产品系列的，因此，综合后的结果是可以为硬件系统所接受，具有硬件可实现性。

1.4.3 目标器件的布线/适配

逻辑综合通过后必须利用适配器将综合后的网表文件针对某一具体的目标器进行逻辑映射操作，其中包括底层器件配置、逻辑分割、逻辑优化、布线与操作，适配完成后可以利用适配所产生的仿真文件做精确的时序仿真。

适配器的功能是将由综合器产生的网表文件配置于指定的目标器件中，产生最终的下载文件，如 JEDEC 格式的文件。适配所选定的目标器件（FPGA/CPLD 芯片）必须属于原综合器指定的目标器件系列。对于一般的可编程模拟器件所对应的 EDA 软件来说，一般仅需包含一个适配器就可以了，如 Lattice 的 PAC-DESIGNER。通常，EDA 软件中的综合器可由专业的第三方 EDA 公司提供，而适配器则需由 FPGA/CPLD 供应商自己提供，因为适配器的适配对象直接与器件结构相对应。

1.4.4 目标器件的编程/下载

如果编译、综合、布线/适配和行为仿真、功能仿真、时序仿真等过程都没有发现问题，即满足原设计的要求，则可以将由 FPGA/CPLD 布线/适配器产生的配置/下载文件通过编程器或下载电缆载入目标芯片 FPGA 或 CPLD 中。

1.4.5 设计过程中的有关仿真

在综合以前可以先对 VHDL 所描述的内容进行行为仿真，即将 VHDL 设计源程序直接送到 VHDL 仿真器中仿真，这就是所谓的 VHDL 行为仿真。因为此时的仿真只是根据 VHDL 的语义进行的，与具体电路没有关系。在这个阶段的仿真中，可以充分发挥 VHDL 中的适用于仿真控制的语句及有关的预定义函数和库文件的作用。

在综合之后，VHDL 综合器一般都可以生成一个 VHDL 网表文件。网表文件中描述的电路与生成的 EDIF/XNF 等网表文件一致。VHDL 网表文件采用 VHDL 语法，只是其中的电路描述采用了结构描述方法，即首先描述了最基本的门电路，然后将这些门电路用例化语句连接起来。这样的 VHDL 网表文件再送到 VHDL 仿真器中进行所谓功能仿真，仿真结果与门级仿真器所做的功能仿真的结果基本一致。

功能仿真是仅对 VHDL 描述的逻辑功能进行测试模拟，以了解其实现的功能是否满足原设计的要求，仿真过程不涉及具体器件的硬件特性，如延时特性。时序仿真是接近真实器件运行的仿真，仿真过程中已将器件特性考虑进去了，因而，仿真精度要高得多。但时序仿真的仿真文件必须来自针对具体器件的布线/适配器所产生的仿真文件。综合后所得的 EDIF/XNF 门级网表文件通常作为 FPGA 布线器或 CPLD 适配器的输入文件。通过布线/适配处理后，布线/适配器将生成一个 VHDL 网表文件，这个网表文件包含了较为精确的延时信息，网表文件描述的电路结构与布线/适配后的结果是一致的。此时，将这个 VHDL 网表文件送到

VHDL 仿真器中进行仿真，就可以得到精确的时序仿真结果了。

1.4.6 硬件仿真/硬件测试

这里所谓的硬件仿真是针对 ASIC 设计而言的。在 ASIC 设计中，比较常用的方法是利用 FPGA 对系统的设计进行功能检测，通过检测后再将其 VHDL 设计以 ASIC 形式实现。而硬件测试则是把 FPGA 或 CPLD 直接用于应用系统的设计中，将下载文件下载到 FPGA 或 CPLD 后对系统设计进行功能检测。

硬件仿真和硬件测试的目的是在更真实的环境中检验 VHDL 设计的运行情况，特别是对于设计上不是十分规范、语义上含有一定歧义的 VHDL 程序。一般的仿真器包括 VHDL 行为仿真器和 VHDL 功能仿真器，它们对于同一 VHDL 设计的“理解”，即仿真模型的产生，与 VHDL 综合器的“理解”，即综合模型的产生，常常是不一致的。此外，由于目标器件功能的可行性约束，综合器对于设计的“理解”常在一有限范围内选择，而 VHDL 仿真器的“理解”是纯软件行为，其“理解”的选择范围要宽得多。这种“理解”的偏差势必导致仿真结果与综合后实现的硬件电路在功能上不一致。当然，还有许多其他的因素也会产生这种不一致。由此可见，VHDL 设计的硬件仿真和硬件测试是十分必要的。

第2章 可编程逻辑器件

2.1 可编程逻辑器件概述

可编程逻辑器件(PLD)是一种由用户根据自己要求来构造逻辑功能的数字集成电路,具有并行处理能力及在系统编程的灵活性,是实现 ASIC 逻辑的一种非常重要而又十分方便有效的手段,已成为数字系统设计的主流平台之一。

2.1.1 ASIC 设计与 PLD

ASIC 是相对通用集成电路而言的,指专门为某一应用领域或用户需要而设计制造的 LSI 或 VLSI 电路,它可以将某些专用电路或电子系统设计在一个芯片上,构成单片集成系统。按照功能的不同可分为:微波 ASIC、模拟 ASIC、数字 ASIC 和数/模混合 ASIC。

模拟 ASIC 由线性阵列和模拟标准单元组成。由于模拟电路的频带宽度、精度、增益和动态范围等暂时还没有一个最佳的办法加以描述和控制,因此与数字 ASIC 相比,它的发展还相当缓慢。但模拟 ASIC 可减少芯片面积、提高性能、降低费用、扩大功能、降低功耗、提高可靠性以及缩短开发周期,因此其发展也势在必行。

对于数字 ASIC,其设计方法有很多种。按版图结构及制造方法分为全定制和半定制两种方法。

1. 全定制

全定制是一种基于晶体管级的手工设计版图的设计方法,它主要针对要求得到最高速度、最低功耗和最小面积的芯片设计。在全定制设计中,人工参与的工作量大,设计周期长,设计成本较高,而且容易出错,适用于对性能要求很高(如高速芯片)或批量很大的芯片(如存储器、通用芯片)的设计生产。

2. 半定制

半定制是一种约束性设计方法。约束的目的是简化设计、缩短设计周期和提高芯片的产品率。半定制法按照逻辑实现的方式不同分为以下几种。

(1)门阵列(gate array)法。门阵列法又称母片法,是较早使用的一种 ASIC 设计方法。用该法进行设计需预先制造好各种规模的硅阵列(称母片),其内部包括成行成列等间距排列的基本逻辑门、触发器等基本单元的阵列,芯片中留有一定的连线区。除金属连线及引线孔以外的各层版图图形均固定不变,只剩下一层或两层金属铝连线及孔的掩膜需要根据用户电路的不同而定制。每个基本单元以三对或五对晶体管组成,基本单元的高度、宽度都是相等的,并按行排列。设计者根据所需要的功能设计电路,确定连线方式,将设计好电路的网表文件交给 IC 厂家。IC 厂家再根据网表文件描述的电路连线关系,完成母片上电路元件的布局及单元间的连线,最后进行制版及流片。

(2)标准单元(standard cell)法。标准单元法又称库单元法,它是以预先设计配置好、经过测试的标准单元库为基础的。用该设计方法设计必须预先建立完善的版图单元库,库中包括以物理版图表达的各种电路元件和电路模块标准单元,这些单元的逻辑功能、电性能及几何设计规则等均已经过分析和验证。设计时选择库中的标准单元构成电路,然后调用这些标准单元的版图,并利用自动布局布线软件(CAD工具)完成电路到版图一一对应的最终设计。和门阵列法相比,标准单元法设计灵活、自动化程度高、设计周期短、设计效率高,十分适合利用功能强大的EDA工具进行ASIC设计。其缺点在于,在工艺更新之后,标准单元库要随之更新,这是一项十分繁重的工作。

门阵列法或标准单元法设计ASIC的共同缺点是,无法避免繁复的IC制造后向流程,而且与IC设计工艺紧密相关,最终的设计也需要集成电路制造厂家来完成,一旦设计有误,将导致巨大的损失。另外还有设计周期长、基础投入大、更新换代难等缺陷。

(3)可编程逻辑器件法。可编程逻辑器件法是用PLD设计用户定制的数字电路系统。PLD是一种厂家作为通用型器件生产的半定制逻辑芯片,该芯片实质上是门阵列及标准单元设计技术的延伸和发展。与上述两种半定制电路不同,它是一种已完成了全部工艺制造、可直接从市场上购得的产品,设计者只要利用EDA工具对器件编程就可实现所需要的逻辑功能,故它又称为可编程ASIC。PLD是用户可配置的器件,其规模越来越大,功能越来越强,价格越来越低,相配套的EDA软件也越来越完善,当系统需要升级时,不需要修改硬件电路板,只需要在软件上进行程序更新,将配置代码重新下载到PLD内即可。

用可编程逻辑器件法设计时,设计者在实验室即可设计和制造出芯片,且可通过对器件反复编程进行电路更新,一旦发现错误,则可随时更改,而不必关心器件实现的具体工艺,这使得设计效率大大提高,设计周期大大缩短。但用PLD直接实现的ASIC在性能、速度和单位成本上劣于用全定制或标准单元法设计的ASIC。另外,也不可能用可编程ASIC去取代通用产品,如CPU、单片机、存储器等。

目前,在电子系统开发阶段的硬件验证过程中,一般都采用可编程逻辑器件法,以期尽快开发产品,迅速占领市场,等大批量生产时,再根据实际情况转换成前面两种方法中的一种进行再设计。也可采用特殊的方法转成ASIC电路,如Altera的部分FPGA器件在设计成功后可以通过HardCopy技术转成对应的门阵列ASIC产品。

2.1.2 PLD分类

目前生产PLD的厂家有Lattice、Altera、Xilinx、Actel、Atmel、AMD、AT&T、Cypress、Intel、Motorola、Quicklogic、TI(Texas Instrument)等。常见的PLD产品有PROM、EPROM、EEPROM、PLA、FPLA、PAL、GAL、CPLD、EPLD、EEPLD、HDPLD、FPGA、pLSI、ispLSI、ispGAL、ispGDS。PLD的分类方法较多,也不统一,常见的分类方法有以下几种。

1. 按器件集成度划分

根据PLD单片集成度的高低,可将PLD分为低密度PLD和高密度PLD等两类。

通常,当PLD中的等效门数超过500门时,则认为它是高密度PLD。常见的低密度PLD有PROM、PLA、PAL以及GAL器件等,常见的高密度PLD有EPLD、CPLD以及FPGA等。

2. 按器件结构类型划分

目前常用的 PLD 都是从“与或”阵列和“门”阵列两类基本结构发展起来的，所以 PLD 从结构上可分为两大类。

(1)乘积项结构器件。其基本结构为“与或”阵列器件。简单 PLD、EPLD 和 CPLD 都属于此类器件。

(2)查找表结构器件。其基本结构类似于“门”阵列器件，它由简单的查找表组成可编程逻辑门，再构成阵列形式。大多数 FPGA 属于此类器件。

3. 按编程工艺划分

PLD 按编程工艺分为以下 6 种类型：熔丝(fuse)型器件、反熔丝型(antifuse)器件、UEPROM 型器件、EEPROM 型器件、SRAM 型器件、Flash 型器件。

4. 按可编程特性划分

对大规模集成 PLD 编程后，根据其掉电后重新上电能否保持编程信息划分为两类：CPLD，掉电后重新上电还能保持编程信息的器件；FPGA，掉电后不能保持编程信息的器件。

2.1.3　PLD 的发展历程

20 世纪 70 年代初出现了最早的 PLD，主要是可编程只读存储器(PROM)和可编程逻辑阵列(programmable array logic，PLA)。20 世纪 70 年代末出现了 PLA 器件。

20 世纪 80 年代初，美国 Lattice 公司推出了一种新型 PLD，称为通用阵列逻辑(generic array logic，GAL)器件，一般认为它是第二代 PLD。随着技术进步，生产工艺不断改进，器件规模不断扩大，逻辑功能不断增强，各种 PLD 如雨后春笋般涌现，如 PROM、EPROM、EEPROM等。1985 年，美国 Altera 公司在 EPROM 和 GAL 器件的基础上，首先推出了可擦除可编程逻辑器件(erasable PLD，EPLD)，其结构与 PAL/GAL 器件相仿，但其集成度比 GAL 器件高得多。而后 Altera、Atmel、Xilinx 等公司不断推出新的 EPLD 产品，它们的工艺不尽相同，结构不断改进，形成了一个庞大的产品群。但是从广义来讲，EPLD 可以包括 GAL、EEPROM、FPGA、ispLSI 或 ispEPLD 等器件。

最初，一般把器件的可用门数超过 500 门的 PLD 称为 EPLD。后来，器件的密度越来越大，许多公司把原来称为 EPLD 的产品都称为复杂可编程逻辑器件(complex programmable logic devices，CPLD)。现在，一般把所有超过某一集成度的 PLD 都称为 CPLD。当前 CPLD 的规模已从取代 PAL 和 GAL 的 500 门以下的芯片系列，发展到 5000 门以上，现已有上百万门的 CPLD 芯片系列。随着工艺水平的提高，在增加器件容量的同时，为提高芯片的利用率和工作频率，CPLD 从内部结构上进行了许多改进，出现了多种不同的形式，功能更加齐全，应用不断扩展。在 EPROM 基础上出现的高密度可编程逻辑器件称为 EPLD 或 CPLD。

20 世纪 80 年代中期，美国 Xilinx 公司首先推出了现场可编程门阵列(field programmable gate array，FPGA)器件。FPGA 器件采用逻辑单元阵列结构和静态随机存取存储器工艺，设计灵活，集成度高，可无限次反复编程，并可现场模拟调试验证。FPGA 器件及其开发系统是开发大规模数字集成电路的新技术。它利用计算机辅助设计，首先绘制出实现用户逻辑的原理图、编辑布尔方程或用硬件描述语言等方式作为输入；然后经一系列转换程序、自动布局布线、模拟仿真的过程；最后生成配置 FPGA 器件的数据文件，对 FPGA 器件初始化。这样就实现了满足用户要求的专用集成电路，真正达到了用户自行设计、自行研制和自行生产集成电路的目的。由于 FPGA 器件具有高密度、高速率、系列化、标准化、小型化、多功能、低功耗、低成本、设计灵活方便、可无限次反复编程、可现场模拟调试验证等优点，因此使用 FPGA 器件，一般可在几天到几周内完成一个电子系统的设计和制作，可以缩短研制周期，达到快速上市和进一步降低成本的要求。

20 世纪 90 年代初，Lattice 公司又推出了在系统可编程大规模集成电路（ispLSI）。在系统可编程特性（in system programmability，ISP）是指在用户自己设计的目标系统或线路板上，为重新构造设计逻辑而对器件进行编程或反复编程的能力。在系统编程器件的基本特征是利用器件的工作电压（一般为 5V），在器件安装到系统板上后，不需要将器件从电路板上卸下就可对器件进行直接配置，并可改变器件内的设计逻辑，满足原有的 PCB 布局要求。采用 ISP 技术之后，硬件设计可以变得像软件设计那样灵活，硬件的功能也可以实时更新或按预定的程序改变配置。这不仅扩展了器件的用途，缩短了系统的设计和调试周期，而且还省去了对器件单独编程的环节，因而也省去了器件编程设备，简化了目标系统的现场升级和维护工作。

进入 21 世纪以来，可编程逻辑集成电路技术进入飞速发展的阶段，器件的可用逻辑门数超过了百万门甚至达到上千万门，器件的最高频率超过 100 MHz 甚至达到 500 MHz，内嵌的功能模块越来越专用和复杂，如加法器、乘法器、RAM、CPU 核、DSP 核、PLL 等，同时出现了基于 FPGA 的可编程片上系统（system on a programmable chip，SOPC），有时又称为基于FPGA 的嵌入式系统。

2.2 CPLD/FPGA 产品概述

2.2.1 Altera 公司产品

1. CPLD 产品概述

Altera 公司是著名的 PLD 生产厂家，在 CPLD/FPGA 领域都有非常强的实力，多年来一直占据着行业领先地位。其 CPLD 产品主要有 FLASHlogic 系列、Classic 系列和 MAX（Multiple Array Matrix）系列。

1）MAX 系列 CPLD

MAX 系列 CPLD 包括 MAX3000/5000/7000/9000 等品种，集成度在几百门至数万门之间，采用 EPROM 和 EEPROM 工艺，所有 MAX7000/9000 系列器件都支持 ISP 和 JTAG 边界扫描测试功能。

MAX3000A CPLD 系列采用成本最优化的 0.3 μm 工艺制造，四层金属加工，逻辑密度范围为 600～10 000 可用门数（32～512 个宏单元）。通用的速度等级和封装形式，3.3 V MAX3000A CPLD 系列适用于对成本比较敏感、容量比较大的应用场合。该系列 CPLD 主要参数见表 2.1。其中，t_{PD}为引脚到引脚的延时，单位为 ns；f_{CNT}为计数器可工作的最高频率，单位为 MHz。

表 2.1　MAX3000A 系列 CPLD 主要参数(3.3 V)

器　件	EPM3032A	EPM3064A	EPM3128A	EPM3256A	EPM3512A
可用门数	600	1250	2500	5000	10000
宏单元数	32	64	128	256	512
最大用户 I/O 数	34	66	96	158	208
t_{PD}/ns	4.5	4.5	5.0	7.5	7.5
f_{CNT}/MHz	227.3	222.2	192.3	126.6	116.3

MAX7000 CPLD 系列提供了一种高速可编程逻辑解决方案，逻辑密度范围为 600～10000 可用门数(32～512 个宏单元)，价格便宜，使用方便。E、S 系列工作电压为 5 V，A、AE 系列工作电压为 3.3 V 混合电压，B 系列为 2.5 V 混合电压。具有可预测执行速度、上电即时配置和多种封装形式的特性，在逻辑密度类型中，MAX7000 是最广泛的可编程解决方案。该系列中的 MAX7000B 系列 CPLD 主要参数如表 2.2 所示。

表 2.2　MAX7000B 系列 CPLD 主要参数(3.3 V)

器　件	EPM7032B	EPM7046B	EPM7128B	EPM7256B	EPM7512B
可用门数	600	1250	2500	5000	10000
宏单元数	32	64	128	256	512
最大用户 I/O 数	36	68	100	164	212
t_{PD}/ns	3.5	3.5	4.0	5.0	5.5
f_{CNT}/MHz	303.0	303.0	243.9	188.7	163.9

MAX9000 系列是 MAX7000 的有效宏单元和 FLEX8000 的高性能、可预测快速通道相结合的产物，具有 6000～12000 个可用门(12000～14000 个有效门)，在当前的各种器件级设计中应用非常广泛，它提供了一些应用广泛、功能强大的系统级特性，包括 ISP、固定 JTAG、边界测试支持和多电压 I/O 能力。该系列 CPLD 主要参数见表 2.3。

表 2.3　MAX9000 系列 CPLD 主要参数

器　件	EPM9320 EPM9320A	EPM9400	EPM9480	EPM9560 EPM9560A
可用门数	6000	8000	10000	12000
宏单元数	320	400	480	560
最大用户 I/O 数	168	159	175	216
t_{PD}/ns	10	15	15	10
f_{CNT}/MHz	144	118	144	144

MAX 系列的最大特点是，采用 EEPROM 工艺，编程电压与逻辑电压一致，编程界面与 FPGA 统一，简单方便，在低端应用领域有优势。

2)MAX Ⅱ 系列 CPLD

MAX Ⅱ 系列器件属于非易失、瞬时接通可编程逻辑系列，主要用于以前 MAX CPLD 实现的场合。由于采用了 LUT 体系结构，因此大大降低了系统功耗、体积和成本。1.8 V 内核电压，动态功耗只有MAX CPLD的1/10，使用高达300 MHz的内部时钟频率。MAX Ⅱ系列器件提供8 KB用户可访问Flash存储器，可用于片内串行或并行非易失存储。支持用户在器件工作时对闪存配置进行更新。支持多种单端I/O接口标准，如LVTTL、LVCOMS和PCI。含有JTAG模块，可以利用并行Flash加载宏功能来配置非JTAG兼容器件，如分立闪存器件等。

MAX Ⅱ系列有MAX Ⅱ、MAX ⅡG、MAX ⅡZ三种型号，其中MAX Ⅱ电源电压为3.3 V或2.5 V，MAX ⅡG、MAX ⅡZ电源电压为1.8 V，内核电压都是1.8 V。该系列CPLD主要参数见表2.4。

表2.4 MAX Ⅱ系列CPLD主要参数

器　件	EPM240	EPM240G	EPM570	EPM570G	EPM1270	EPM1270G
宏单元数	240	570	1270	2210	240	570
等效宏单元数	192	440	980	1700	192	440
用户闪存UFM/B	8192	8192	8192	8192	8192	8192
最大用户I/O数	80	160	212	272	80	160
t_{PD}/ns	4.7	5.4	6.2	7.0	7.5	9.0
f_{CNT}/MHz	304	304	304	304	152	152

2. FPGA器件概述

Altera公司的FPGA器件系列产品按推出的先后顺序有FLEX系列、APEX系列、ACEX系列和Cyclone系列、Arria系列、Stratix系列。现在的主流产品是低档的Cyclonc系列、中档的Arria系列和高档的Stratix系列。

1)ACEX 1K系列器件

ACEX 1K系列基于先进的成本最优化2.5 V SRAM加工工艺，逻辑密度范围为10000～100000可用门数，操作电压为2.5 V。ACEX 1K系列器件完全适应64B、66 MHz系统，具有嵌入式双端口RAM，先进的封装技术特征。ACEX 1K系列器件支持锁相环(PLL)电路，能驱动两个单独的ClockLOCK和ClockBOOST产生的信号，具有广泛的时钟管理能力。该系列的FPGA主要参数见表2.5。

表2.5 ACEX 1K系列FPGA主要参数

器　件	EP1K10	EP1K30	EP1K50	EP1K100
典型门数	10000	30000	50000	100000
最大系统门数	56000	119000	199000	257000
逻辑单元数目	576	1728	2880	4992
嵌入式阵列块(EAB)	3	6	10	12
最大RAM/B	12228	24576	40960	49152
速度等级	−1,−2,−3	−1,−2,−3	−1,−2,−3	−1,−2,−3
最大用户I/O数	136	171	249	333

2)Cyclone系列FPGA

(1)Cyclone FPGA：它是Altera公司低成本、高性价比的FPGA产品，综合考虑了逻辑、存储器、锁相环和高级 I/O 接口，但却是针对低成本进行设计的。这些低成本器件具有专业应用特性，如嵌入式存储器、外部存储器接口、时钟管理电路等。Cyclone 系列 FPGA 是成本敏感的大批量应用的首选。该系列 FPGA 主要参数见表 2.6。

表 2.6　Cyclone 系列 FPGA 主要参数

器　件	EP1C3	EP1C6	EP1C12	EP1C20
逻辑单元数	2910	5980	12060	20060
M4K RAM 块数	13	20	52	64
总 RAM/B	59904	92160	239616	294912
锁相环数	1	2	2	2
最大用户 I/O 数	104	185	249	301

Cyclone FPGA 的工作电压为 1.5 V，采用 0.13 μm 全铜 SRAM 工艺，具有多达 20060 个逻辑单元（LE）和高达 288 KB 的 RAM。

（2）Cyclone Ⅱ FPGA：它提供了与 Cyclone 系列上一代产品相同的优势——用户定义的功能、领先的性能、低功耗、高密度以及低成本。Cyclone Ⅱ 器件扩展了低成本 FPGA 的密度，使之最多达到 68416 个逻辑单元（LE）和 1.1 MB 的嵌入式存储器。Cyclone Ⅱ 器件采用 90 nm、低 K 值电介质工艺，通过使硅片面积最小化，可以在单芯片上支持复杂的数字系统。该系列的 FPGA 主要参数见表 2.7。

表 2.7　Cyclone Ⅱ 系列 FPGA 主要参数

器　件	EP2C5	EP2C8	EP2C20	EP2C35	EP2C50	EP2C70
逻辑单元数	4608	8256	18752	33216	50528	68416
M4K RAM 块数	26	36	52	105	129	250
总 RAM/B	119808	165888	239616	483840	594432	1152000
嵌入式乘法器	13	18	26	35	86	150
锁相环数	2	2	4	4	4	4
最大用户 I/O 数	142	182	315	475	450	622

（3）Cyclone Ⅲ 系列 FPGA：它具有最多 200,000 个逻辑单元、8 MB 的存储器，静态功耗不到 0.25 W，采用台积电（TSMC）的低功耗（LP）工艺技术进行制造，可以应用于通信设备、汽车、显示、工业、视频和图像处理、软件无线电设备等领域。该系列的 FPGA 主要参数见表 2.8。

表 2.8　Cyclone Ⅲ 系列 FPGA 主要参数

器　件	EP3C5	EP3C10	EP3C16	EP3C25	EP3C40	EP3C55	EP3C80	EP3C120
逻辑单元数	5136	10320	15408	24624	39600	55856	81264	119088
存储器/KB	414	414	504	594	1134	2340	2745	3888
乘法器	23	23	56	66	126	156	244	288
锁相环数	2	2	4	4	4	4	4	4
全局时钟网络	10	10	20	20	20	20	20	20

（4）Cyclone Ⅳ 系列 FPGA：为高容量、成本比较敏感的应用提供了一个理想平台，可满足

在降低系统成本的同时增加系统带宽的需要。Cyclone Ⅳ系列 FPGA 提高了 Cyclone 系列 FPGA 提供最低成本、最低功耗的领导地位，同时又增加了一个可变的总线收发器。由于建立了一个成本和功耗的最优化处理的范例，因此可利用更多的芯片硬 IP 核，相比于 Cyclone Ⅲ FPGA，Cyclone Ⅳ系列 FPGA 在降低成本的同时，可提供更低的功耗。该系列 FPGA 主要有两个变化：①Cyclone Ⅳ GX FPGA 为高带宽应用集成了一个 3.125 Gb/s 的总线收发器接口；②Cyclone Ⅳ E FPGA 为通用逻辑、控制平台和其他嵌入式控制应用提供了一个广泛的应用。该系列的 FPGA 见表 2.9。

表 2.9　Cyclone Ⅳ系列 FPGA 主要参数

器　件	逻辑单元数	总的存储器/KB	乘法器(18×18)	总线收发器 I/O	PCI Express Hard IP 块	用户 I/O 数
Cyclone Ⅳ GX FPGA(1.2V)	6272～114480	270～3888	12～266	N/A	N/A	94～535
Cyclone Ⅳ E FPGA(1.0V)	14400～14970	50～6480	0～360	2～8	1	72～475

3)Arria 器件系列 FPGA

Arria 器件系列 FPGA 包括 Arria GX 和 Arria Ⅱ GX 器件，分别采用 90 nm 和 40 nm 工艺制造，片内收发器支持 FPGA 串行数据在高频下的 I/O。Arria GX 系列 FPGA 是 Altera 公司带收发器的高性价比 FPGA 系列，其收发速率达到 3.125 Gb/s，可以连接现有的模块和器件，支持 PCI Express、千兆以太网、Serial RapidIO、SDI、XAUI 等协议。Arria GX FPGA 采用的是 Altera 成熟可靠的收发器技术，能够确保设计具有优异的信号完整性。该系列 FPGA 主要参数见表 2.10。

表 2.10　Arria 器件系列 FPGA 主要参数

器　件	EP1AGX20C	EP1AGX35C/D		EP1AGX50C/D		EP1AGX60C/D/E			EP1AGX90E
	C	C	D	C	D	C	D	E	E
自适应逻辑块	8632	13408		20064		24040			36088
等效逻辑单元	21580	33520		50160		60100			90220
总线收发器通道	4	4	8	4	8	4	8	12	12
总线收发器数据率	600 Mb/s～3.125 Gb/s								
源同步接收通道	31	31	31	31	31,42	31	31	42	47
源同步发射通道	29	29	29	29	29,42	29	29	42	45
M512 RAM 块(32×18B)	166	197		313		326			478
M4K RAM 块(128×36B)	118	140		242		252			400
M-RAM 块(4096×144B)	1	1		2		2			4
总的 RAM/B	1229184	1348416		2475072		2528640			4477824

续表

器件	EP1AGX20C	EP1AGX35C/D		EP1AGX50C/D		EP1AGX60C/D/E			EP1AGX90E
	C	C	D	C	D	C	D	E	E
嵌入式乘法器(18×18)	40	50		104		128			176
DSP 块数	10	14		26		32			44
锁相环数	4	4		4	4,8	4		8	8
最大用户 I/O 数	230,341	230	341	229	350,514	229	350	514	538

Arria Ⅱ GX 系列器件比 Arria GX 系列器件集成度更高，性能更好，具有多达 256500 个 LE，612 个用户 I/O，RAM 总容量高达 8550 KB。该系列的 FPGA 主要参数见表 2.11。

表 2.11 Arria Ⅱ GX 系列 FPGA 主要参数

器件	EP2AGX45	EP2AGX65	EP2AGX5	EP2AGX15	EP2AGX190	EP2AGX260
总的总线收发器	8	8	12	12	16	16
自适应逻辑块	18050	25300	37470	49640	76120	102600
逻辑单元数	42959	60214	89178	118143	181165	244188
PCIe hard IP 块	1	1	1	1	1	1
M9K RAM 块	319	495	612	730	840	950
总的嵌入式存储器/KB	2871	4455	5508	6570	7560	8550
总的在片存储器/KB	3435	5246	6679	8121	9939	11756
嵌入式乘法器(18×18)	232	312	448	576	656	736
通用锁相环数	4	4	6	6	6	6
总线收发器 T×PLL 数	2,4	2,4	4,6	4,6	6,8	6,8
用户 I/O 块数	6	6	8	8	12	12
高速 LVDS SERDES	8,24,28	8,24,28	24,28,32	24,28,32	28,48	28,48

4)Stratix 系列 FPGA

Altera 公司自从 2002 年推出 Stratix 器件系列 FPGA 以来，几乎每年推出一个新系列，包括 Stratix、StratixGX、Stratix Ⅱ、Stratix Ⅱ GX、Stratix Ⅲ、Stratix Ⅳ 等品种。常用的 Stratix 器件系列是 Stratix Ⅱ、Stratix Ⅱ GX、Stratix Ⅲ 和 Stratix Ⅳ。

Stratix 器件系列的特点是：内部结构灵活，增强的时钟管理和锁相环，支持 3 级存储结构；内嵌三级存储单元，可配置为移位寄存器的 512 B RAM、4 KB 的标准 RAM 和 512 KB 带奇偶校验位的大容量 RAM；内嵌乘加结构的 DSP 块；增加片内终端匹配电阻，简化 PCB 布线；增加配置错误纠正电路；增加远程升级能力；采用全新的布线结构。Stratix、StratixGX 采用 0.13 μm，全铜 SRAM 工艺制造，集成度可达数百万门以上，工作电压为 1.5 V。

最新的 Stratix Ⅳ 采用 40 nm 工艺制造，多达 681100 个 LE，高达 31491 KB/s 的 RAM，是 Altera 公司所提供产品中密度最高、性能最好的产品，内嵌 Nios 处理器，有最好的 DSP 处理模块，大容量存储器，高速 I/O、存储器接口，11.3 GB/s 收发器。Stratix Ⅳ FPGA 系列提供增加型(E)和带有收发器(GX 和 GT)的增加型器件,满足了无线和固网通信、军事、广播等众多市场和应用的需求。该系列的 FPGA 主要参数见表 2.12~表 2.14。

表 2.12 Stratix 系列 FPGA 主要参数

器　件	EP1S10	EPIS20	EPIS25	EPIS30	EPIS40	EPIS60	EPIS80	EPIS120
逻辑单元数	10570	18460	25660	32470	41250	57120	79040	114140
M512 RAM 块	94	194	224	295	384	574	767	1118
M4K RAM 块	60	82	138	171	183	292	364	520
M-RAM 块	1	2	2	4	4	6	9	12
总 RAM/B	920448	1669248	1994576	3317184	3423774	5215104	7427520	10118016
DSP 块	6	10	10	12	14	18	22	28
嵌入式乘法器	48	80	80	96	112	144	176	224
锁相环数	6	6	6	10	12	12	12	12
最大用户 I/O 数	426	586	706	726	822	1022	1238	1314

表 2.13 Stratix GX 系列 FPGA 主要参数

器　件	EP1SGX10C	EPISGX10D	EPISGX25C	EPISGX25D	EPISGX25F	EPISGX40D	EPISGX40G
逻辑单元数	10570	10570	25660	25660	25660	41250	41250
全双工收发通道	4	8	4	8	16	8	20
源同步通道	22	22	39	39	39	45	45
M512 RAM 块	94	94	224	224	224	384	384
M4K RAM 块	60	60	138	139	138	183	183
M-RAM 块	1	1	2	2	2	4	4
总 RAM/B	920448	920448	1944576	1944576	1944576	3423744	73423744
DSP 块	6	6	10	10	10	14	14
嵌入式乘法器	48	48	80	80	80	112	112
锁相环数	4	4	4	4	4	8	8
最大用户 I/O 数	318	318	433	530	530	589	589

表 2.14 StratixⅡ系列 FPGA 主要参数

器　件	EP1S15	EPIS30	EPIS60	EPIS90	EPIS130	EPIS180
自适应逻辑块	6240	13552	24176	36384	53016	71760
逻辑单元数	15600	33880	60440	90960	132540	179400
M512 RAM 块	104	202	329	488	699	930
M4K RAM 块	78	144	255	408	609	768
M-RAM 块	0	1	2	4	6	9
总 RAM/B	419328	1369728	2544192	4520488	6747840	9383040

续表

器　　件	EP1S15	EPIS30	EPIS60	EPIS90	EPIS130	EPIS180
DSP 块	12	16	36	48	63	96
嵌入式乘法器	48	64	144	192	252	384
锁相环数	6	6	12	12	12	123
最大用户 I/O 数	365	499	717	901	1109	1173

2.2.2　Xilinx 公司产品

1. CPLD 产品概述

Xilinx 公司以其提出现场可编程的概念和在 1985 年生产出世界上第一片 FPGA 而著名，其 CPLD 产品也很不错。

Xilinx 公司的 CPLD 产品系列主要有 XC7200 系列、XC7300 系列、XC9500 系列和 CoolRunner系列。

1)XC9500 系列

XC9500 系列有 XC9500/9500XV/9500XL 等产品，主要是芯核电压不同，分别为 5 V、2.5 V 和 3.3 V。该系列 CPLD 主要参数见表 2.15～表 2.17。

表 2.15　XC9500 系列 CPLD 主要参数

器　　件	XC9536	XC9572	XC95108	XC95144	XC95216	XC95288
宏单元数	36	72	108	144	216	288
可用门数	800	1600	2400	3200	4800	6400
寄存器数	36	72	108	144	216	288
t_{PD}/ns	5	7.5	7.5	7.5	10	15
f_{CNT}/MHz	100	125	125	125	111.1	92.2
f_{SYS}/MHz	100	83.3	83.3	83.3	66.7	56.6

表 2.16　XC9500XL 系列 CPLD 主要参数

器　　件	XC9536XL	XC9572XL	XC95144XL	XC95288XL
宏单元数	36	72	144	288
可用门数	800	1600	3200	6400
寄存器数	36	72	144	288
t_{PD}/ns	5	5	5	6
f_{SYS}/MHz	178	178	178	208

表 2.17　XC9500XV 系列 CPLD 主要参数

器　　件	XC9536XV	XC9572XV	XC95144XV	XC95288XV
宏单元数	36	72	144	288

续表

器　　件	XC9536XV	XC9572XV	XC95144XV	XC95288XV
可用门数	800	1600	3200	6400
寄存器数	36	72	144	288
t_{PD}/ns	5	5	5	6
f_{SYS}/MHz	222	222	222	208
输出扩展	1	1	2	4

XC9500 系列采用快闪(FASTFlash)存储技术，能够重复编程万次以上，比 ultraMOS 工艺速度更快，功耗更低，引脚到引脚之间的延时最小为 4 ns，宏单元数可达 288 个(6400 门)，系统时钟频率为 200 MHz，支持 PCI 总线规范，支持 ISP 和 JTAG 边界扫描测试功能。

该系列器件的最大特点是引脚作为输入可以接受 3.3 V/2.5 V/1.8 V/1.5 V 等多种电压标准，作为输出可配置成 3.3 V/2.5 V/1.8 V 等多种电压标准，工作电压低，适应范围广，功耗低，编程内容可保持 20 年。

2)CoolRunner 系列

CoolRunner 系列是 Xilinx 公司继 XC9500 系列后于 2002 年新推出的，现在常用的是适用于 1.8 V 应用的 CoolRunner Ⅱ系列，支持 1.5～3.3 V I/O，宏单元数可达 512 个，最快速度 t_{PD}为 3.8 ns。该系列 CPLD 主要参数见表 2.18 和表 2.19。

表 2.18　XPLA 系列 CPLD 主要参数

器　　件		宏单元数	t_{PD}/ns	系统时钟/MHz	I/O 引脚数
加强型 XPLA	XCR3032A(3V) XCR5032A(5V)	32	6.0	111	32(PLCC44、VQFP44)
	XCR3064A(3V) XCR5064A(5V)	64	7.5	105	32(PLCC44、VQFP44) 64(BGA56、VQFP100)
	XCR3128A(3V) XCR5128A(5V)	128	7.5	95	80(VQFP100)、 96(TQFO128)
XPLA2	XCR3320A(3V)	320	7.5	100	112(TQFP160)、 192(BGA256)
	XCR3960A(3V)	960	7.5	100	384(BGA492)
XPLA3	XCR3032XL	32	5	200	32(VQFP44、CSP48)
	XCR3064XL	64	6	167	32(VQFP44)、44(CSP56)、 64(VQFP100)
	XCR3128XL	128	6	167	80(VQFP100)、 104(CSP144、VQFP144)
	XCR3256XL	256	7.5	133	104(TQFP144)、 160(208PQFT、280CSP)
	XCR3384XL	384	7.5	133	216(CSP280)

表 2.19 CoolRunner Ⅱ系列 CPLD 主要参数

器　件	XC2C32	XC2C64	XC2C128	XC2C256	XC2C384	XC2C512
宏单元数	32	64	128	256	384	512
最大 I/O 数	33	64	100	184	240	270
t_{PD}/ns	3.5	4.0	4.5	5.0	5.5	6.0
t_{SU}/ns	1.7	2.0	2.1	2.2	2.3	2.4
t_{CO}/ns	2.8	3.0	3.4	3.8	4.2	4.6
f_{SYS}/MHz	333	270	263	238	217	217

2. FPGA 器件概述

Xilinx 公司是最早推出 FPGA 器件的公司，1985 年首次推出 FPGA 器件，现有 XC2000/3000/3100/4000/5000/6200/8100、Virtex 系列、Spartan 系列等 FPGA 产品。

1)XC2000 等系列 FPGA

XC2000/3000/3100/4000/5000/6200/8100 系列 FPGA 是 Xilinx 公司最初推出的 FPGA 主要系列产品，该系列 FPGA 的主要参数见表 2.20。

表 2.20 XC2000 等系列 FPGA 主要参数

系列	代表产品	可用门数(×10³)	宏单元数	逻辑单元/个	速度等级/ns	驱动能力/mA	最大用户I/O数	RAM/B
XC2000	XC2018L	1.0～1.5	100	172	10	4	74	
XC3000	XC3090	5.0～6.0	320	928	6	4	144	
XC3100	XC3195/A	6.5～7.5	484	1320	0.9	8	176	
XC4000	XC4063EX	62～130	2304	5376	2	12	384	73728
XC5200	XC5215	14～18	484	1936	4	8	244	
XC6200	XC6264	64～100	16384	16384		8	512	262000
XC7200	XC7272A	2.0	72	126	15	8	72	
XC7300	XC73144	3.8	144	234	7	24	156	
XC8100	XC8109	8.1～9.4	2688	1344	1	24	208	

2)Virtex 系列 FPGA

Virtex 器件系列包括 Virtex、Virtex E、Virtex Ⅱ、Virtex Ⅱ E、Virtex Ⅱ Pro、Virtex-4、Virtex-4Q、Virtex-4QV、Virtex-5、Virtex-5Q、Virtex-6 等系列 FPGA，现在主流产品是 Virtex-5、Virtex-6 等系列。该系列 FPGA 主要参数见表 2.21 和表 2.22。

表 2.21 Virtex Ⅱ系列 FPGA 主要参数

器　件	系统门数	CLB 数	LC 数	乘法器数	BlockRAM 容量/KB	DCM 数	最大用户 I/O 数
XC2V40	40×10^3	64	576	4	72	4	88
XC2V80	80×10^3	28	1152	8	144	4	120

续表

器　　件	系统门数	CLB数	LC数	乘法器数	BlockRAM容量/KB	DCM数	最大用户I/O数
XC2V250	250×10^3	384	3456	24	432	8	200
XC2V500	500×10^3	768	6912	32	576	8	264
XC2V1000	1×10^6	1280	11520	40	720	8	432
XC2V1500	1.5×10^6	1920	17280	48	864	8	528
XC2V2000	2×10^6	2688	24192	56	1008	8	624
XC2V3000	3×10^6	3584	32256	96	1728	12	720
XC2V4000	4×10^6	5760	51840	120	2160	12	912
XC2V6000	6×10^6	8448	76032	144	2592	12	1104
XC2V8000	8×10^6	11648	104832	168	3024	12	1108

表2.22　Virtex Ⅱ Pro系列FPGA主要参数

器　　件	多吉位收发器数(Rocket IO)	PowerPC 405数	LC数	乘法器数	BlockRAM容量/KB	DCM数	最大用户I/O数
XC2VP2	4	1	3168	12	216	4	204
XC2VP4	4	1	6768	28	504	4	348
XC2VP7	8	1	11088	44	792	4	396
XC2VP20	8	2	20880	88	1584	8	564
XC2VP30	8	2	30816	136	2448	8	692
XC2VP40	12	2	43632	192	3456	8	804
XC2VP50	16	2	53136	232	4176	8	852
XC2VP70	20	2	74448	328	5904	8	996
XC2VP100	20	2	92216	444	7992	12	1164
XC2VP125	24	4	125136	556	10008	12	1200

Virtex系列是高速、高密度的FPGA产品，采用0.22 μm、5层金属布线的CMOS工艺制造，最高时钟频率为200 MHz，集成度在5万～100万门，工作电压为2.5 V。Virtex E器件FPGA是在Virtex器件基础上改进的，采用0.18 μm、6层金属布线的CMOS工艺制造，时钟频率高于200 MHz，集成度在5.8万～400万门之间，工作电压为1.8 V。该系列的主要特点是：内部结构灵活，内置时钟管理电路，支持3级存储结构；采用Select I/O技术，支持20种接口标准和多种接口电压，支持ISC和JTAG边界扫描测试功能；采用Select RAM存储体系，内嵌1 MB的分布式RAM和最高832 KB的块状RAM，存储器带宽为1.66 TB/s。Virtex Ⅱ Pro系列FPGA产品是Xilinx公司2001年推出，集成度可达1000万系统门级的FPGA。其后又推出了Virtex-4，逻辑单元数达到200448个。

Virtex-5 FPGA是世界上首款65 nm FPGA系列，采用1.0 V、三栅级氧化层工艺技术制造而成，并且根据所选器件可以提供550 MHz时钟、330000个逻辑单元、1200个I/O引脚、48

个低功耗收发器以及内置式 PowerPC 440、PCIe 端点和以太网 MAC 模块。根据应用不同，分为 LX、LXT、SXT、FXT 和 TXT 五种型号。

Virtex-6 系列是目前集成度最高的 FPGA 产品，逻辑单元数多达 760000 个，时钟频率为 600 MHz，用户 I/O 数多达 1200 个，用 40 nm 工艺制造，产品的功耗和成本分别比上一代产品低 50%和 20%，具有适当的可编程性、集成式 DSP 模块、存储器和连接功能支持——包括高速收发器功能，能够满足对更高带宽和更高性能的需求。该系列产品 I/O 标准超过 40 种，嵌入式分块 RAM(Block RAM)容量高达 38 Mb，内嵌 DSP 核、千兆位级高速串行，支持高级时钟管理技术、PCI Express 技术、MicroBlaze 软处理器。可以说，Virtex 系列产品代表了 Xilinx 公司在 FPGA 领域的最高水平。Virtex-6 系列有 LXT、SXT 和 HXT 三种型号。

3)Spartan 器件系列 FPGA

Spartan 器件系列 FPGA 是在 Virtex 器件基础上发展起来的，包括 Spartan、Spartan XL、Spartan Ⅱ、Spartan Ⅱ E、Spartan-3/3A/3AN/3A DSP/3L、Spartan-6 等系列。现在主流产品是 Spartan-3A 延伸系列、Spartan-6 系列。该系列 FPGA 主要参数见表 2.23 和表 2.24。

表 2.23　Spartan Ⅱ E 系列 FPGA 主要参数

器　件	系统门数	CLB 数	LC 数	BlockRAM 容量/KB	DLL 数	最大用户 I/O 数
XC2S50E	50000	16×24	1728	32	4	182
XC2S100E	100000	20×30	2700	40	4	202
XC2S150E	150000	24×36	3888	48	4	263
XC2S200E	200000	28×42	5292	56	4	289
XC2S300E	300000	32×48	6912	64	4	329
XC2S400E	400000	40×60	10800	160	4	410
XC2S600E	600000	48×72	15552	288	4	514

表 2.24　Spartan-3 系列 FPGA 主要参数

器件	系统门数	逻辑单元数	CLB 阵列(1CLB=4Slice)			分布式 RAM/KB	RAM 块/KB	专用乘法器数	DCM 数	最大用户 I/O 数	最大差分 I/O 对数
			行数	列数	CLB 总数						
XC3S50	50×10^3	1728	16	12	192	12	72	4	2	124	56
XC3S200	200×10^3	4320	24	20	480	30	216	12	4	173	76
XC3S400	400×10^3	8064	32	28	896	56	288	16	4	264	116
XC3S1000	1×10^6	17280	48	40	1920	120	432	24	4	391	175
XC3S1500	1.5×10^6	29952	64	52	3328	208	576	32	4	487	221
XC3S2000	2×10^6	46080	80	64	5210	320	720	40	4	565	270
XC3S4000	4×10^6	62208	96	72	6912	432	1728	96	4	712	312
XC3S5000	5×10^6	74880	104	80	8320	520	1872	104	4	784	344

Spartan Ⅱ采用 0.22μm/0.18 μm、6 层金属布线的 CMOS 工艺制造，最高时钟频率为 200 MHz，集成度可达 15 万门，工作电压为 2.5 V。

Spartan-3 延伸系列 FPGA 解决了众多大批量、成本敏感型电子应用中的设计挑战。该 FPGA 具有 50000～3400000 个系统门，可提供包括总系统成本最低的集成式 DSP MAC 在内的大量选项。3A 面向主流应用，3AN 面向非易失性应用，3A DSP 面向 DSP 应用。

Spartan-6 系列是成本和功耗双低的 FPGA 产品，为成本敏感型应用提供了低风险、低成本、低功耗和高性能均衡。产品基于公认的低功耗 45 nm、9-金属铜层、双栅极氧化层工艺技术，提供了高级功耗管理技术、150000 个逻辑单元、集成式 PCI Express 模块、高级存储器支持、250 MHz DSP slice 和 3.125 Gb/s 低功耗收发器。分 LX 型和 LXT 型，其中 LX 型不包含收发器和 PCI Express 端点模块。

2.2.3 Lattice 公司产品概述

1. CPLD 产品概述

Lattice 公司始建于 1983 年，是最早推出 PLD 的公司之一，GAL 器件是其成功推出并广泛应用的 PLD 产品。20 世纪 80 年代末，Lattice 公司提出了在系统可编程(ISP)的概念，并首次推出了 CPLD，其后，将 ISP 与其拥有的先进的 EECMOS 技术相结合，推出了一系列具有 ISP 功能的 CPLD，使 CPLD 的应用领域又有了巨大的扩展。所谓 ISP 技术，就是不用从系统上取下 PLD 芯片就可进行编程的技术。ISP 技术大大缩短了新产品研制周期，降低了开发风险和成本，因而推出后得到了广泛应用，几乎成了 CPLD 的标准。Lattice 公司的 CPLD 主要有 ispLSI系列、ispMACH 系列、ispXPLD 系列，现在主流产品是 ispMACH 系列和 ispXPLD 系列。

1)ispLSI 系列 CPLD

ispLSI 系列是 Lattice 公司于 20 世纪 90 年代以来推出的，有 ispLSI1000 系列、ispLSI2000 系列、ispLSI3000 系列、ispLSI4000 系列、ispLSI5000 系列和 ispLSI8000 系列等六个系列，分别适用于不同场合，前三个系列是基本型，后三个系列是 1996 年后推出的。ispLSI 系列集成度为 1000～60000 门，引脚到引脚之间(Pin To Pin)延时最小为 3 ns，工作速度可达 300 MHz，支持 ISP 和 JTAG 边界扫描测试功能，原来广泛应用于通信设备、计算机、DSP 系统和仪器仪表中，但现在已逐渐退出历史舞台，被 ispMACH 系列和 ispXPLD 系列替代。该系列 CPLD 主要参数见表 2.25。

表 2.25　ispLSI 系列 CPLD 主要参数

系　　列	代表产品	可用门数	宏单元数	逻辑单元数	速度等级/ns	最大用户 I/O 数
ispLSI1000/E	Isp148	8k	192	288	5	108
ispLSI2000/E/V/VE	Isp2192	8k	192	192	6	110
ispLSI3000	Isp3448	20k	320	672	12	224
ispLSI5000V	Isp5512V	24k	512	384	10	384
ispLSI6000	Isp6192	25k	192	416	15	159
ispLSI8000	Isp8840	45k	840	1152	8.5	312

2)ispMACH 系列 CPLD

ispMACH 系列包括 5 V 的 ispMACH4A5 系列和主流的 ispMACH4000 系列，包括 ispLSI4000/4000B/4000C/4000V/4000Z/4000ZE 等品种，主要区别是供电电压不同，ispMACH4000V、ispMACH4000B 和 ispMACH4000C 器件系列供电电压分别为 3.3 V、2.5 V 和 1.8 V。Lattice 公司还基于 ispMACH4000 的器件结构开发出了低静态功耗的 CPLD 系列——ispMACH4000Z 和超低功耗的 CPLD 系列——ispMACH4000ZE。该系列 CPLD 主要参数见表 2.26 和表 2.27。

表 2.26　ispMACH 4000 V/B/C 系列 CPLD 主要参数

器　件	宏单元数	频率 f_{MAX}/MHz	电源电压/V	最大用户 I/O 数
ispMACH4032V/B/C	32	400	3.3/2.5/1.8	48
ispMACH4064V/B/C	64	350	3.3/2.5/1.8	100
ispMACH4128V/B/C	128	333	3.3/2.5/1.8	144
ispMACH4256V/B/C	256	322	3.3/2.5/1.8	256
ispMACH4384V/B/C	384	322	3.3/2.5/1.8	256
ispMACH4512V/B/C	512	322	3.3/2.5/1.8	256

表 2.27　ispMACH 4000 Z 系列 CPLD 主要参数

器　件	宏单元数	频率 f_{MAX}/MHz	电源电压/V	最大用户 I/O 数
ispMACH4032C	32	267	1.8	56
ispMACH4064ZC	64	250	1.8	132
ispMACH4128ZC	128	220	1.8	132
ispMACH4256ZC	256	200	1.8	132

ispMACH 4000 系列产品提供 SuperFAST（400 MHz，超快）的 CPLD 解决方案。ispMACH 4000 V 和 ispMACH 4000 Z 均支持车用温度范围：−40～130℃（Tj）。ispMACH 4000 系列支持 3.3～1.8 V 的 I/O 标准，既有业界领先的速度性能，又能提供最低的动态功耗。

ispMACH 4000V/B/C 系列器件的宏单元个数为 32～512 个，速度最大达到 400 MHz（对应引脚至引脚之间的传输延迟 t_{PD}为 2.5 ns）。ispMACH 系列提供 44～256 个引脚、具有多种密度 I/O 组合的 TQFP、fpBGA 和 caBGA 封装。

ispMACH 4000Z 的宏单元数为 32～256 个，速度最大达到 267 MHz（对应 t_{PD}为 3.5 ns）。供电电压为 1.8 V，可提供很低的动态功率。1.8 V 的 ispMACH 4000Z 器件系列适用于 3.3 V、2.5 V 及 1.8 V 的宽范围的 I/O 标准，在使用 LVCMOS3.3 V 接口时，它还可以兼容5 V 的电压。该系列有商用、工业用和车用等不同的温度范围。ispMACH 4000ZE 是ispMACH 4000Z 器件系列的第二代，非常适用于超低功耗、大批量便携式的应用。在典型情况下，ispMACH 4000ZE 提供低至 10 μA 的待机电流。经过成本优化且功能繁多的 ispMACH 4000ZE 器件提供超小的、节省面积的芯片级球栅阵列(csBGA)封装、一种能够实现超低系统功耗的新的 Power Guard 特性以及包含片上用户振荡器和定时器的新的系统集成功能。ispMACH

4000ZE 器件采用 1.8 V 核心电压并提供高层次的功能和低系统功耗。ispMACH 4000ZE 系列支持 3.3 V、2.5 V、1.8 V 和 1.5 V I/O 标准，并且采用 LVCMOS 3.3 V 接口时，具有兼容 5 V 的 I/O 性能。此外，所有输入和 I/O 都是 5 V 兼容的。

ispMACH 4000 器件包括 3.3 V、2.5 V 和 1.8 V 三个系列。ispMACH 4000C 是世界上第一款 1.8 V 在系统可编程 CPLD 系列。ispMACH 4000 系列器件集业界领先的速度性能和最低动态功耗于一身，其支持的 I/O 电压标准为：3.3 V、2.5 V 和 1.8 V。

3)ispXPLD 系列 CPLD

ispXPLD 5000MX 系列代表了 Lattice 半导体公司全新的 XPLD(eXpanded programmable logic devices)器件系列，包括 ispXPLD 5000MB/5000MC/5000MV 等品种。这类器件采用了新的构建模块——多功能块(multi-function block，MFB)。这些 MFB 可以根据用户的应用需要，被分别配置成 SuperWIDETM 超宽(136 个输入)逻辑、单口或双口存储器、先入先出堆栈或 CAM。

ispXPLD 5000MX 器件将 PLD 出色的灵活性与 sysIO 接口结合了起来，能够支持 LVDS、HSTL 和 SSTL 等最先进的接口标准以及用户比较熟悉的 LVCMOS 标准。sys CLOCK PPL 电路简化了时钟管理。ispXPLD 5000MX 器件采用拓展了的在系统编程技术，也就是 ispXP 技术，因而具有非易失性和无限可重构性。可以通过 IEEE 1532 业界标准接口进行编程，可以通过 Lattice 的 sysCONFIG 微处理器接口进行配置。该系列器件有 3.3 V、2.5 V 和 1.8 V 供电电压的产品可供选择(对应 MV、MB 和 MC 系列)，最多 1024 个宏单元，最快为 300 MHz。该系列 CPLD 主要参数见表 2.28。

表 2.28　ispXPLD 5000MX CPLD 主要参数

器　件	多功能块 MFB 块数	宏单元数	存储器/KB	用户 I/O 数	锁相环数	系统门数
LC5256MX	8	256	128	141	2	75k
LC5512MX	16	512	256	253	2	150k
LC5768MX	24	768	384	317	2	225k
LC51024MX	32	1024	512	381	2	300k

ispLSI/MACH 器件都采用 EECMOS 和 EEPROM 工艺结构，能够重复编程万次以上，内部带有升压电路，可在 5 V、3.3 V 逻辑电平下编程，编程电压和逻辑电压可保持一致。实际使用中有以下便利之处：具有保密功能，可防止非法拷贝；具有短路保护功能，能够防止内部电路自锁和 SCR 自锁。此器件推出后受到极大欢迎，曾经代表了 CPLD 的最高水平，但现在 Lattice 公司推出了新一代扩展在系统可编程技术(ispXP)，在新设计中推荐采用 ispMACH 系列产品和 ispXPLD 产品。

2. FPGA 器件概述

Lattice 公司的 FPGA 器件主要有 EC/ECP(含 S 系列)系列、ECP2/M(含 S 系列)系列、ECP3 系列、SC/M 系列、XP/XP2 系列、MachXO 系列和 ispXPGA 系列。其中，ispXPGA 系列是最早采用 ispXP 技术的 FPGA 器件，EC/ECP 等是经济型 FPGA 器件，XP/XP2 系列是将 EC/ECP2 系列 FPGA 和低成本的 130 nm/90 nmFLASH 技术合成在单个芯片上的非易失性 FPGA 产品。SC/M 系列是其最高性能 FPGA 产品，该系列根据当今基于连接的高速系统的要求而设计，推出了针对诸如以太网、PCI Express、SPI4.2 以及高速存储控制器等高吞吐量标准的最佳解决方案。

另外，Lattice 公司还推出了集成 ASIC 宏单元和 FPGA 门于同一片芯片的产品，将该技术称为单片现场可编程系统(FPSC)。与带有嵌入式 FPGA 门的 ASIC 产品相比，FPSC 器件具有广泛的应用范围。嵌入式宏单元拥有工业标准 IP 核，诸如 PCI、高速线接口和高速收发器。当这些宏单元与成千上万的可编程门结合起来时，它们可应用在各种不同的高级系统设计中。

1)LatticeECP/EC 系列 FPGA

LatticeECP/EC 系列 FPGA 是经过优化、低成本的主流 FPGA 产品。为获得最佳的性能和最低的成本，LatticeECP(ECconomy Plus)FPGA 产品结合了高效的 FPGA 结构和高速的专用功能模块。按这种方法实现的第一个系列是 LatticeECP-DSP(ECconomy Plus DSP)系列，它提供了片内的高性能 DSP 块。LatticeEC(ECconomy)系列支持除了专用高性能 DSP 块以外的 LatticeECP 器件所具有的所有通用功能，因此它非常适用于低成本的解决方案。基于低成本的思路，LatticeECP/EC 器件含有所有必需的 FPGA 单元：基于 LUT 的逻辑功能、分布式和嵌入式存储器、PLL、支持主流的 I/O 标准。器件的专用 DDR 存储器接口支持对成本敏感的工程应用。Lattice 还提供许多用于 LatticeECP/EC 系列的预先设计的知识产权(intellectual property，IP)ispLeverCORE 模块。采用这些 IP 标准模块，设计者可以将精力集中于自己设计的特色部分，从而提高工作效率。该系列 FPGA 的主要参数见表 2.29。

表 2.29　LatticeECP/EC 系列 FPGA 主要参数

器　件	LFEC1	LFEC3	LFEC6/LFECP6	LFEC10/LFECP10	LFEC15/LFECP15	LFEC20/LFECP20	LFEC33/LFECP33
PFU/PFF 行数	12	16	24	32	40	44	64
PFU/PFF 列数	16	24	32	40	48	56	64
PFU/PFF 总数	192	384	768	1280	1920	2464	4096
查找表数($\times 10^3$)	1.5	3.1	6.1	10.2	15.4	19.7	32.8
分布式 RAM/KB	6	12	25	41	61	79	131
EBR SRAM/KB	18	55	92	277	350	424	535
EBR SRAM 块数	2	6	10	30	38	46	58
SysDSP 块数	—	—	4	5	6	7	8
18×18 乘法器	—	—	16	20	24	28	32
电压/V	1.2	1.2	1.2	1.2	1.2	1.2	1.2
锁相环数	2	2	2	4	4	4	4
最大 I/O 数	112	160	224	288	352	400	496

2)ispXPGA 系列 FPGA

ispXPGA 系列 FPGA 器件采用扩展在系统可编程技术(ispXP)，能够实现同时具有非易失性和无限可重构性的高性能逻辑设计。改变了只能在可编程性、可重构性和非易失性之间寻求妥协的情况。无需外部的配置存储单元，上电后几微秒内自动配置 FPGA，可在几毫秒内完成在系统重构，可在系统工作状态下重新编程器件，通过芯片的 E2 或 CPU 进行配置，通过对安全位进行设置防止回读。系统门门数为 $1.39\times10^5\sim1.25\times10^6$，I/O 数多达 496 个，多达 414 KB 的内嵌存储单元。IspXPGA FPGA 系列有两种选择：标准的器件支持用于超高速串行通信的 sysHSI 功能，而高性能、低成本的 FPGA 器件——E-系列，则不含 sysHSI 功能，从而可以提高工作效率。该系列 FPGA 主要参数见表 2.30 和表 2.31。

表 2.30 Lattice XP 系列 FPGA 主要参数

器　件	LFXP3	LFXP6	LFXP10	LFXP15	LFXP20
PFU/PFF 行数	16	24	32	40	44
PFU/PFF 列数	24	30	38	48	56
PFU/PFF 总数	384	720	1216	1932	2464
查找表数($\times10^3$)	3.1	5.8	9.7	15.4	19.7
分布式 RAM/KB	12	23	39	61	79
EBR SRAM/KB	54	72	216	324	396
EBR SRAM 块数	6	8	24	36	44
电压/V	1.2/1.8/2.5/3.3	1.2/1.8/2.5/3.3	1.2/1.8/2.5/3.3	1.2/1.8/2.5/3.3	1.2/1.8/2.5/3.3
锁相环数	2	2	4	4	4
最大 I/O 数	136	188	244	300	340

表 2.31 ispXPGA 系列 FPGA 主要参数

器　件	用大户 I/O 数	寄存器总数($\times10^3$)	LUT4s($\times10^3$)	EBR 块	EBR/KB	系统门数($\times10^3$)	SysHSI	串行数据率/(MB/s)
LFX125	176	4.3	1.9	20	92	139	4	400～800
LFX200	208	6.0	2.7	24	111	210	8	400～750
LFX500	336	15.1	7.1	40	184	476	12	400～750
LFX1200	496	32.1	15.4	90	414	1.25×10^3	20	400～700

3)MachXO 系列 FPGA

MachXO 系列非易失性无限重构可编程逻辑器件是专门为传统的由 CPLD 或低密度的 FPGA 实现的应用而设计的。广泛采用需要通用 I/O 扩展、接口桥接和电源管理功能的应用，通过提供嵌入式存储器、内置的 PLL、高性能的 LVDS I/O、远程现场升级(TransFRTM 技术)和一个低功耗的睡眠模式，MachXO 可编程逻辑器件拥有提升系统集成度的优点，所有这些功能都集成在单片器件之中。该系列 FPGA 主要参数见表 2.32。

表 2.32 MachXO 系列 FPGA 主要参数

器　件	LCMXO256	LCMXO640	LCMXO1200	LCMXO2280
查找表数	256	640	1200	2280
分布 RAM/KB	2.0	6.1	6.4	7.7

续表

器　件	LCMXO256	LCMXO640	LCMXO1200	LCMXO2280
EBR SRAM/B	0	0	9216	27648
9 Kb EBR SRAM 数	0	0	1	3
电压/V	1.2/1.8/2.5/3.3	1.2/1.8/2.5/3.3	1.2/1.8/2.5/3.3	1.2/1.8/2.5/3.3
锁相环数	0	0	1	2
最大用户 I/O 数	78	159	211	271

MachXO 可编程逻辑器件系列专为广泛的低密度应用而设计，它用于各种终端市场，包括消费、汽车、通信、计算机、工业和医疗等领域。

2.3　PLD 的基本结构

2.3.1　简单低密度 PLD 的基本结构

PLD 由输入控制电路、“与”阵列、“或”阵列以及输出控制电路组成，如图 2.1 所示。在输入控制电路中，输入信号经过输入缓冲单元产生每个输入变量的原变量和反变量，并作为“与”阵列的输入项。“与”阵列由若干个“与”门组成，输入缓冲单元提供的各输入项被有选择地连接到各个“与”门输入端，每个“与”门的输出则是部分输入变量的乘积项。各“与”门输出又作为“或”阵列的输入，这样“或”阵列的输出就是输入变量的“与或”形式。输出控制电路将“或”阵列输出的“与或”式通过三态门、寄存器等电路，一方面产生输出信号，另一方面作为反馈信号送回输入端，以便实现更复杂的逻辑功能。因此，利用 PLD 可以方便地实现各种逻辑函数。

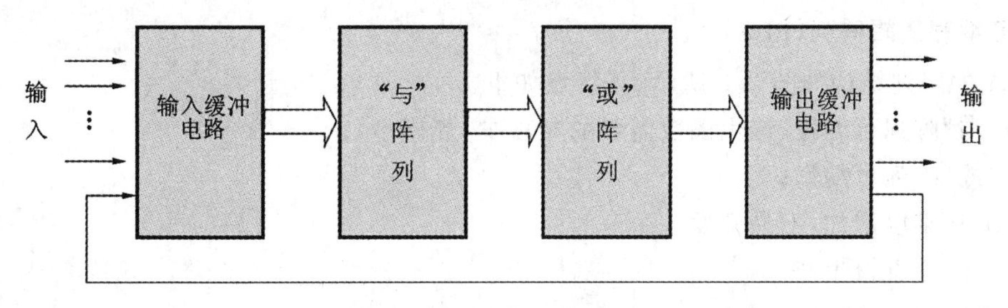

图 2.1　基本结构框图

根据 PLD 的“与”阵列和“或”阵列的编程情况以及输出形式，低密度 PLD 通常可分为以下 4 类。

第 1 类是“与”阵列固定、“或”阵列可编程的 PLD。这类 PLD 以可编程只读存储器(PROM)为代表。

第 2 类是“与”阵列和“或”阵列均可编程的 PLD，以可编程逻辑阵列(PLA)为代表。

第 3 类是以可编程阵列逻辑(PAL)为代表的“与”阵列可编程、“或”阵列固定的 PLD。

第 4 类是具有可编程输出逻辑宏单元的通用 PLD，以通用型可编程阵列逻辑(GAL)器件为主要代表。

1. 可编程存储器(PROM(EPROM))

可编程存储器(PROM(EPROM))的阵列结构如图 2.2 所示,有以下特点。

(1)“与”阵列固定,全译码形式,产生输入变量的全部最小项;

(2)“或”阵列可编程;

(3)输入变量数增加,“与”阵列规模迅速增加,价格上涨;

(4)组合型结构,无触发器。

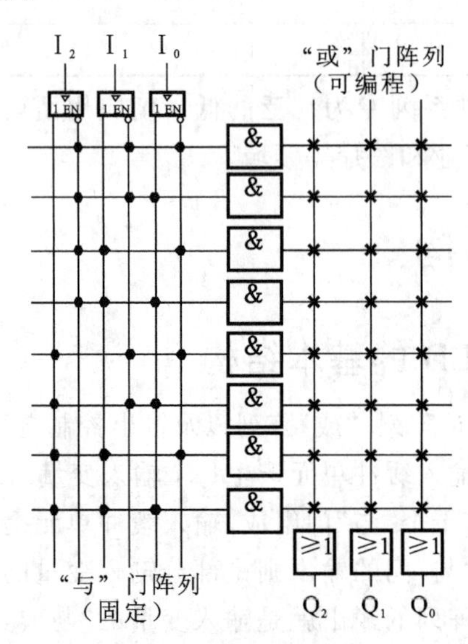

图 2.2　可编程存储器(PROM(EPROM))阵列结构

PROM 只能用于组合电路的可编程,输入变量的增加会引起存储容量的增加。

2. 可编程逻辑阵列(PLA)

PLA 的阵列结构如图 2.3 所示,其特点如下。

(1)“与”阵列可编程(产生函数需要的与项少,规模小);

(2)“或”阵列可编程;

(3)编程难度增加,不易开发;

(4)由厂家批量生产。

3. 可编程阵列逻辑(PAL)

可编程阵列逻辑(PAL)的阵列结构如图 2.4 所示,其特点如下。

(1)“与”阵列可编程;

(2)“或”阵列固定,输出结构固定;

(3)结构小,编程方便;

(4)不通用,增加了系统的芯片数量。

4. 通用可编程阵列逻辑(GAL)

首次在 PLD 上采用了 EEPROM 工艺,使得 GAL 具有电可擦除重复编程的特点,彻底解决了熔丝型可编程器件的一次可编程问题。GAL 在“与或”阵列结构上沿用了 PAL 的“与”阵列可编程、“或”阵列固定的结构,但对 PAL 的输出 I/O 结构进行了较大的改进,在 GAL 的输

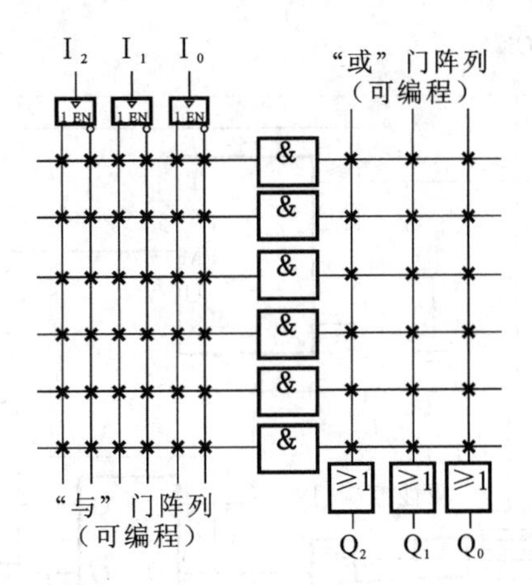

图 2.3　可编程逻辑阵列(PLA)结构

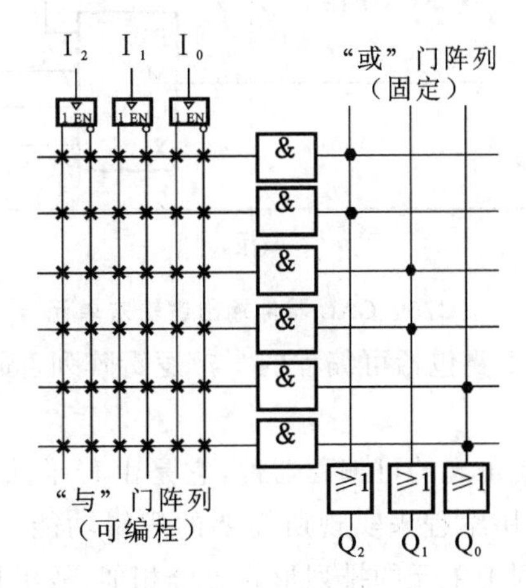

图 2.4　可编程阵列逻辑(PAL)阵列结构

出部分增加了输出逻辑宏单元(output macro cell,OLMC),如图 2.5 所示。每个 OLMC 包含"或"阵列中的一个"或"门,OLMC 由三部分组成:①"异或"门:控制输出信号的极性;②D 触发器:适合设计时序电路;③4 个多路选择器。

GAL 结构的特点如下。

(1)"与"阵列可编程;

(2)"或"阵列固定;

(3)输出端集成输出逻辑宏单元(OLMC);

(4)编程容易,结构简单,应用最广泛。

2.3.2　复杂高密度 PLD 的基本结构

复杂高密度 PLD 包括可擦除可编程逻辑器件(EPLD)、现场可编程门阵列(FPGA)和复杂可编程逻辑器件(CPLD)。

一般来说,世界著名的半导体公司,如 Altera、Xilinx、AMD、Lattice 和 Atmel 等均生产 EPLD 产品,但是这些产品的结构差异很大。

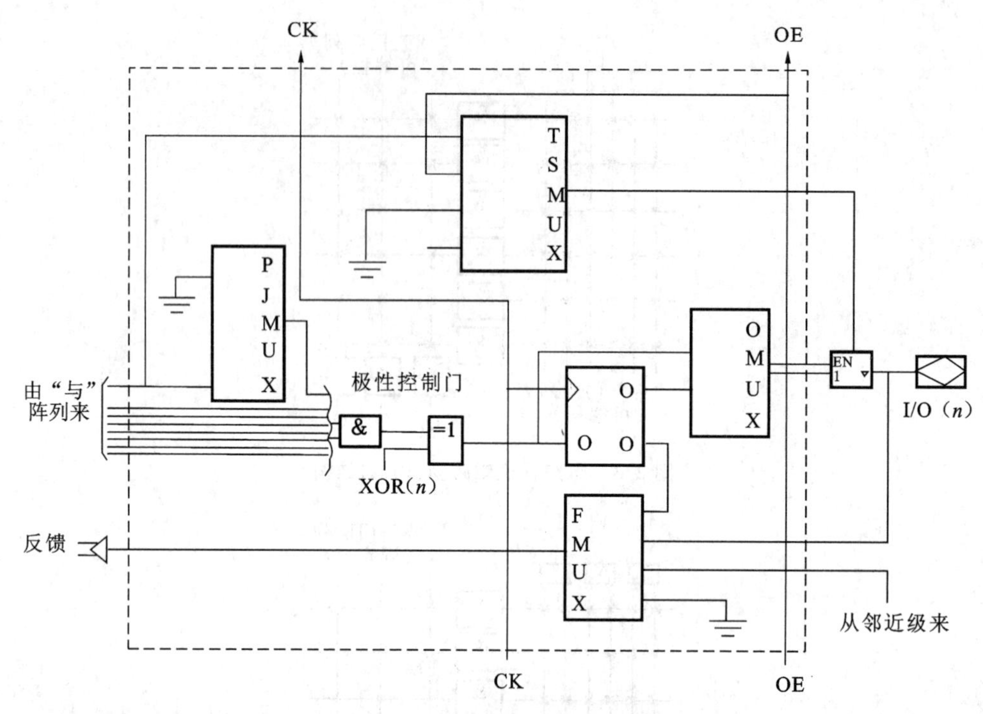

图 2.5 GAL 器件输出逻辑宏单元

通常,EPLD 的基本结构主要包括可编程的"与"逻辑阵列、固定的"或"逻辑阵列和输出逻辑宏单元三个部分。

FPGA 是 20 世纪 80 年代出现的可编程器件,它是由若干独立的现场可编程逻辑模块组成的,用户可以通过对这些模块编程来实现所需要的逻辑功能。通常,由于 FPGA 中可编程逻辑模块的排列形式和门阵列中单元的排列形式十分相似,故沿用了门阵列这个名称。

FPGA 的结构与生产厂家有关,一般由基本可编程逻辑单元、可编程 I/O 单元、布线资源、嵌入式 RAM、底层嵌入功能单元、内嵌专用硬核几部分组成。

为了提高集成度,同时又保持 EPLD 传输时间可预测的优点,生产厂商将若干个类似 PAL 的功能模块和实现互连的开关矩阵集成在同一芯片上,这样就形成了 CPLD。一般而言,CPLD 在集成度和结构上呈现出来的特点是,"与或"阵列的规模更大,触发器的数目更多,同时增加了大量的逻辑宏单元和布线资源。

不同器件公司的 CPLD 产品结构不同。但是任何芯片公司的 CPLD 的基本结构都应该包括可编程逻辑宏单元、可编程 I/O 单元和布线池三个部分,只不过不同公司具有不同的表示形式。

2.4 CPLD 的结构与工作原理

CPLD 的规模大、结构复杂,属于大规模集成电路范围。早期 CPLD 是从 GAL 的结构扩展而来的,针对 GAL 的缺点进行了改进。所以其结构与 PAL、GAL 类似,均由可编程的"与"阵列、固定的"或"阵列和逻辑宏单元组成,但集成度大得多。它将许多逻辑块(每个逻辑块相当于一个 GAL 器件)连同可编程的内部连线集成在单块芯片上，通过编程修改内部连线即可改变器件的逻辑功能。

CPLD 的结构是基于乘积项的，主要由逻辑阵列块(logic array block，LAB)、可编程连线阵列(programmable interconnect array，PIA)和 I/O 控制块(I/O control block)三部分组成，其典型结构如图 2.6 所示。

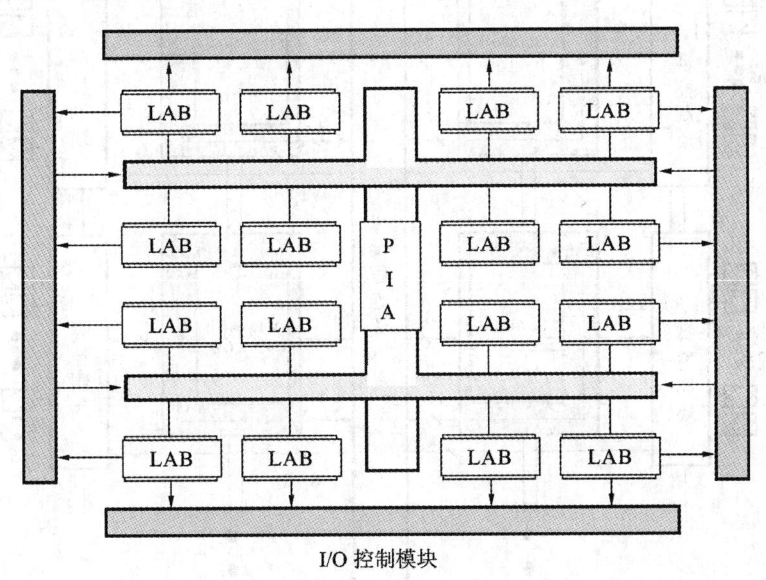

图 2.6　CPLD 的典型结构图

下面以 Altera 公司的 MAX7000 系列芯片为例介绍 CPLD 的基本结构，其他型号 CPLD 的结构与此非常类似。

MAX7000 系列 CPLD 的基本结构包含 5 个主要部分：逻辑阵列块、宏单元(macrocell)、扩展乘积项(expender product term，EPT)(共享和并联)、可编程连线阵列和 I/O 控制块，其内部结构如图 2.7 所示。

宏单元是 CPLD 的基本结构，由它来实现基本的逻辑功能。图 2.7 所示的 LABA、LABB、LABC、LABD 是多个宏单元的集合。各逻辑阵列块 LAB 之间通过可编程连线阵列 PIA 连接进行信号传递。I/O 控制块负责输入、输出的电气特性控制，比如可以设定集电极开路输出、三态输出等。图 2.7 左上方所示的 INPUT/GCLK1，INPUT/GCLRn，INPUT/OE1 和 INPUT/OE2 分别是全局时钟信号、清零信号和输出使能信号，这几个信号由专用连线与 CPLD 中的每个宏单元相连。

2.4.1　逻辑阵列块

一个 LAB 由 16 个宏单元的阵列组成。CPLD 主要是由多个 LAB 组成的阵列以及它们之间的连线构成的。多个 LAB 通过可编程连线阵列(programmable interconnect array，PIA)和全局总线连接在一起。全局总线从所有的专用输入、I/O 引脚和宏单元馈入信号。对于每个 LAB，输入信号来自：①作为通用逻辑输入的 PIA 的 36 个信号；②全局控制信号，用于寄存器辅助功能；③从 I/O 引脚到寄存器的直接输入通道。

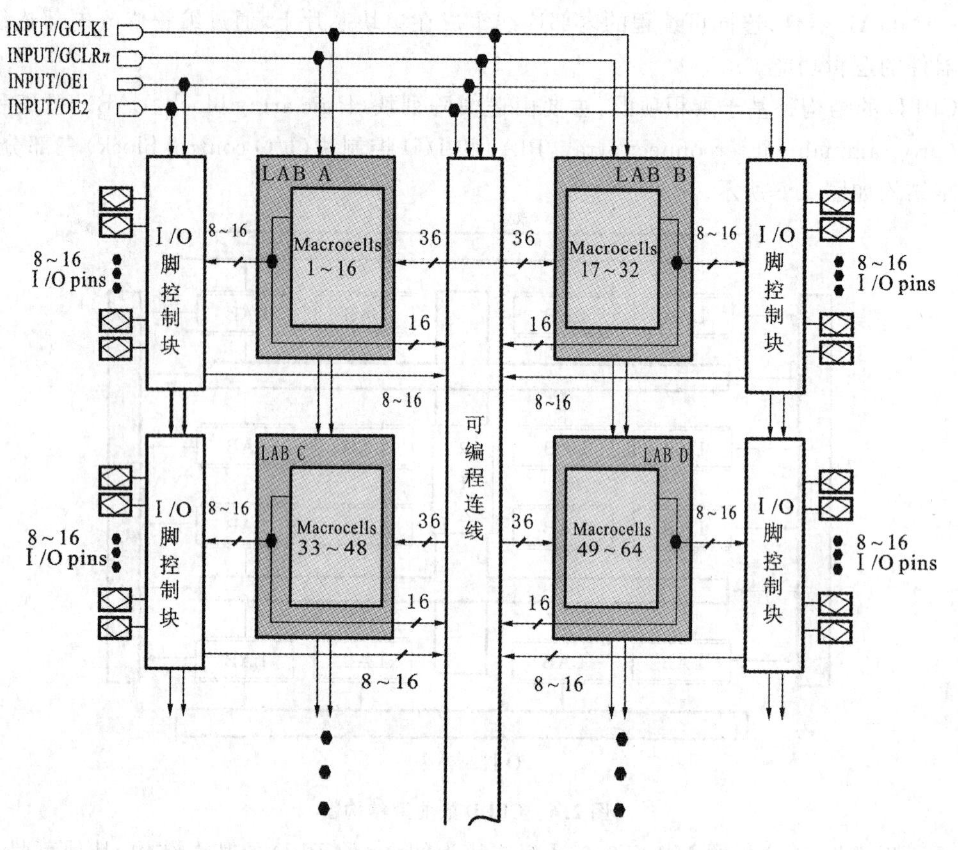

图 2.7　基于乘积项的 MAX7000 系列的内部结构图

2.4.2　宏单元

MAX7000 系列中的宏单元由乘积项逻辑阵列、乘积项选择矩阵和可编程寄存器(触发器)三个功能块组成，每一个宏单元可以被单独地配置为时序逻辑和组合逻辑工作方式。图 2.8 所示的为宏单元的结构。

从图 2.8 可以看出，左侧是乘积项逻辑阵列，即“与”阵列，每一个交叉点都是一个可编程熔丝，如果导通，就实现“与”逻辑，其右侧的乘积项选择矩阵是一个“或”阵列，两者一起实现组合逻辑。乘积项逻辑阵列产生乘积项，而每个乘积项的变量选自 PIA 的 36 个信号以及来自逻辑阵列块 LAB 的 16 个共享逻辑扩展乘积项。乘积项逻辑阵列可以为每个宏单元提供 5 个乘积项。乘积项选择矩阵分配这些乘积项作为到“或”门和“异或”门的主要逻辑输入，以实现组合逻辑函数，或者把这些乘积项作为宏单元中寄存器的辅助输入，如清零、置位、时钟和时钟使能控制，每个宏单元中的触发器可以单独地编程为具有可编程时钟控制的 D、T、JK 或 RS 触发器的工作方式。触发器的时钟、清零输入可以通过编程选择使用专用的全局清零和全局时钟，或使用内部逻辑(乘积项逻辑阵列)产生的时钟和清零。触发器也支持异步清零和异步置位功能，乘积项选择矩阵分配乘积项来控制这些操作。如果不需要触发器，也可以将此触发器旁路，信号直接输给 PIA 或输出到 I/O 引脚，以实现组合逻辑工作方式。

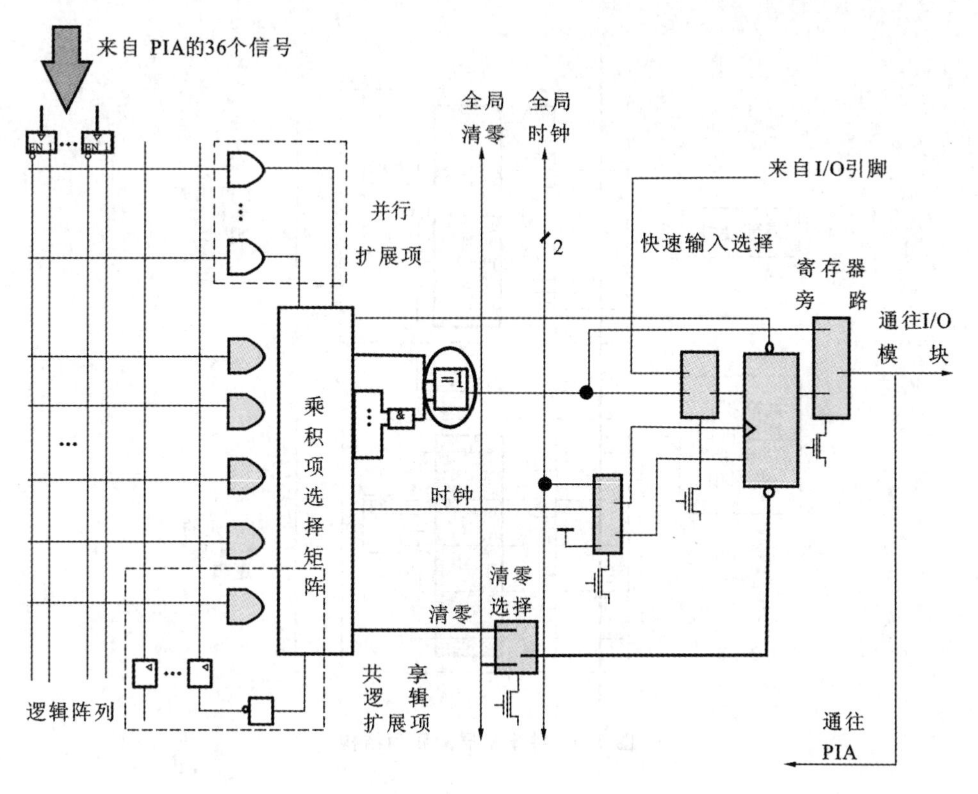

图 2.8　宏单元的结构框图

2.4.3　扩展乘积项

每个宏单元的一个乘积项可以反相后反馈到乘积项逻辑阵列中。这个“可共享”的乘积项能够连到同一个 LAB 中的任何其他乘积项上。虽然大部分逻辑函数能够用每个宏单元中的 5 个乘积项实现，但更复杂的逻辑函数需要附加乘积项。为提供所需的逻辑资源，可以利用其他宏单元，还可以利用其结构中具有的共享和并联扩展乘积项，即“扩展项”，这两种扩展项可作为附加的乘积项直接送到本 LAB 的任意宏单元中。利用扩展项可保证在实现逻辑综合时，用尽可能少的逻辑资源实现尽可能快的工作速度。

(1)共享扩展项：每个 LAB 有 16 个共享扩展项。共享扩展项由宏单元提供一个单独的乘积项，通过一个“非”门取反后，反馈到逻辑阵列中，可被 LAB 内任何一个或全部宏单元使用和共享，以便实现复杂的逻辑函数。采用共享扩展项后要增加一个短的延时。共享扩展乘积项结构如图 2.9 所示。

(2)并联扩展项：宏单元中一些未使用的乘积项可分配到邻近的宏单元以实现快速、复杂的逻辑函数。使用并联扩展项，允许最多 20 个乘积项直接送到宏单元的“或”逻辑，其中 5 个乘积项是由宏单元本身提供的，15 个并联扩展项是从同一个 LAB 中邻近宏单元借用的。并联扩展项结构如图 2.10 所示。

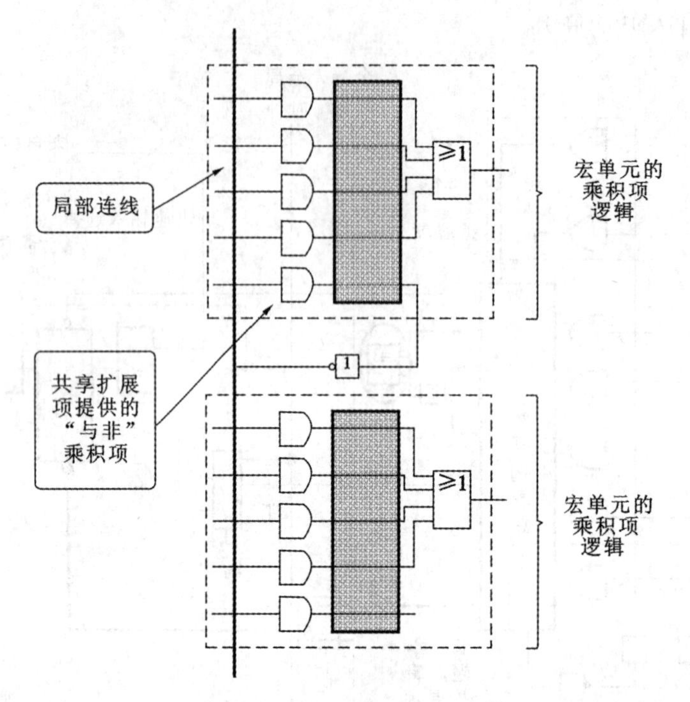

图 2.9　共享扩展乘积项结构

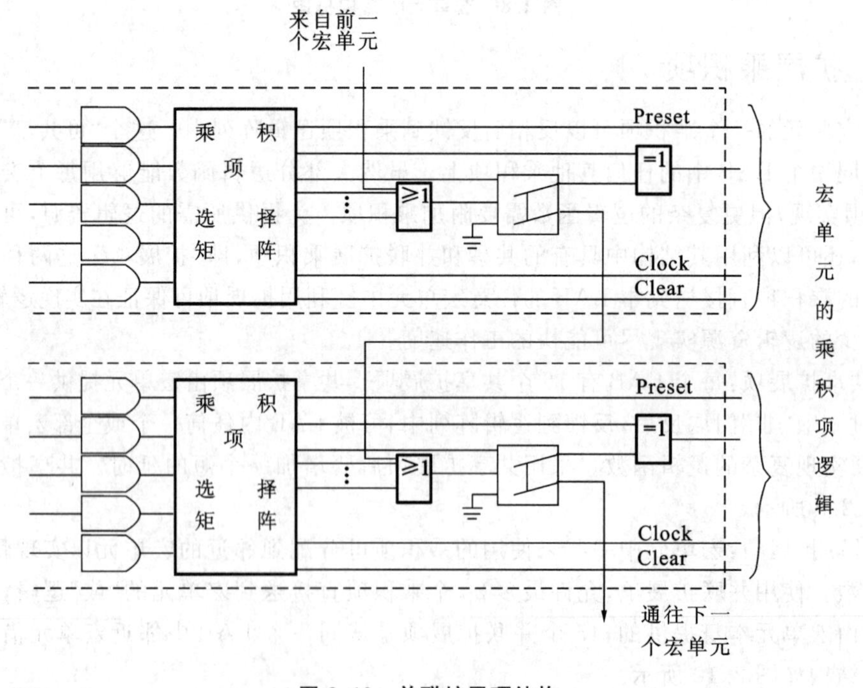

图 2.10　并联扩展项结构

2.4.4　PIA

通过 PIA 可将各 LAB 相互连接,构成所需的逻辑。这个全局总线是可编程的通道,它能把器件中任何信号源连到其目的地。所有 MAX7000 系列器件的专用输入、I/O 引脚和宏单元输出均馈送到 PIA 中,PIA 可把这些信号送到整个器件内的各个地方。只有是每个 LAB 所需的信号才会给其布置从 PIA 到该 LAB 的连线,如图 2.11 所示的是 PIA 信号布线到 LAB 的方式。

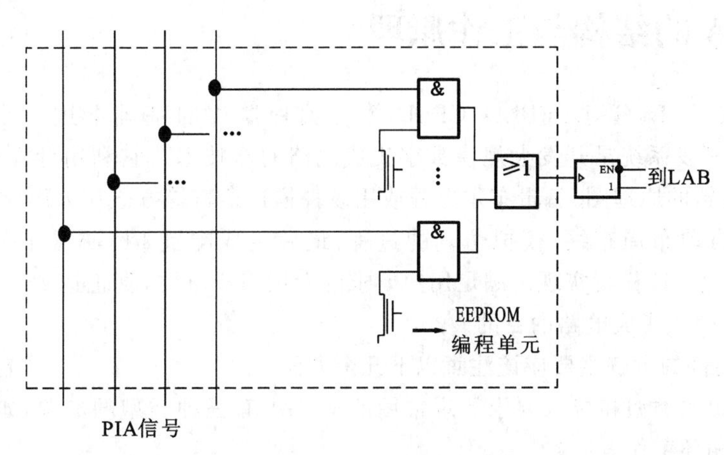

图 2.11　PIA 信号布线到 LAB 示意图

2.4.5　I/O 控制块

I/O 控制块允许每个 I/O 引脚单独地配置成 I/O 和双向工作方式。所有 I/O 引脚都有一个三态缓冲器,它能被全局输出使能信号中的一个控制,或者把使能端直接连接到地(GND)或电源(VCC)上。MAX7000 系列器件的 I/O 控制结构框图如图 2.12 所示。MAX7000 器件

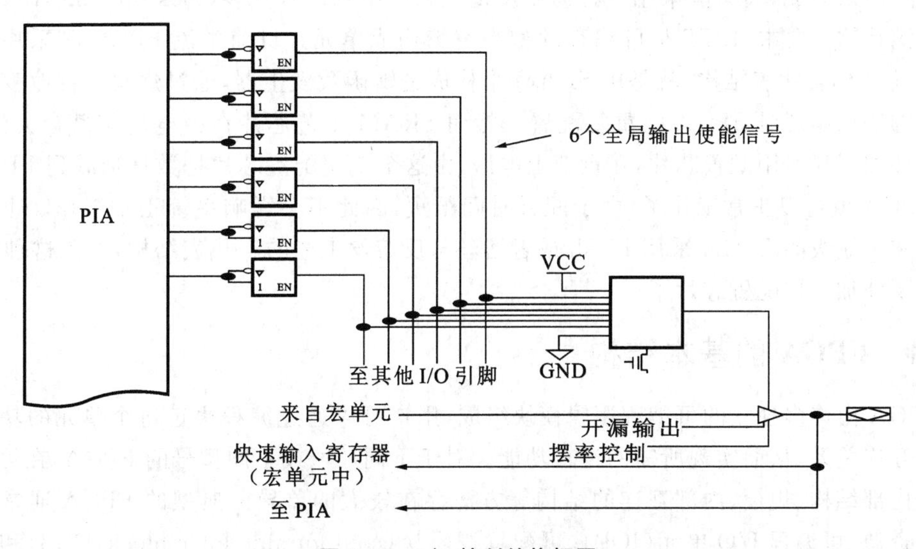

图 2.12　I/O 控制结构框图

有 6 个全局输出使能信号,它们可以由以下信号驱动:两个输出使能信号、一个 I/O 引脚的集合、一个 I/O 宏单元的集合或者是它"反相"后的信号。当三态缓冲器的控制端接地时,其输出为高阻态,而且 I/O 引脚可作为专用输入引脚。当三态缓冲器的控制端接电源时,输出使能有效。

MAX7000 结构提供了双 I/O 反馈,且宏单元和引脚的反馈是相互独立的。当 I/O 引脚配置成输入时,有关的宏单元可以用于隐含逻辑。

2.5 FPGA 的结构与工作原理

FPGA 是在 PAL、GAL、EPLD、CPLD 等可编程器件的基础上进一步发展的产物。FPGA器件及其开发系统是开发大规模数字集成电路的新技术。它利用计算机辅助设计,绘制出实现用户逻辑的原理图、编辑布尔方程或用硬件描述语言等方式作为设计输入;然后经一系列转换程序、自动布局布线、模拟仿真的过程;最后生成配置 FPGA 器件的数据文件,对FPGA器件初始化。这样就实现了满足用户要求的专用集成电路,真正达到了用户自行设计、自行研制和自行生产集成电路的目的。

对 FPGA 硬件的了解主要应该注意以下几个方面。

(1)工作电源的类型和接入要求。现常用的 FPGA 有三种类型的电源,如内核电压、I/O 口驱动电压、锁相环工作电压。

(2)编程口(JTAG、PS、AS)。

(3)各种端口的电气性能与使用方法。

(4)内部的嵌入式模块。

(5)配置器件。

由于 FPGA 需要被反复烧写,它实现组合逻辑的基本结构不可能像 ASIC 那样通过固定的"与非"门来完成,而只能采用一种易于反复配置的结构。查找表(look up table,LUT)可以很好地满足这一要求,LUT 是可编程的最小逻辑构成单元。目前主流 FPGA 都采用了基于 SRAM 工艺的查找表结构,就是用 SRAM 来构成逻辑函数发生器,通过烧写文件改变查找表内容的方法来实现对 FPGA 的重复配置。然而 SRAM 工艺芯片在掉电后信息会丢失,这样就需要外加一片专用配置芯片,在重新上电后,由这个专用配置芯片把数据加载到 FPGA 中,然后 FPGA 就可以正常工作了,由于配置时间很短,因此不会影响系统正常工作。也有一些军用品和宇航级的 FPGA 采用 Flash 或者熔丝与反熔丝工艺的查找表结构,对于这种FPGA,就不需要外加专用配置芯片了。

2.5.1 FPGA 的基本结构

FPGA 由许多独立的可编程逻辑模块组成,用户可以通过编程决定每个单元的功能以及它们的互连关系,从而实现所需的逻辑功能。对于不同厂家或不同型号的 FPGA,在可编程逻辑块的内部结构、规模、内部互连的结构等方面存在较大的差异。典型的 FPGA 通常包含三类基本资源:可编程 I/O 单元(IOB)、可配置逻辑块(configurable logic block,CLB)和互连资源(interconnect resource,IR)。其基本结构示意图如图 2.13 所示。FPGA 的主要器件供应商有 Xilinx、Altera、Lattice、Actel 和 Atmel 等。

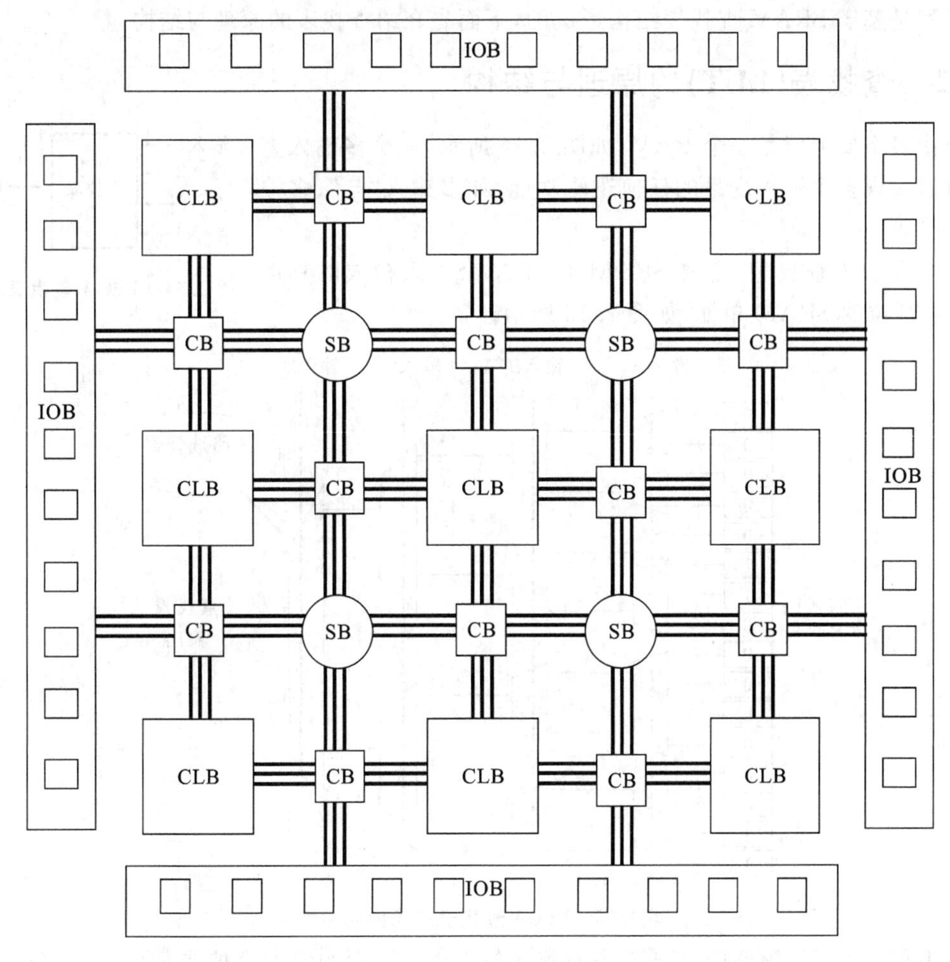

图 2.13　FPGA 的基本结构示意图

其中，CLB 是实现用户功能的基本逻辑单元，包含组合逻辑和触发器资源，它们通常规则地排列成一个阵列，散布于整个芯片；IOB 主要完成芯片上逻辑与外部封装引脚的接口，输入和输出可设置，它通常排列在芯片的四周；IR 包括各种长度的连线线段和一些可编程连接开关，它们将各个 CLB 之间或 CLB 与 IOB 之间以及 IOB 之间连接起来，构成特定功能的电路。

除了上述构成 FPGA 基本结构的资源以外，随着工艺的进步和应用系统需求的发展，一般在 FPGA 中还可能包含以下资源。

(1)存储器资源——配置数据可以存储在片外的 EPROM、E EPROM 或计算机软盘、硬盘中，人们可以控制加载过程，在现场修改器件的逻辑功能，即所谓现场编程。

(2)数字时钟管理单元——分频/倍频、数字延迟、时钟锁定。

(3)算术运算单元——高速硬件乘法器、乘加器。

(4)多电平标准兼容的 I/O 接口。

(5)高速串行 I/O 接口。

(6)特殊功能模块及微处理器等。

下面以 Altera 公司的 FLEX 10K 系列器件为例，介绍 FPGA 的构成及工作原理。FLEX 10K 系列是基于 SRAM 查找表结构形成的，下面先介绍查找表的原理与结构。

2.5.2 查找表(LUT)的原理与结构

查找表本质上就是一个 RAM，如图 2.14 所示，一个多输入查找表可以实现多个输入变量的任何逻辑功能，如多输入"与"、多输入"异或"等。

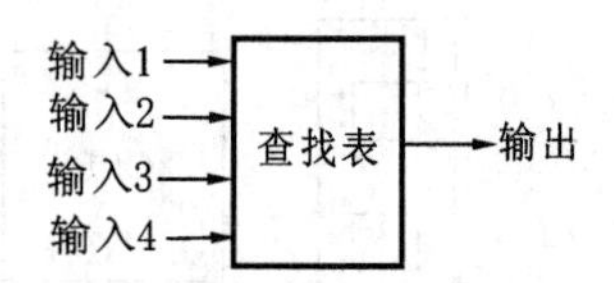

图 2.14 FPGA 查找表单元

一个多输入查找表，需要 SRAM 存储 N 个输入构成的真值表，需要 2^N 位的 SRAM 单元，如图 2.15 所示。

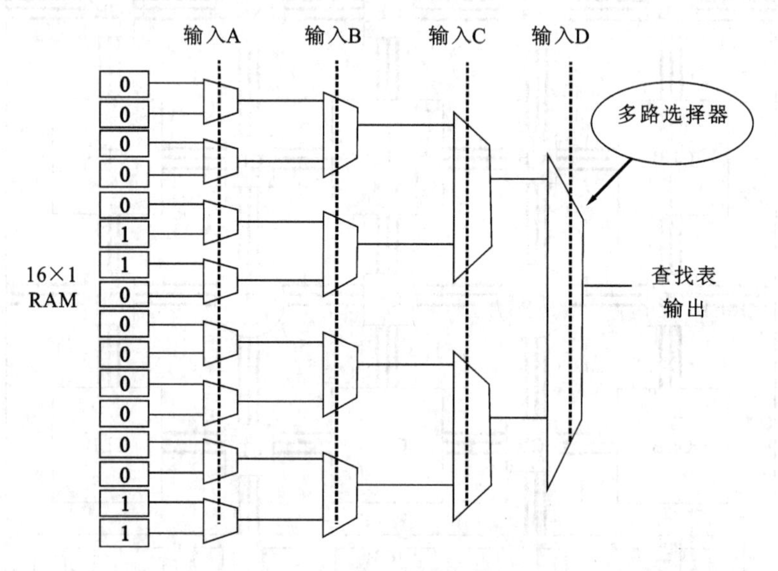

图 2.15 FPGA 查找表单元内部结构

在 RAM 查找表结构中，RAM 中需预先存入所要实现函数的真值表数值，输入变量作为地址，用来从 RAM 中选择相应的数值作为逻辑函数的输出值，这样就可以实现输入变量的所有可能的逻辑函数。目前 FPGA 中多使用 4 输入查找表，所以每个查找表可以看成是一个有 4 位地址线的 16×1B 的 RAM。在用户通过原理图或 HDL 语言描述了一个逻辑电路以后，PLD/FPGA 开发软件会自动计算逻辑电路的所有可能的结果，并把结果先写入 RAM，这样每输入一个信号进行逻辑运算就等于输入一个地址进行查表，找出地址对应的内容，然后输出即可。这里用一个 4 输入"或"门的例子来说明查找表的用法，如表 2.33 所示。

表 2.33 以 4 输入或门为例的查找表用法

实际逻辑电路	查找表的实现方式
a, b, c, d → & → out	地址线 a, b, c, d → 16×1 BRAM (LUT) → 输出

续表

A B C D 输入	逻辑输出	地址	RAM 中存储的内容
0000	0	0000	0
0001	1	0001	1
⋮	1	⋮	1
1111	1	1111	1

一般输入较多个的逻辑函数，方程必须分开用几个查找表实现，其查找表采用多个逻辑块级联的方式，如图 2.16 所示。

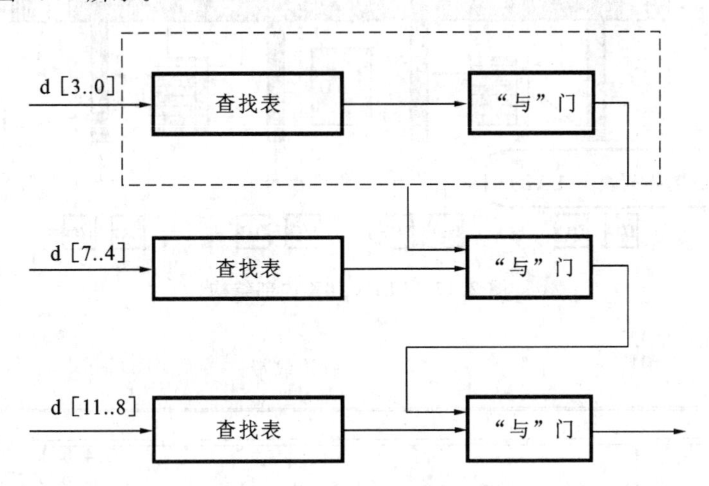

图 2.16　多个查找表级联方式示意图

查找表中的数就是 SRAM 阵列中所存逻辑函数的真值，查找表的输入就是 SRAM 的地址输入。

用查找表实现逻辑函数的过程：将逻辑函数的真值表事先存储在查找表的存储单元中，当逻辑函数的输入变量取不同组态时，相应组态的二进制取值构成 SRAM 的地址，选中相应地址对应的 SRAM 单元，也就得到了输入变量组合对应的逻辑值。

2.5.3　FLEX 10K 系列器件的基本结构

FLEX 10K 系列主要由嵌入式阵列块（embedded array block，EAB）、快速通道（fast track）、LAB 和 I/O 单元（in-out element，IOE）组成，如图 2.17 所示。其中 LAB 由多个逻辑单元（logic element，LE）组成，LAB 按行和列排成一个矩阵，并且在每一行中放置一个 EAB。在器件内部，信号的互连及信号与器件引脚的连接由快速通道提供，在每行（或每列）快速通道互连线的两端连接着若干个 I/O 单元。

1. EAB

FLEX 10K 系列的 EAB 内部结构如图 2.18 所示。EAB 是一种 I/O 端带有寄存器的可灵活配置的 RAM 块。其用途如下：

（1）实现比较复杂的函数的查找表，如正弦、余弦等；

（2）实现多种存储器功能，如 RAM、ROM、双口 RAM、FIFO、堆栈等；

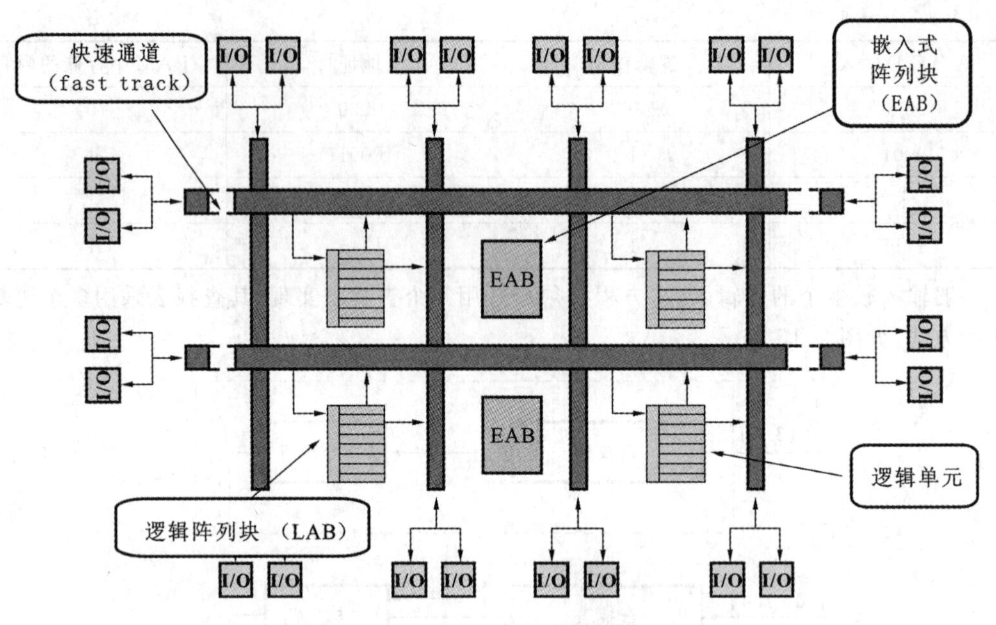

图 2.17 FLEX 10K 内部结构

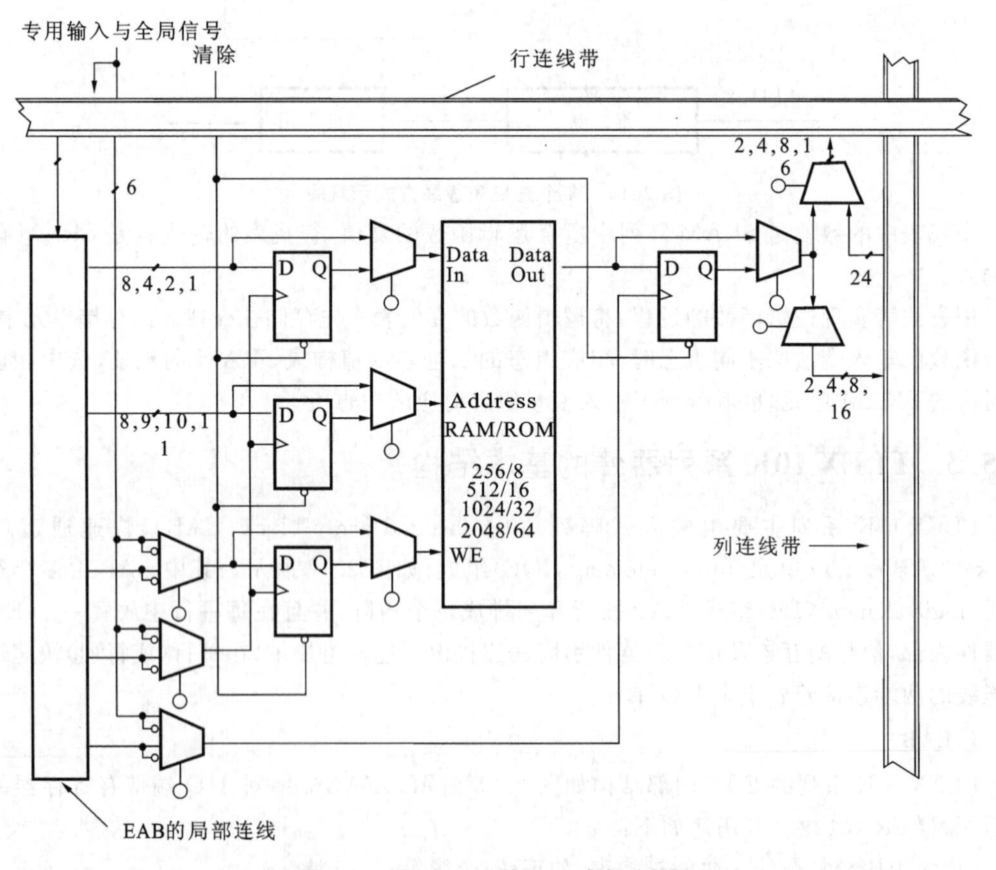

图 2.18 FLEX 10K 的 EAB 内部结构图

(3)灵活配置方法:256×8 bit,也可配成 512×4 bit。

EAB 用来实现逻辑功能时,每个 EAB 可相当于 100～300 个等效门,能方便地构成乘法器、加法器、纠错电路等模块,并由这些功能模块进一步构成诸如数字滤波器、微控制器等系统。进行逻辑功能配置时,编程 EAB 为只读模型,通过生成一个大的查找表来实现。在这个查找表中,组合功能是通过查找表而不是通过运算来完成的,其速度比用常规逻辑运算实现时更快,且这一优势因 EAB 的快速访问而得到了进一步加强。

2. 逻辑单元(LE)

图 2.19 所示为 FLEX 10K 系列 LE 的内部结构图。LE 由组合电路和时序电路两部分组成。每个 LE 包含一个 4 输入查找表、一个具有使能、预置和清零输入端的用于时序输出的可编程触发器、选择各种控制功能(如时钟、复位)的附属电路、一个进位链和一个级联链等。每个 LE 有两个输出,可驱动局部互连和快速通道互连。这两个输出可以单独控制,可实现在一个 LE 中,LUT 驱动一个输出,寄存器驱动另一个输出。

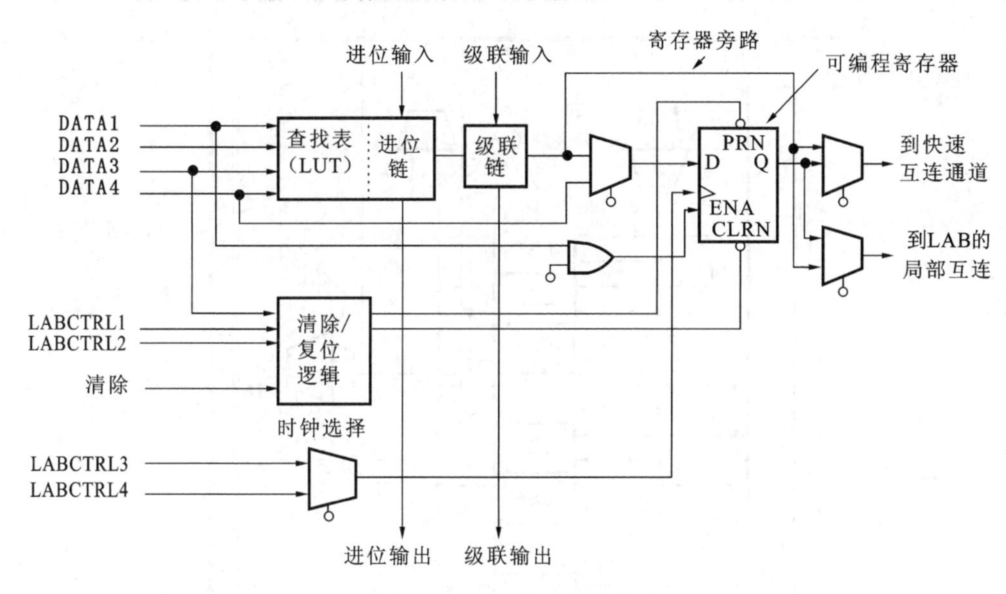

图 2.19　LE(LC)内部结构图

LE 中的可编程触发器有下列特点。

(1)可设置成 D、T、JK 或 RS 触发器。

(2)时钟、清零、使能和置位信号可由全局信号、通用 I/O 引脚或任何内部逻辑驱动。

(3)对于组合逻辑可将该触发器旁路,查找表的输出可作为 LE 的输出。

FLEX 10K 系列在结构上还提供了两条专用高速数据通道,用于连接相邻的 LE,但不占用局部互连通道。

(1)进位链:提供 LE 之间的快速向前进位功能。用来实现高速计数器、加法器、比较器和需要由低位的组合产生高位的逻辑函数。

(2)级联链:可实现多输入逻辑函数。相邻的查找表用来并行地完成部分逻辑功能,级联链把中间结果串联起来。

3. 逻辑阵列块(LAB)

FLEX 10K 系列的主体部分——LAB 由八个 LE、与 LE 相连的进位链和级联链、LAB 控制信号以及 LAB 局部互连线组成。

每个 LAB 提供四个可供 LE 使用的控制信号,其中两个可用做时钟,另外两个可用做清除/置位逻辑控制。LAB 的控制信号可由专用输入引脚、I/O 引脚或借助 LAB 局部互连的任何内部信号直接驱动,专用输入端一般用做公共的时钟、清除或置位信号。FLEX 10K 系列 LAB 的内部结构如图 2.20 所示。

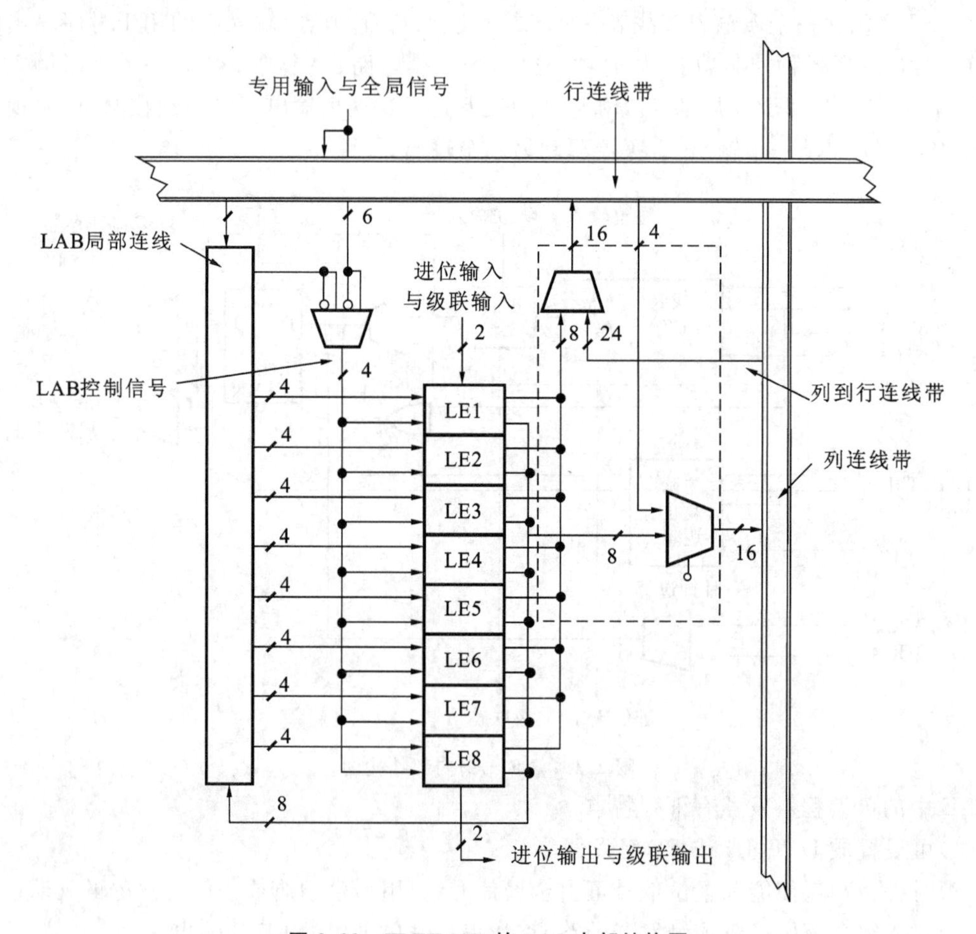

图 2.20 FLEX 10K 的 LAB 内部结构图

4. 快速通道

在 FLEX 10K 系列中,不同 LAB 中的 LE 之间及 LE 与器件 I/O 引脚之间的互连是通过快递通道实现的。快递通道是贯穿整个器件长和宽的一系列水平与垂直的连续式布线通道,由“行连线带”和“列连线带”组成,如图 2.21 所示。

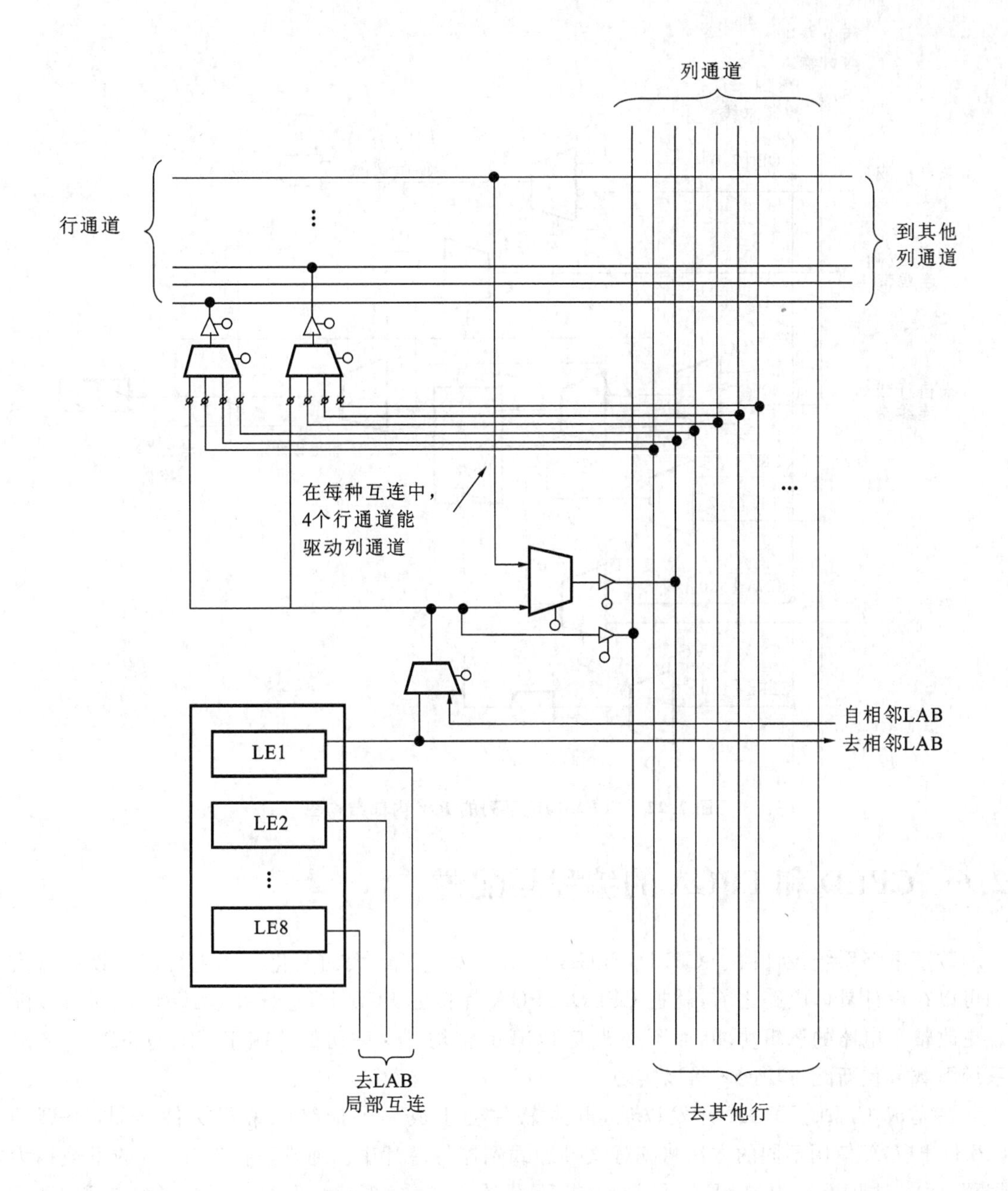

图 2.21　LAB 到行或列互连

5. I/O 单元(IOE)

FPGA 器件的 I/O 引脚是由 IOE 驱动的。FLEX 10K 系列的 IOE 内部结构如图 2.22 所示。IOE 位于快速通道行和列的末端，包含一个双向 I/O 缓冲器和一个触发器，这个触发器可以用做需要快速建立时间的外部数据输入寄存器，也可以用做要求快速“时钟到输出”性能的数据输出寄存器。此外，每个引脚还可被设置为集电极开路输出方式。

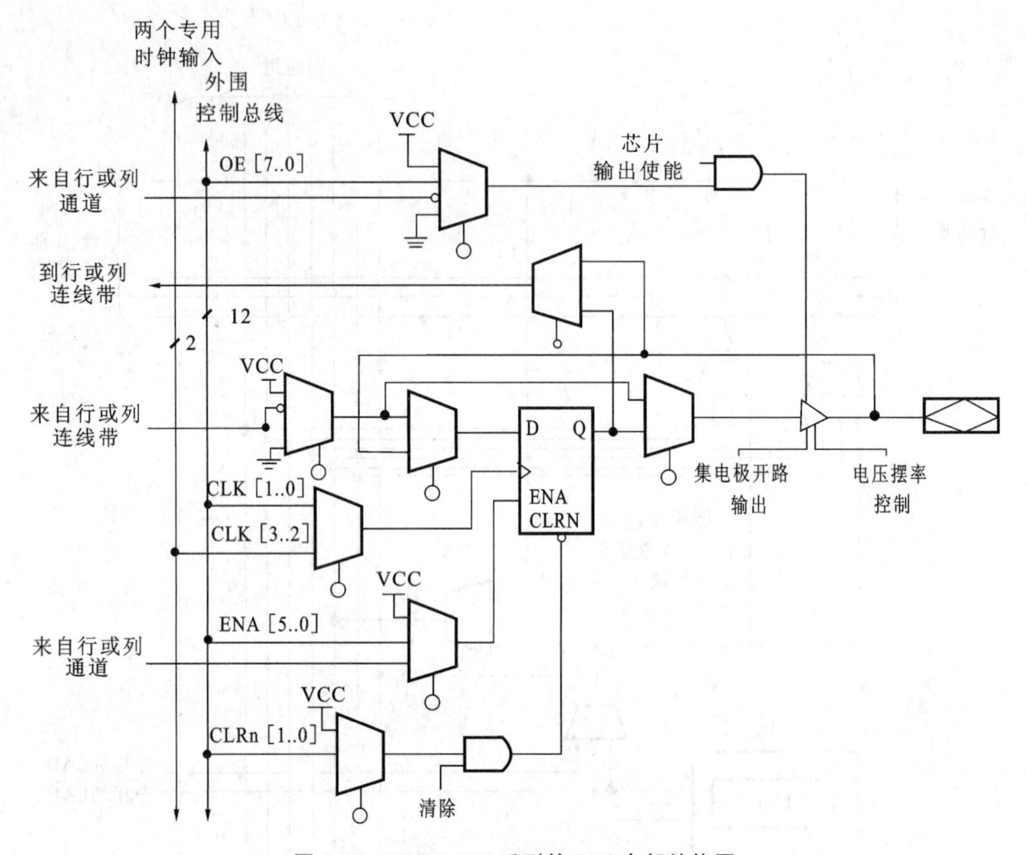

图 2.22　FLEX 10K 系列的 IOE 内部结构图

2.6　CPLD 和 FPGA 的编程与配置

数字电路系统设计由于 CPLD/FPGA 的引入发生了巨大的变化。在进行逻辑设计时人们可以在设计具体电路之前，就把 CPLD/FPGA 焊接在 PCB 上，这样在设计、调试时可以随意更改整个电路的逻辑功能，而不必改变 PCB 的结构。这一切都依赖于 CPLD/FPGA 的在系统下载或重新配置功能才得以实现。

在完成 CPLD/FPGA 开发以后，开发软件会生成一个最终的编程文件，不同类型的 CPLD/FPGA 使用不同的方法将编程文件加载到器件芯片中。通常，将对 CPLD 的下载称为编程，而将对 FPGA 中的 SRAM 进行直接下载的方式称为配置，但对于反熔丝结构和 Flash 结构的 FPGA 的下载及对 FPGA 的专用配置 ROM 的下载仍称为编程。

2.6.1　CPLD/FPGA 器件配置的下载分类

CPLD/FPGA 的编程与配置就是指将已经设计好的硬件电路的网表文件通过编程器或编程电缆下载到 CPLD/FPGA 器件中。

CPLD/FPGA 器件的工作状态(模式)主要有如下三种。

(1)用户状态(user mode)，即电路中 CPLD/FPGA 器件正常工作时的状态。

(2)配置状态(configuration mode)或者下载状态,指将编程数据装入CPLD/FPGA器件的过程。

(3)初始化状态(initialization mode),即CPLD/FPGA器件内部的各类寄存器复位。

基于CPLD/FPGA的数字系统通过仿真验证后,根据编程和配置的不同下载方式,有不同的配置分类。

1.基于计算机通信端口的分类

根据使用计算机端口的不同,CPLD/FPGA的编程与配置可以分为串口下载、并口下载和USB接口下载等三类。

2.基于编程器件的分类

根据采用的CPLD/FPGA器件的不同,编程和配置有如下两类。

(1)CPLD编程下载,适用于片内编程元件为EPROM、EEPROM和Flash的器件。

(2)FPGA编程下载,适用于片内编程元件为SDRAM的器件。

3.基于CPLD/FPGA器件在编程过程中的状态分类

根据CPLD/FPGA器件在编程过程中的不同状态,以Altera公司的芯片为例,常用的有以下三种分类。

(1)主动配置方式。

在主动配置(active serial,AS)方式下,由CPLD/FPGA器件引导配置操作的过程并控制着外部存储器和初始化过程。比如使用Altera串行配置器件来完成基于AS模式的EPCS1、EPCS4器件(目前只支持StratixⅡ和Cyclone系列)的配置。在配置中,Cyclone器件处于主动地位,配置器件处于从属地位;配置数据通过DATA0引脚送入FPGA;配置数据被同步在DCLK输入上,1个时钟周期传送1位数据。

AS配置器件是一种非易失性、基于Flash的存储器,用户可以使用Altera的ByteBlasterⅡ加载电缆、Altera的Altera Progamming Unit或者第三方的编程器来对配置芯片进行编程。它与FPGA的接口有以下4个简单的信号线。

①串行时钟输入(DCLK),是在配置模式下由FPGA内部的振荡器(oscillator)产生的,在配置完成后,该振荡器将被关掉。时钟工作在20 MHz左右,而Fast AS方式下(StratixⅡ和CycloneⅡ支持该种配置方式),DCLK时钟工作在40 MHz左右。在Altera的主动串行配置芯片中,只有EPCS16和EPCS64的DCLK可以支持到40 MHz,EPCS1和EPCS4只能支持20 MHz。②AS控制信号输入(ASDI)。③片选信号(nCS)。④串行数据输出(DATA)。

在AS模式中还可以对多个器件进行配置,多片器件的配置过程为:控制配置芯片的FPGA为主芯片,其他的FPGA为从芯片。主芯片的片选信号(nCE)需要直接接地,其nCE输出脚驱动从片的nCE,而从片的nCEO悬空,nCEO脚在FPGA未配置时输出为低电平。这样,AS模式下配置芯片中的配置数据首先写到主片的FPGA中,当其接收到所有的配置数据以后,随即驱动nCEO信号为高电平,使能从片的FPGA,这样配置芯片后面的读出数据将被写入从片的FPGA中。在生成配置文件对串行配置器件编程时,QuartusⅡ工具需要将两个配置文件合并到一个AS配置文件中,编程到配置器件中。如果这两个FPGA的配置数据完全一样,就可以将从片的nCEO也直接接地,这样只需要在配置芯片中放一个配置文件,两个FPGA即可同时配置。

(2)被动配置方式。

在被动配置(passive serial,PS)方式下,外部CPU或控制器(如单片机等)控制配置的过程。所有Altera FPGA都支持这种配置模式。在PS配置期间,配置数据从外部存储部件(这些存储器可以是Altera FPGA配置器件或单板上的其他Flash器件)通过DATA0引脚送入FPGA。配置数据在DCLK上升沿锁存,1个时钟周期传送1位数据。快速被动并行(FPP)配置模式只有在Stratix系列和APEXⅡ中被支持;被动并行异步(PPA)配置模式在Stratix系列、APEXⅡ、APEX 20K、mercury、ACEX 1K和FLEX 10K中被支持;被动并行同步(PPS)模式只有一些较老的器件支持,如APEXⅡ、APEX 20K、mercury、ACEX 1K和FLEX 10K。

被动串行异步(PSA)与FPGA的信号接口如下:①DCLK(配置时钟);②DATA0(配置数据);③nCONFIG(配置命令);④nSTATUS(状态信号);⑤CONF_DONE(配置完成指示)。

在PS方式下,FPGA处于完全被动的地位。FPGA接收配置时钟、配置命令和配置数据,给出配置的状态信号以及配置完成指示信号等,都是被动的。PS可以使用Altera的配置器件(EPC1、EPC2、EPC1441、EPC1213、EPC1064、EPC1064V等),可以使用系统中的微处理器,也可以使用单板上的CPLD,或者Altera的下载电缆,不管配置的数据源来自何处,只要可以模拟出FPGA需要的配置时序,并将配置数据写入FPGA即可。

在上电以后,FPGA会在nCONFIG引脚上检测到一个从低到高的跳变沿,因此可以自动启动配置过程。

(3)JTAG配置方式。

JTAG接口是一个业界标准接口,主要用于芯片测试等。Altera的FPGA基本上都可以支持JTAG命令来配置FPGA,而且JTAG配置方式比其他任何方式优先级都高。JTAG接口由4个必需的信号TDI、TDO、TMS和TCK以及1个可选信号TRST构成:TDI——用于测试数据的输入;TDO——用于测试数据的输出;TMS——模式控制引脚,决定JTAG电路内部的TAP状态机的跳变;TCK——测试时钟,其他信号线都必须与之同步;TRST——可选,如果JTAG电路不用,可以将其连到GND。

用户可以使用Altera的下载电缆,也可以使用微处理器等智能设备从JTAG接口设置FPGA。nCONFIG、MESL和DCLK信号都用在其他配置方式下。如果只用JTAG配置,则需要将nCONFIG拉高,将MESL拉成支持JTAG的任一方式,并将DCLK拉成高或低的固定电平。JTAG配置方式支持菊花链方式、级联多片FPGA。FPGA在正常工作时,其配置数据存储在SRAM中,加电时必须重新下载。在实验系统中,通常用计算机或控制器进行调试,因此可以使用PS方式。在实际系统中,多数情况下必须由FPGA主动引导配置操作过程,这时FPGA将主动从外部专用存储芯片中获得配置数据,因此芯片中FPGA配置信息是用普通编程器将设计所得的.pof格式的文件烧录进去。

2.6.2 FPGA器件的下载过程

在FPGA正常工作时,配置数据存储在SRAM中,这个SRAM单元也称为配置存储器(configure RAM)。由于SRAM是易失性存储器,因此在FPGA上电之后,外部电路需要将配置数据重新载入芯片内的配置RAM中,在芯片配置完成之后,内部的寄存器以及I/O引脚必须进行初始化，等到初始化完成以后，芯片才会按照用户设计的功能正常工作，即进入用户模式。

FPGA 上电以后首先进入配置模式，在最后一个配置数据载入 FPGA 以后，进入初始化模式，在初始化完成后进入用户模式。在配置模式和初始化模式下，FPGA 的用户 I/O 处于高阻态（或内部弱上拉状态），当进入用户模式后，用户 I/O 就按照用户设计的功能工作。

2.6.3　FPGA 器件的配置过程

一个 FPGA 器件完整的配置过程包括复位、配置和初始化三个过程。

FPGA 正常上电后，当其 nCONFIG 引脚被拉低时，器件处于复位状态，这时所有的配置 RAM 内容被清空，并且所有 I/O 处于高阻态，FPGA 的状态引脚 nSTATUS 和 CONFIG_DONE 引脚也将输出为低。当 FPGA 的 nCONFIG 引脚上出现一个从低到高的跳变以后，配置就开始了，同时芯片还会去采样配置模式（MESL）引脚的信号状态，决定接受何种配置模式。随之，芯片将释放漏极开路（open-drain）输出的 nSTATUS 引脚，使其由片外的上拉电阻拉高，这样就表示 FPGA 可以接收配置数据了。在配置之前和配置过程中，FPGA 的用户 I/O 均处于高阻态。

在接收配置数据的过程中，配置数据由 DATA 引脚送入，而配置时钟信号由 DCLK 引脚送入，配置数据在 DCLK 的上升沿被锁存到 FPGA 中，在配置数据被全部载入 FPGA 中以后，FPGA 上的 CONF_DONE 信号就会被释放，而漏极开路输出的 CONF_DONE 信号同样将由外部的上拉电阻拉高。因此，CONF_DONE 引脚从低到高的跳变意味着配置的完成和初始化过程的开始，而并不是芯片开始正常工作。

INIT_DONE 是初始化完成的指示信号，它是 FPGA 中可选的信号，需要通过 EDA 工具中的设置决定是否使用该引脚。在初始化过程中，内部逻辑、内部寄存器和 I/O 寄存器将被初始化，I/O 驱动器将被使能。初始化完成以后，器件上漏极开始输出的 INIT_DONE 引脚被释放，同时被外部的上拉电阻拉高。这时，FPGA 完全进入用户模式，所有的内部逻辑以及 I/O 都按照用户的设计运行，此时，那些 FPGA 配置过程中的 I/O 弱上拉将不复存在。不过，还有一些器件在用户模式下 I/O 也有可编程的弱上拉电阻。在完成配置以后，DCLK 信号和 DATA 引脚不应该被悬空，而应该被拉成固定电平，高或低都可以。

如果需要重新配置 FPGA，就需要在外部将 nCONFIG 重新拉低一段时间，然后再拉高。在 nCONFIG 被拉低后，nSTATUS 和 CONF_DONE 将随即被 FPGA 芯片拉低，配置 RAM 内容被清空，所有 I/O 都完成三态。当 nCONFIG 和 nSTATUS 都变为高时，重新配置就开始了。

2.7　FPGA 和 CPLD 的开发应用选择

由于各 PLD 公司的 FPGA/CPLD 产品在价格、性能、逻辑规模和封装（还包括对应的 EDA 软件性能）等方面各有千秋，因此不同的开发项目要选择不同的产品。在应用开发中一般应考虑以下几个问题。

2.7.1 器件的逻辑资源量的选择

开发一个项目，首先要考虑的是所选器件的逻辑资源量是否满足本系统的要求。由于大规模集成 PLD 的应用大都是先将其安装在 PCB 上后再设计其逻辑功能的，而且在实现前很难准确确定芯片可能耗费的资源，考虑到系统设计完成后，有增加某些新功能以及后期硬件升级等可能性，因此，应适当估测一下功能资源以确定使用什么样的器件，对于提高产品性能价格比是有好处的。Lattice、Altera、Xinlinx 三家公司的 PLD 产品都有 HDPLD 的特性，且有多种系列产品供选用。相对而言，Lattice 的高密度产品少些，密度也较小。由于不同的 PLD 公司在其产品的数据手册中描述芯片逻辑资源的依据和基准不一致，因此芯片逻辑资源有很大的出入。例如，Lattice 对于 ispLSI1032E 给出的资源是 6000 个逻辑门，而对于 EPM7128S 给出的资源是 2500 个逻辑门，但实际上这两种器件的逻辑资源是基本一样的。在逻辑资源中，不妨设定一个基准。这里以比较常用的 ispLSI1032E 为基准，来了解其他公司的器件规模。GAL16V8 有 8 个逻辑宏单元，每个宏单元中有 1 个 D 触发器，对应数个逻辑门，可以设计 1 个 7 位二进制计数器或 1 个 4 位加法器等；而 ispLSI1032E 有 32 个通用逻辑块(GLB)，每个 GLB 中含 4 个宏单元，总共 128 个宏单元，若以 Lattice 数据手册上给出的逻辑门数为 6000 计算，Altera 的 EPM7128S 中也有 128 个宏单元，也就有 6000 个左右的等效逻辑门；Xilinx 的 XC95108 和 XC9536 的宏单元数分别为 108 和 36，对应的逻辑门数应该约为 5000 和 6000。但应注意，相同的宏单元数并不对应完全相同的逻辑门数。例如，GAL20V8 和 GAL16V8 的宏单元数都是 8，其逻辑门数显然不同。此外，随着宏单元数的增加，芯片中的宏单元数量与对应的等效逻辑门的数量并不是成比例增加的。这是因为宏单元越多，各单元间的逻辑门能综合利用的可能性就越大，所对应的等效逻辑门自然就越大。例如，isp1016 有 16 个 GLB、64 个宏单元、2000 个逻辑门，而 ispLSI1032E 的宏单元数为 128，逻辑门数却是其 3 倍。

以上的逻辑门估测仅针对 CPLD，针对 FPGA 的估测应考虑到其结构特点。由于 FPGA 的逻辑颗粒比较小，即其可布线区域是散布在所有的宏单元之间的，因此，对于相同的宏单元数 FPGA 将比 CPLD 对应更多的逻辑门数。以 Altera 的 EPF10PC84 为例，它有 576 个宏单元，若以 7128S 的 2500 个逻辑门为基准计算，则它应约有 1 万个逻辑门，但若以 ispLSI1032E 为基准，则应有 2.7 万个逻辑门；再考虑其逻辑结构的特点，则应约有 3.5 万个逻辑门。当然，这只是一般意义上的估测，器件的逻辑门数只有与具体的设计内容相结合才有意义。实际开发中，逻辑资源的占用情况涉及的因素主要有以下几点。

(1)硬件描述语言的选择、描述风格的选择以及 HDL 综合器的选择。

(2)综合和适配开关的选择。如选择速度优化，则将耗用更多的资源，而若选择资源优化，则反之。在 EDA 工具上还有许多其他的优化选择开关，都将直接影响逻辑资源的利用率。

(3)逻辑功能单元的性质和实现方法。一般情况下，许多组合电路比时序电路占用的逻辑资源要大。

2.7.2 芯片速度的选择

随着 PLD 集成技术的不断提高，FPGA 和 CPLD 的工作速度也不断提高，点对点延时已达纳秒数量级，在一般使用中，器件的工作频率已足够了。目前，Altera 和 Xilinx 公司的器件标称工作频率最高都超过 300 MHz。具体设计中应对芯片速度的选择有一综合考虑,并不是速度越高越好。芯片速度的选择应与所设计的系统的最高工作速度相一致。使用速度过高的器件将加大 PCB 设计的难度。这是因为器件的高速性能越好,则对外界微小毛刺信号的反应灵敏性越好,若电路处理不当,或编程前的配置选择不当,系统极易处于不稳定的工作状态,其中包括输入引脚端的所谓"glitch"干扰。在单片机系统中,PCB 的布线要求并不严格,一般的毛刺信号干扰不会导致系统的不稳定,但对于即使最一般速度的 FPGA/CPLD,这种干扰也会引起不良后果。

2.7.3　器件功耗的选择

由于在线编程的需要,CPLD 的工作电压多为 5 V,而 FPGA 的工作电压的流行趋势是越来越低,3.3 V 和 2.5 V 低工作电压的 FPGA 的使用已十分普遍。因此,在低功耗、高集成度方面,FPGA 具有绝对的优势。相对而言,Xilinx 公司的器件的性能较稳定,功耗较小,用户 I/O利用率高。例如,XC3000 系列器件一般只用两个电源、两个地,而密度大体相当的 Altera 器件可能有八个电源、八个地。

2.7.4　FPGA /CPLD 的选择

FPGA/CPLD 的选择主要看开发项目本身的需要,对于普通规模且产量不是很大的产品项目,通常使用 CPLD 比较好,原因如下。

(1)在中小规模范围,CPLD 价格较便宜,能直接用于系统。各系列的 CPLD 器件的逻辑规模覆盖面属中小规模(1000～50000 个逻辑门),有很宽的可选范围,上市速度快,市场风险小。

(2)开发 CPLD 的 EDA 软件比较容易得到,其中不少 PLD 公司还有条件地提供免费软件。如 Lattice 的 ispExpert、Synaio,Vantis 的 Design Director, Altera 的 Baseline,Xilinx 的 Webpack 等。

(3)CPLD 的结构大多为 EEPROM 或 Flash ROM 形式,编程后即可固定下载的逻辑功能,使用方便,电路简单。

(4)目前最常用的 CPLD 多为在系统可编程的硬件器件,编程方式极为便捷。这一优势能保证所设计的电路系统随时可通过各种方式进行硬件修改和硬件升级,且有良好的器件加密功能。Lattice 公司所有的 ispLSI 系列、Altera 公司的 7000S 和 9000 系列、Xilinx 公司的 XC9500 系列的 CPLD 都拥有这些优势。

(5)CPLD 有专门的布线区和许多块,无论实现什么样的逻辑功能,或采用怎样的布线方式,引脚至引脚间的信号延时几乎是固定的,与逻辑设计无关。这种特性使得设计调试比较简单,逻辑设计中的毛刺现象比较容易处理,廉价的 CPLD 就能获得比较高速的性能。

对于大规模的逻辑设计、ASIC 设计或单片系统设计,则多采用 FPGA。从逻辑规模上讲,FPGA 覆盖了大中规模范围,逻辑门数为 5000～2000000。目前,国际上的大型 FPGA 供应商是美国的 Xilinx 公司和 Altera 公司。FPGA 保存逻辑功能的物理结构多为 SRAM 型,即掉电后将丢失原有的逻辑信息,所以在实用中需要为 FPGA 芯片配置一个专用 ROM,需将设计好的逻辑信息烧录于此 ROM 中。电路一旦上电,FPGA 就能自动从 ROM 中读取逻辑信息。

FPGA 的使用途径主要有以下几个方面。

(1)直接使用,即如 CPLD 那样直接用于产品的电路系统板上。在大规模和超大规模逻辑资源、低功耗与价格比值方面,FPGA 比 CPLD 有更大的优势,但由于 FPGA 通常必须附带 ROM 以保存软信息,且 Xilinx 和 Altera 的原供应商只能提供一次性 ROM,因此在规模不是很大的情况下,其在电路的复杂性和价格方面略逊于 CPLD,而且对于 ROM 的编程,要求有一台能对 FPGA 的配置 ROM 进行烧录的编程器。必要时,也可以使用能进行多次编程配置的 ROM。Atmel 生产的为 Xilinx 和 Altera 的 FPGA 配置的兼容 ROM,就有一万次的烧录周期。此外,用户也能用单片机系统依照配置 ROM 的时序来完成配置 ROM 的功能,当然,也能使用诸如 Actel 的不需要配置 ROM 的一次性 FPGA。

(2)间接使用。其方法是,首先利用 FPGA 完成系统整机的设计,包括最后的 PCB 的定型,然后将充分验证的成功的设计软件,如 VHDL 程序,交付原供产商进行相同封装形式的掩膜设计。这个过程类似于 8051 的掩膜生产。这样获得的 FPGA 无须配置 ROM,单片成本要低许多。

(3)硬件仿真。由于 FPGA 是 SRAM 结构,且能提供庞大的逻辑资源,因而适用于作各种逻辑设计的仿真器件。从这个意义上讲,FPGA 本身即为开发系统的一部分。FPGA 器件能用做各种电路系统中不同规模逻辑芯片功能的实用性仿真,一旦仿真通过,就能为系统配以相适应的逻辑器件。在仿真过程中,可以通过下载线直接将逻辑设计的输出文件通过计算机和下载适配电路配置进 FPGA 器件中,而不必使用配置 ROM 和专用编程器。

(4)专用集成电路 ASIC 设计仿真。对产品产量特别大、需要专用的集成电路,或是单片系统的设计,如 CPU 及各种单片机的设计,除了使用功能强大的 EDA 软件进行设计和仿真外,有时还有必要使用 FPGA 对设计进行硬件仿真测试,以便最后确认整个设计的可行性。最后的器件将是严格遵循原设计,适用于特定功能的专用集成电路。这个转换过程需 VHDL 或 Verilog 语言来完成。

如果需要,在一个系统中,可根据不同的电路采用不同的器件,充分利用各种器件的优势。例如,利用 Altera 和 Lattice 的器件实现要求等延时和多输入的场合及加密功能,用 Altera 和 Xilinx 器件实现大规模集成电路,用 Xilinx 器件实现时序较多或相位差数值较小(小于一个逻辑单元延时时间)的设计等。这样可提高器件的利用率,降低设计成本,提高系统综合性能。

2.7.5 FPGA 和 CPLD 封装的选择

FPGA 和 CPLD 器件的封装形式很多,其中主要有 PLCC、PQFP、TQFP、RQFP、VQFP、MQFP、PGA 和 BGA 等。每一芯片的引脚数为 28～484 不等,同一型号类别的器件可有多种不同的封装。

常用的 PLCC 封装的引脚有 28、44、52、68、84 脚等几种规格。可以买到现成的PLCC插座,插拔方便,比较实用,适用于小规模的开发。缺点是需增加购买插座的成本、I/O 口线有限,以及易被人非法解密。

PQFP、RQFP 或 VQFP 属贴片封装形式,无须插座,管脚间距有零点几个毫米,适合于一般规模的产品开发或生产,徒手难以焊接,批量生产需贴装机。多数大规模、多 I/O 的器件都采用这种封装。

PGA 封装的成本比较高，价格昂贵，形似 586 CPU，一般不直接采用作为系统器件。如 Altera 的 10K50 有 403 脚的 PGA 封装，可用做硬件仿真。

BGA 封装的引脚属于球状引脚，是大规模集成 PLD 器件常用的封装形式。这种封装形式采用球状引脚，以特定的阵形有规律地排在芯片的背面上，使得芯片引出尽可能多的引脚，同时，由于引脚排列的规律性，因而适合某一系统的同一设计程序能在同一 PCB 位置上焊上不同大小的含有同一设计程序的 BGA 器件，这是它的重要优势。此外，BGA 封装的引脚结构具有更强的抗干扰和机械抗振性能。

对于不同的设计项目，应使用不同的封装。对于逻辑含量不大，而外接引脚的数量比较大的系统，需要大量 I/O 口线才能以单片形式将这些外部器件的工作系统协调起来，因此选贴片形式的器件比较好。如可选用 Lattice 的 ispLSI1048E-PQFP 或 Xilinx 的 XC95108-PQFP，它们的引脚数分别为 128 和 160，其 I/O 口数一般都能满足系统的要求。

2.7.6　其他因素的选择

相对而言，在三家主流 PLD 公司的产品中，Altera 和 Xilinx 的设计较为灵活，器件利用率较高，器件价格较便宜，品种和封装形式较丰富。但 Xilinx 的 FPGA 产品需要外加编程器件和初始化时间，保密性较差，延时较难事先确定，信号等延时较难实现。

对于器件中的三态门和触发器数量，三家主流 PLD 公司的产品都太少，尤其是 Lattice 产品。

第3章 VHDL基础

3.1 概述

数字系统设计分为硬件设计和软件设计两部分。随着计算机技术、超大规模集成电路(CPLD、FPGA)的发展和硬件描述语言(hardware description language，HDL)的出现，软、硬件设计之间的界限被打破，数字系统的硬件设计可以完全用软件来实现，只要掌握了 HDL 语言就可以设计出各种各样的数字逻辑电路。

3.1.1 VHDL 语言简介

以前很多 ASIC 制造商都自己开发了 HDL 语言，它们之间存在着很大的差异，工程师一旦选用某种硬件描述语言作为输入工具，就被束缚在这个硬件设计环境之中。因此，硬件设计工程师需要一种强大的、标准的硬件描述语言作为可以相互交流的设计环境。目前常用的硬件描述语言有 VHDL、Verilog 和 ABEL 语言，利用硬件描述语言可以使数字系统设计更加简单和容易。

美国国防部在 20 世纪 80 年代初提出了超高速集成电路(very high speed integrated circuit，VHSIC)计划，其目标之一是为下一代集成电路的生产，实现阶段性的工艺极限以及完成 10 万门级以上的设计建立一项新的描述方法。超高速集成电路硬件描述语言(very high speed integrated circuit hardware description language，VHDL)诞生于 1982 年。1987 年底，VHDL 被 IEEE(The Institute of Electrical and Electronic Engineers)和美国国防部确认为标准硬件描述语言。自 IEEE 公布了 VHDL 的标准版本(IEEE-1076)之后，各 EDA 公司相继推出了自己的 VHDL 设计环境，或宣布自己的设计工具可以和 VHDL 接口。此后，VHDL 在电子设计领域得到了广泛的接受，并逐步取代原有的非标准硬件描述语言。1993 年，IEEE 对 VHDL 进行了修订，从更高的抽象层次和系统描述能力上扩展了 VHDL 的内容，公布了新版本的 VHDL，即 IEEE 标准的 1076—1993 版本。现在，VHDL 和 Verilog 作为 IEEE 的工业标准硬件描述语言，得到众多 EDA 公司的支持，在电子工程领域已成为事实上的通用硬件描述语言。有专家认为，在新的世纪中，VHDL 和 Verilog 语言将承担起几乎全部的数字系统设计任务。

3.1.2 VHDL 语言作用

1. VHDL 打破软、硬件的界限

传统的数字系统设计方法是，硬件设计由硬件设计者承担，软件设计由软件设计者承担，两者之间没有交流。VHDL 语言是用软件的方式设计系统的，即使不同硬件电路也可以设计

出一个硬件系统，所以硬件描述语言是电子设计者与EDA工具的桥梁，EDA工具及VHDL语言的流行使电子系统向集成化、大规模和高速度等方向发展。

2. VHDL与C、C＋＋的比较

正如C、C＋＋代替汇编语言设计系统那样，在硬件描述领域可以用VHDL语言代替原理图、逻辑状态图等。

3. VHDL与原理图描述的比较

VHDL既有较强的抽象描述能力，可以进行系统行为级别的描述，且描述简洁、效率更高。

VHDL描述与实现工艺无关。而电路原理图描述必须给出完整的具体电路结构图，不能进行抽象描述，描述复杂且效率低。电路原理图描述与实现工艺有关，当功能改变时必须重新设计，造成资源浪费、效率低。

3.1.3　VHDL语言特点

(1)VHDL对系统硬件描述能力强，设计效率高，具有较高的抽象描述能力。如一个可置数的16位计数器原理图是一个很庞大的图样，一般一个人用一天时间才能设计出来，而用VHDL语言设计很简单，仅需十几条语句，非常简洁，效率很高，且对电路的修改非常方便。

(2)VHDL语言的可读性强，易于修改和发现错误。

(3)VHDL具有丰富的仿真语句和库函数，可对VHDL的源代码进行早期的功能仿真，有利于系统的分析与验证。

(4)VHDL设计与硬件的关系不大(可以不考虑电路器件)。

(5)VHDL不依赖于器件，与工艺无关。

(6)移植性好。

(7)采用自上而下的设计方法，即Top-Down和CE(并行工程)设计思想。

(8)上市时间快，成本低。

(9)易于ASIC实现。

(10)VHDL有以下描述风格：行为描述、数据流(寄存器传输RTL)描述和结构化描述。

3.1.4　VHDL与其他硬件描述语言的比较

VHDL起源于美国国防部的VHSIC，Verilog起源于集成电路的设计，ABEL则来源于PLD的设计。下面从使用方面将三者进行对比。

(1)逻辑描述层次：一般的硬件描述语言可以在三个层次上进行电路描述，其层次由高到低依次可分为行为级、RTL级和门电路级。VHDL语言是一种高级描述语言，适用于行为级和RTL级的描述，最适于描述电路的行为；Verilog语言和ABEL语言是一种较低级的描述语言，适用于RTL级和门电路级的描述，最适用于描述门级电路。

(2)设计要求：用VHDL进行电子系统设计时可以不了解电路的结构细节，设计者所做的工作较少；用Verilog和ABEL语言进行电子系统设计时需了解电路的结构细节，设计者需做大量的工作。

(3)综合过程：任何一种语言的源程序最终都要转换成门电路级才能被布线器或适配器所

接受。因此,VHDL 语言源程序的综合通常要经过行为级→RTL 级→门电路级的转化,VHDL 几乎不能直接控制门电路的生成。而 Verilog 语言和 ABEL 语言源程序的综合过程要简单一点,即只经过 RTL 级→门电路级的转化,易于控制电路资源。

(4)对综合器的要求:VHDL 描述语言的层次较高,不易控制底层电路,因而对综合器的性能要求较高,Verilog 和 ABEL 对综合器的性能要求较低。

(5)支持的 EDA 工具:支持 VHDL 和 Verilog 的 EDA 工具很多,但支持 ABEL 的综合器仅仅 Dataio 一家。

(6)国际化程度:VHDL 和 Verilog 已成为 IEEE 标准,而 ABEL 正朝国际化标准努力。

3.1.5 VHDL 的优点

VHDL 主要用于描述数字系统的结构、行为、功能和接口。除了含有许多具有硬件特征的语句外,VHDL 的语言形式和描述风格与句法十分类似于一般的计算机高级语言。VHDL 的程序结构特点是将一项工程设计,或称设计实体(可以是一个元件、一个电路模块或一个系统),分为外部(或称可视部分,即端口)和内部(或称不可视部分,即设计实体的内部功能和算法完成部分)。在对一个设计实体定义了外部界面后,一旦其内部开发完成,其他的设计就可以直接调用这个实体。这种将设计实体分成内外部分的概念是 VHDL 系统设计的基本点。应用 VHDL 进行工程设计的优点有以下几方面。

(1)与其他的硬件描述语言相比,VHDL 具有更强的行为描述能力。强大的行为描述能力是避开具体的器件结构,从逻辑行为上描述和设计大规模电子系统的重要保证。就目前流行的 EDA 工具和 VHDL 综合器而言,将基于抽象的行为描述风格的 VHDL 程序综合成为具体的 FPGA 和 CPLD 等目标器件的网表文件已不成问题,只是在综合与优化效率上略有差异。

(2)VHDL 具有丰富的仿真语句和库函数,使得在任何大型系统的设计早期都能查验设计系统的功能可行性,随时可对系统进行仿真模拟,使设计者对整个工程的结构和功能可行性做出判断。

(3)VHDL 语句的行为描述能力和程序结构决定了它具有支持大规模设计的分解和已有设计的再利用功能。高效、高速地完成符合市场需求的大规模系统必须有多人甚至多个开发组并行工作,VHDL 中设计实体的概念、程序包的概念、设计库的概念为设计的分解和并行工作提供了有力的支持。

(4)用 VHDL 完成一个确定的设计,可以利用 EDA 工具进行逻辑综合和优化,并自动把 VHDL 描述设计转变成门级网表(根据不同的实现芯片)。这种方式突破了门级设计的瓶颈,极大地减少了电路设计的时间和可能发生的错误,降低了开发成本。利用 EDA 工具的逻辑优化功能,可以自动地把一个综合后的设计变成一个更小、更高速的电路系统。反过来,设计者还可以容易地从综合和优化的电路获得设计信息,返回去更新修改 VHDL 设计描述,使之更加完善。

(5)VHDL 对设计的描述具有相对独立性。设计者可以不懂硬件的结构,也不必管最终设计的目标器件是什么，而进行独立设计。正因为 VHDL 的硬件描述与具体的工艺技术和硬件结构无关，所以 VHDL 设计程序的硬件实现目标器件有广阔的选择范围，其中包括各种系列的 CPLD、FPGA 及各种门阵列器件。

(6)由于 VHDL 具有类属描述语句和子程序调用等功能，对于完成的设计，在不改变源程序的条件下，只需改变类属参量或函数，就能轻易地改变设计的规模和结构。

3.1.6　VHDL 程序设计约定

为了便于程序的阅读和调试，本书对 VHDL 程序设计有如下约定。

(1)语句结构描述中方括号“[ ]”内的内容为可选内容。

(2)对于 VHDL 的编译器和综合器来说，程序文字的大小写是不加区分的。本书一般使用大写。

(3)程序中的注释使用双横线“--”。在 VHDL 程序的任何一行中，双横线“--”后的文字都不参加编译和综合。

(4)为了便于程序的阅读与调试，书写和输入程序时，使用层次缩进格式，同一层次的对齐，低层次的较高层次的缩进两个字符。

(5)考虑到 QuartusⅡ要求源程序文件的名字与实体名必须一致，因此为了使同一个 VHDL 源程序文件能适应各个 EDA 开发软件上的使用要求，建议各个源程序文件的命名均与其实体名一致。

3.2　VHDL 程序基本结构

3.2.1　VHDL 程序设计举例

1. 设计思路

全加器可以由两个 1 位的半加器构成，而 1 位半加器可以由如图 3.1 所示的门电路构成。

1 位半加器的端口信号 A 和 B 分别是 2 位相加的二进制输入信号，SO 是相加和的输出信号，CO 是进位输出信号，左边的门电路结构构成了右边的半加器 H_ADDER。在硬件上可以利用半加器构成如图 3.2 所示的全加器，当然还可以将一组这样的全加器级联起来构成一个串行进位的加法器。图 3.2 中，全加器 F_ADDER 内部的功能结构是由 3 个逻辑器件构成的，即由两个半加器 U1、U2 和一个“或”门 U3 连接而成。

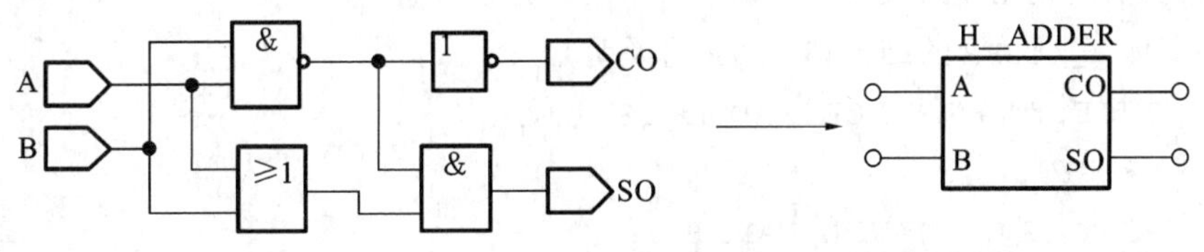

图 3.1　1 位半加器逻辑原理图

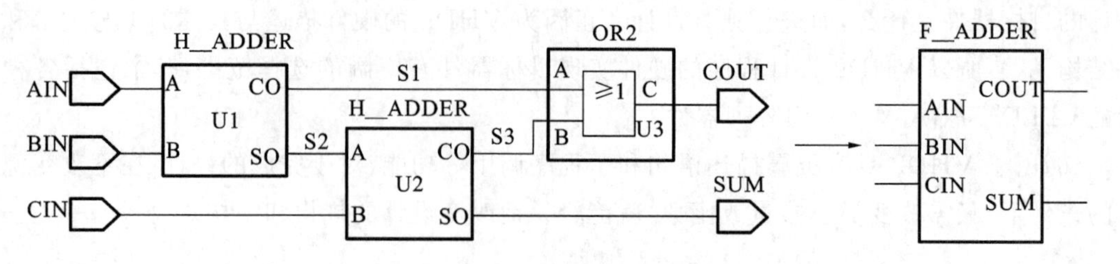

图 3.2　1 位全加器逻辑原理图

2. VHDL 源程序

1)"或"门的逻辑描述

```
--IEEE 库的使用说明
LIBRARY IEEE;
USE IEEE.STD_LOGIC_1164.ALL;
--实体 OR2A 的说明
ENTITY OR2A  IS
    PORT(A,B :IN STD_LOGIC;
             C:OUT STD_LOGIC);
END ENTITY OR2A;
--实体 OR2A 的结构体 ART1 的说明
ARCHITECTURE ART1 OF OR2A  IS
    BEGIN
    C<=A OR B;
END ARCHITECTURE ART1;
```

2)半加器的逻辑描述

```
--IEEE 库的使用说明
    LIBRARY IEEE;
    USE IEEE.STD_LOGIC_1164.ALL;
--实体 H_ADDER 的说明
    ENTITY H_ADDER IS
        PORT(A,B:IN STD_LOGIC;
                 CO,SO:OUT STD_LOGIC);
END ENTITY H_ADDER;
--实体 H_ADDER 的结构体 ART2 的说明
ARCHITECTURE ART2 OF H_ADDER IS
    BEGIN
    SO<=(A OR B)AND(A NAND B);
    CO<=NOT(A NAND B);
END ARCHITECTURE ART2;
```

3)全加器的逻辑描述

```
--IEEE 库的使用说明

     LIBRARY IEEE;
     USE IEEE.STD_LOGIC_1164.ALL;
--实体 F_ADDER 的说明
     ENTITY F_ADDER IS
          PORT(AIN,BIN,CIN:IN STD_LOGIC;
               COUT,SUM: OUT STD_LOGIC);
     END ENTITY F_ADDER;
--实体 F_ADDER 的结构体 ART3 的说明
ARCHITECTURE ART3 OF F_ADDER IS
--元件调用声明
COMPONENT H_ADDER
          PORT(A,B:IN STD_LOGIC;
               CO,SO:OUT STD_LOGIC);
     END COMPONENT;
     COMPONENT OR2
          PORT(A,B:IN STD_LOGIC;
                    C: OUT STD_LOGIC);
     END COMPONENT;
SIGNAL D,E,F:STD_LOGIC;
--元件连接说明
BEGIN
     U1:H_ADDER PORT MAP(A=>AIN,B=>BIN,CO=>D,SO=>E);
     U2:H_ADDER PORT MAP(A=>E,B=>CIN,CO=>F,SO=>SUM);
     U3:OR2 PORT MAP(A=>D,B=>F,C=>COUT);
END ARCHITECTURE ART3;
```

3. 说明及分析

(1)整个设计包括三个设计实体,分别为 OR2、H_ADDER 和 F_ADDER,其中实体 F_ADDER 为顶层实体。三个设计实体均包括三个组成部分:库(LIBRARY)、程序包(PACKAGE)使用说明,实体(ENTITY)说明和结构体(ARCHITECTURE)说明。这三个设计实体既可以作为一个整体进行编译、综合与存档,也可以各自进行独立编译、独立综合与存档,或被其他的电路系统所调用。

(2)实体 OR2 定义了"或"门 OR2 的引脚信号 A、B(输入)和 C(输出),其对应的结构体 ART1 描述了输入与输出信号间的逻辑关系,即将输入信号 A、B 相"或"后传给输出信号端 C,由此实体和结构体描述一个完整的"或"门元件。

(3)实体 H_ADDER 及对应的结构体 ART2 描述了一个如图 3.1 所示的半加器。由其结构体的描述可以看到，它是由一个“与非”门、一个“非”门、一个“或”门和一个“与”门连接而成的，其逻辑关系来自半加器真值表。在 VHDL 中，逻辑算符 NAND、NOT、OR 和 AND 分别代表“与非”、“非”、“或”和“与”4 种逻辑运算关系。

(4)在全加器接口逻辑 VHDL 描述中，根据图 3.2 右侧的 1 位二进制全加器 F_ADDER 的原理图，实体 F_ADDER 定义了引脚的端口信号属性和数据类型。其中，AIN 和 BIN 分别为两个输入的相加位，CIN 为低位进位输入，COUT 为进位输出，SUM 为 1 位和输出。其对应的结构体 ART3 的功能是利用 COMPONENT 声明语句和 COMPONENT 例化语句将上面由两个实体 OR2 和 H_ADDER 描述的独立器件按照图 3.2 所示全加器内部逻辑原理图中的接线方式连接起来。

(5)在结构体 ART3 中，COMPONENT→END COMPONENT 语句结构对所要调用的“或”门和半加器两元件作了声明(COMPONENT DECLARATION)，并由 SIGNAL 语句定义了三个信号 D、E 和 F 作为中间信号转存点，以利于几个器件间的信号连接。接下去的“PORT MAP( )”语句称为元件例化语句(COMPONENT INSTANTIATION)。所谓例化，相当于在 PCB 上装配元器件；在逻辑原理图上，相当于从元件库中取了一个元件符号放在电路原理图上，并对此符号的各引脚进行连线。例化也可理解为元件映射或元件连接，MAP 是映射的意思。例如，语句“U2：H_ADDER PORT MAP(A=>E，B=>CIN，CO=>F，SO=>SUM)”表示将实体 H_ADDER 描述的元件 U2 的引脚信号 A、B、CO 和 SO 分别连向外部信号 E、CIN、F 和 SUM。符号“=>”表示信号连接。

(6)实体 F_ADDER 引导的逻辑描述也是由三个主要部分，即库、实体和结构体构成的。从表面上看来，库的部分仅包含一个 IEEE 标准库和打开的 IEEE. STD_LOGIC_1164. ALL 程序包。但实际上，从结构体的描述中可以看出，其对外部的逻辑有调用的操作，这类似于对库或程序包中的内容做了调用。因此，库结构部分还应将上面的“或”门和半加器的 VHDL 描述包括进去，作为工作库中的两个待调用的元件。由此可见，库结构也是 VHDL 程序的重要组成部分。

3.2.2 VHDL 程序的基本结构

从前面的设计实例可以看出，一个相对完整的 VHDL 程序(或称为设计实体)具有如图 3.3 所示的比较固定的结构。至少应包括三个基本组成部分：库、程序包使用说明，实体说明和与实体对应的结构体说明。其中，库、程序包使用说明用于打开(调用)本设计实体将要用到的库、程序包；实体说明用于描述该设计实体与外界的接口信号说明，是可视部分；结构体说明用于描述该设计实体内部工作的逻辑关系，是不可视部分。在一个实体中，可以含有一个或一个以上的结构体，而在每一个结构体中又可以含有一个或多个进程以及其他的语句。根据需要，实体还可以有配置说明语句。配置说明语句主要用于以层次化的方式对特定的设计实体进行元件例化，或是为实体选定某个特定的结构体。

如何才算一个完整的 VHDL 程序设计实体，并没有完全一致的结论，因为不同设计目的的程序可以有不同的程序结构。通常认为，一个完整的设计实体的最低要求应该能为 VHDL 综合器所接受，并能作为一个独立设计单元，即以元件的形式存在的 VHDL 程序。这里所谓的元件，既可以被高层次的系统所调用，成为该系统的一部分，也可以作为一个电路功能块而独立存在和独立运行。

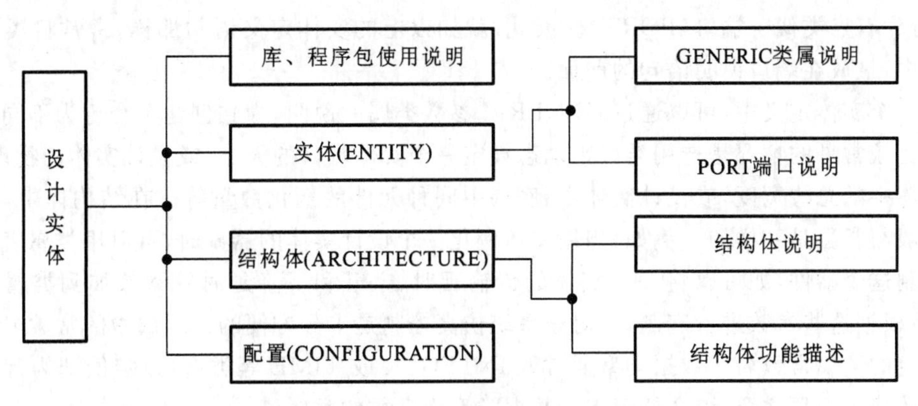

图 3.3　VHDL 程序设计基本结构

3.2.3　实体(ENTITY)

实体(ENTITY)是一个设计实体的表层设计单元,其功能是对这个设计实体与外部电路进行接口描述。它规定了设计单元的 I/O 接口信号或引脚,是设计实体经封装后对外的一个通信界面。

1. 实体语句结构

实体说明单元的常用语句结构如下:

```
ENTITY 实体名 IS
[GENERIC(类属表);]
[PORT(端口表);]
END ENTITY 实体名;
```

实体说明单元必须以语句"ENTITY 实体名 IS"开始,以语句"END ENTITY 实体名;"结束,其中的实体名是设计者自己给设计实体的名字,可作为其他设计实体对该设计实体进行调用时用。中间在方括号内的语句描述在特定的情况下并非是必需的。例如,构建一个 VHDL 仿真测试基准等情况中可以省去方括号中的语句。

2. 类属(GENERIC)说明语句

类属(GENERIC)参量是一种端口界面常数,常以一种说明的形式放在实体或块结构体前的说明部分。类属为所说明的环境提供了一种静态信息通道,类属的值可以由设计实体外部提供。因此,设计者可以从外面通过类属参量的重新设定而容易地改变一个设计实体或一个元件的内部电路结构和规模。

类属说明的一般书写格式如下:

```
GENERIC(常数名;数据类型[:设定值]
{;常数名:数据类型[:设定值]});
```

类属参量以关键词 GENERIC 引导一个类属参量表,在表中提供时间参数或总线宽度等静态信息。类属表说明用于确定设计实体和其外部环境通信的参数,传递静态的信息。类属说明在所定义的环境中的地位十分接近常数，但却能从环境（如设计实体）外部动态地接受赋值，其行为有点类似于端口(PORT)。因此，就如以上的实体定义语句那样，常常将类属说明放在其中，且放在端口说明语句的前面。

在一个实体定义中，可以通过 GENERIC 参数类属的说明，为它创建多个行为不同的逻辑结构。比较常见的情况是选用类属来动态规定一个实体端口的大小，或设计实体的物理特性，或结构体中的总线宽度，或设计实体中、底层中同种元件的例化数量等。在结构体中，类属的应用一般与常数是一样的。例如，当用实体例化一个设计实体的器件时，可以用类属表中的参数项定制这个器件，如可以将一个实体的传输延时、上升和下降延时等参数加到类属参数表中，然后根据这些参数进行定制，这对于系统仿真控制是十分方便的。类属中的常数名是由设计者确定的类属常数名。数据类型通常取 INTEGER 或 TIME 等类型，设定值即为常数名所代表的数值。但须注意，综合器仅支持数据类型为整数的类属值。

3. 端口(PORT)说明

由 PORT 引导的端口说明语句是对一个设计实体界面的说明。实体端口说明的一般书写格式如下：

```
PORT(端口名:端口模式　数据类型;
        {端口名:端口模式　数据类型});
```

其中，端口名是设计者为实体的每一个对外通道所取的名字；端口模式是指这些通道上的数据流动方式，如输入或输出等；数据类型是指端口上流动的数据的表达格式。由于 VHDL 是一种强类型语言，它对语句中的所有操作数的数据类型都有严格的规定。一个实体通常有一个或多个端口，端口类似于原理图部件符号上的管脚。实体与外界交流的信息必须通过端口通道流入或流出。

IEEE1076 标准包中定义了 4 种常用的端口模式，各端口模式的功能及符号分别见表 3.1 和图 3.4。在实际的数字集成电路中，IN 相当于只可输入的引脚，OUT 相当于只可输出的引脚，BUFFER 相当于带输出缓冲器并可以回读的引脚（与 TRI 引脚不同），而 INOUT 相当于双向引脚（即 BIDIR 引脚）。由图 3.4 所示的 INOUT 电路可见，此模式的端口是普通输出端口(OUT)加入三态输出缓冲器和输入缓冲器构成的。

表 3.1　端口模式说明

端 口 模 式	端口模式说明（以设计实体为主体）
IN	输入，只读模式，将变量或信号信息通过该端口读入
OUT	输出，单向赋值模式，将信号通过该端口输出
BUFFER	具有读功能的输出模式，可以读或写，只能有一个驱动源
INOUT	双向，可以通过该端口读入或写出信息

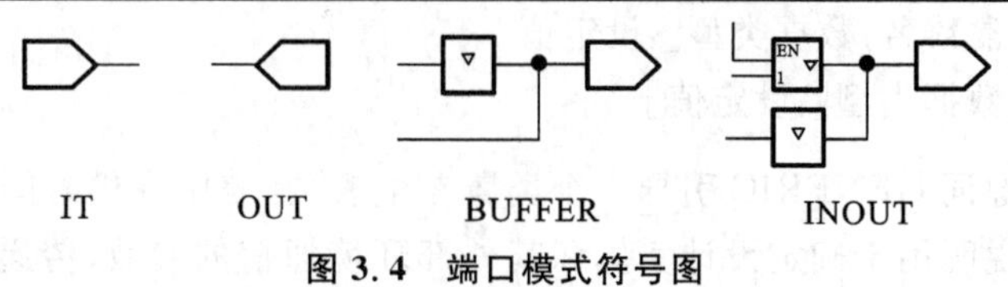

图 3.4　端口模式符号图

实用中，端口描述中的数据类型主要有两类：位（BIT）和位矢量（BIT_VECTOR）。若端口的数据类型定义为 BIT，则其信号值是一个 1 位的二进制数，取值只能是 0 或 1；若端口数据类型定义为 BIT_VECTOR，则其信号值是一组二进制。

3.2.4 结构体（ARCHITECTURE）

结构体是用于描述设计实体的内部结构以及实体端口间的逻辑关系。结构体内部构造的描述层次和描述内容一般可以用图 3.5 来说明。一般地，一个完整的结构体由两个基本层次组成。

（1）对数据类型、常数、信号、子程序和元件等元素的说明部分；

（2）描述实体逻辑行为的，以各种不同的描述风格表达的功能描述语句。

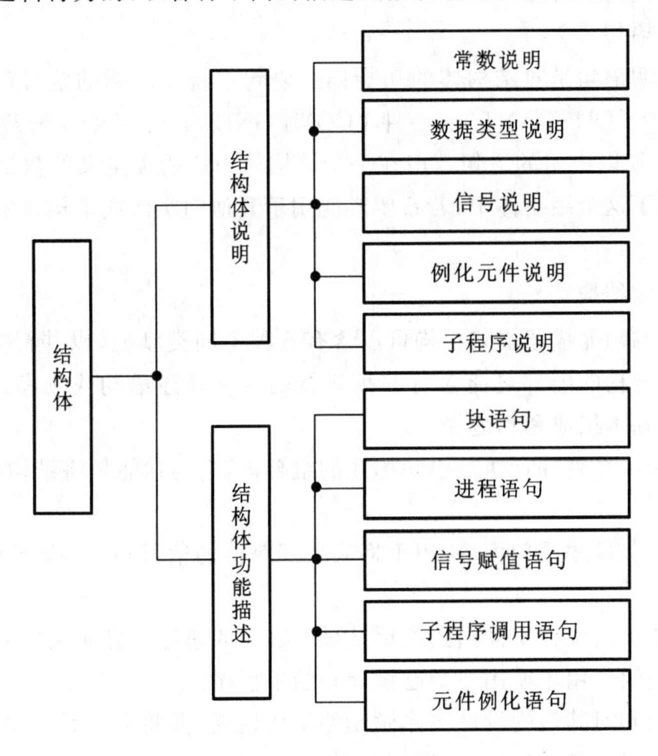

图 3.5 结构体构造图

结构体将具体实现一个实体。每个实体可以有多个结构体，每个结构体对应着实体不同结构和算法实现方案，其间的各个结构体的地位是同等的，它们完整地实现了实体的行为，但同一结构体不能为不同的实体所拥有。结构体不能单独存在，它必须有一个界面说明，即一个实体。对于具有多个结构体的实体，必须用 CONFIGURATION 配置语句指明用于综合的结构体和用于仿真的结构体，即在综合后可映射于硬件电路的设计实体中，一个实体只对应一个结构体。在电路中，如果实体代表一个器件符号，则结构体描述了这个符号的内部行为。当把这个符号例化成一个实际的器件安装到电路上时，则需配置语句为这个例化的器件指定一个结构体（即指定一种实现方案），或由编译器自动选一个结构体。

1. 结构体的一般语句格式

结构体的语句格式如下：

```
ARCHITECTURE  结构体名 OF  实体名 IS
    [说明语句]
BEGIN
    [功能描述语句]
END ARCHITECTURE 结构体名;
```

其中，实体名必须是所设计实体的名字，而结构体名可以由设计者自己选择，但当一个实体具有多个结构体时，结构体的取名不可重复。

2. 结构体说明语句

结构体中的说明语句是对结构体的功能描述语句中将要用到的信号(SIGNAL)、数据类型(TYPE)、常数(CONSTANT)、元件(COMPONENT)、函数(FUNCTION)和过程(PROCEDURE)等加以说明的语句。但在一个结构体中说明和定义的数据类型、常数、元件、函数和过程只能用于这个结构体中，若希望其能用于其他的实体或结构体中，则需要将其作为程序包来处理。

3. 功能描述语句结构

如图 3.5 所示的功能描述语句结构可以含有五种不同类型的，以并行方式工作的语句结构。而在每一语句结构的内部可能含有并行运行的逻辑描述语句或顺序运行的逻辑描述语句。各语句结构的基本组成和功能如下。

(1)块语句是由一系列并行执行语句构成的组合体，它的功能是将结构体中的并行语句组成一个或多个模块。

(2)进程语句定义顺序语句模块，用于将从外部获得的信号值，或内部的运算数据向其他的信号进行赋值。

(3)信号赋值语句将设计实体内的处理结果向定义的信号或界面端口进行赋值。

(4)子程序调用语句用于调用一个已设计好的子程序。

(5)元件例化语句对其他的设计实体做元件调用说明，并将此元件的端口与其他的元件、信号或高层次实体的界面端口进行连接。

3.2.5 库(LIBRARY)

在利用 VHDL 进行工程设计中，为了提高设计效率以及使设计遵循某些统一的语言标准或数据格式，有必要将一些有用的信息汇集在一个或几个库(LIBRARY)中以供调用。这些信息可以是预先定义好的数据类型、子程序等设计单元的集合体(程序包)，或预先设计好的各种设计实体(元件库程序包)。因此，可以把库看成是一种用来存储预先完成的程序包和数据集合体的仓库。

库的语句格式如下。

```
LIBRARY 库名;
```

这一语句即相当于为其后的设计实体打开了以此库名命名的库，以便设计实体可以利用其中的程序包。如语句“LIBRARY IEEE;”表示打开IEEE库。

1. 库的种类

VHDL程序设计中常用的库有4种。

1)IEEE库

IEEE库是VHDL设计中最为常见的库，它包含有符合IEEE标准的程序包和其他一些支持工业标准的程序包。IEEE库中的标准程序包主要包括STD_LOGIC_1164、NUMERIC_BIT和NUMERIC_STD等程序包。其中，STD_LOGIC_1164是最重要的、最常用的程序包，大部分基于数字系统设计的程序包都是以此程序包中设定的标准为基础的。

此外，还有一些程序包虽非IEEE标准，但由于其已成事实上的工业标准，也都并入了IEEE库。这些程序包中，最常用的是Synopsys公司的STD_LOGIC_ARITH、STD_LOGIC_SIGNED和STD_LOGIC_UNSIGNED程序包。目前流行于我国的大多数EDA工具都支持Synopsys公司程序包。一般基于大规模集成PLD的数字系统设计，IEEE库中的4个程序包STD_LOGIC_1164、STD_LOGIC_ARITH、STD_LOGIC_SIGNED和STD_LOGIC_UNSIGNED已经足够使用。另外需要注意的是，在IEEE库中符合IEEE标准的程序包并非符合VHDL语言标准，如STD_LOGIC_1164程序包。因此在使用VHDL设计实体的前面必须以显式表达出来。

2)STD库

VHDL语言标准定义了两个标准程序包，即STANDARD和TEXTIO程序包，它们都被收入STD库中。只要在VHDL应用环境中，可随时调用这两个程序包中的所有内容，即在编译和综合过程中，VHDL的每一项设计都自动地将其包含进去了。由于STD库符合VHDL语言标准，在应用中不必如IEEE库那样以显式表达出来。

3)WORK库

WORK库是用户的VHDL设计的现行工作库，用于存放用户设计和定义的一些设计单元和程序包。其自动满足VHDL语言标准，在实际调用中，不必以显式预先说明。

4)VITAL库

使用VITAL库，可以提高VHDL门级时序模拟的精度，因而只在VHDL仿真器中使用。库中包含时序程序包VITAL_TIMING和VITAL_PRIMITIVES。VITAL程序包已经成为IEEE标准，在当前的VHDL仿真器的库中，VITAL库中的程序包都已经并到IEEE库中。实际上，由于各FPGA/CPLD生产厂商的适配工具(如ispEXPERT Compiler)都能为各自的芯片生成带时序信息的VHDL门级网表，用VHDL仿真器仿真该网表可以得到非常精确的时序仿真结果，因此，基于实用的观点，在FPGA/CPLD设计开发过程中，一般并不需要VITAL库中的程序包。

除了以上提到的库外，EDA工具开发商为了FPGA/CPLD开发设计上的方便，都有自己的扩展库和相应的程序包，如DATAIO公司的GENERICS库、DATAIO库等，以及上文提到的Synopsys公司的一些库。

在VHDL设计中，有的EDA工具将一些程序包和设计单元放在一个目录下，而将此目录名，如“WORK”，作为库名，如 Synplicity 公司的 Synplify。有的 EDA 工具通过配置语句结构来指定库和库中的程序包，这时的配置是一个设计实体中最顶层的设计单元。

此外，用户还可以自己定义一些库，将自己的设计内容或通过交流获得的程序包设计实体并入这些库中。

2. 库的用法

在 VHDL 语言中，库的说明语句总是放在实体单元前面，而且库语言一般必须与 USE 语句同用。库语言关键词 LIBRARY，指明所使用的库名。USE 语句指明库中的程序包。一旦说明了库和程序包，整个设计实体都可进入访问或调用，但其作用范围仅限于所说明的设计实体。VHDL 要求一个含有多个设计实体的更大的系统，每一个设计实体都必须有自己完整的库说明语句和 USE 语句。

USE 语句的使用将使所说明的程序包对本设计实体部分全部开放，即是可视的。USE 语句的使用有两种常用格式：

```
USE 库名.程序包名.项目名;
USE 库名.程序包名.ALL;
```

第一语句格式的作用是，向本设计实体开放指定库中的特定程序包内所选定的项目。第二语句格式的作用是，向本设计实体开放指定库中的特定程序包内所有的内容。

例如：

```
LIBRARY IEEE;
USE IEEE.STD_LOGIC_1164.ALL;
USE IEEE.STD_LOGIC_UNSIGNED.ALL;
```

以上的三条语句表示打开 IEEE 库，再打开此库中的 STD_LOGIC_1164 程序包和 STD_LOGIC_UNSIGNED. ALL 程序包的所有内容。

【例 3. 2. 1】 库使用说明示例。

```
LIBRARY IEEE;
USE IEEE.STD_LOGIC_1164.STD_ULOGIC;
USE IEEE.STD_LOGIC_1164.RISING_EDGE;
```

此例向当前设计实体开放了 STD_LOGIC_1164 程序包中的 RISING_EDGE 函数。但由于此函数需要用到数据类型 STD_ULOGIC，因此在上一条 USE 语句中开放了同一程序包中的这一数据类型。

3. 2. 6 程序包(PACKAGE)

为了使已定义的常数、数据类型、元件调用说明以及子程序能被更多的 VHDL 设计实体方便地访问和共享，可以将它们收集在一个 VHDL 程序包中。多个程序包可以并入一个 VHDL 库中，使之适用于更一般的访问和调用范围。这一点对于大系统开发，多个或多组开发人员并行工作显得尤为重要。

程序包的内容主要由如下四种基本结构组成，一个程序包中至少应包含以下结构中的一种。

（1）常数说明：主要用于预定义系统的宽度，如数据总线通道的宽度。

（2）数据类型说明：主要用于说明在整个设计中通用的数据类型，例如，通用的地址总线数据类型定义等。

（3）元件定义：主要规定在VHDL设计中参与元件例化的文件（已完成的设计实体）对外的接口界面。

（4）子程序说明：用于说明在设计中任一处可调用的子程序。

定义程序包的一般语句结构如下：

```
--程序包首
PACKAGE 程序包名  IS      --程序包首开始
--程序包首说明部分
END 程序包名;      --程序包首结束
--程序包体
PACKAGE BODY 程序包名  IS      --程序包体开始
--程序包体说明部分以及包体内容
END 程序包名;      --程序包体结束
```

1.程序包首

程序包首的说明部分可收集多个不同的VHDL设计所需的公共信息，其中包括数据类型说明、信号说明、子程序说明及元件说明等。

程序包结构中，程序包体并非是必需的，程序包首可以独立定义和使用。

【例3.2.2】 程序包使用说明示例。

```
PACKAGE PAC1 IS      --程序包首开始
TYPE BYTE IS RANGE 0 TO 255;      --定义数据类型 BYTE
SUBTYPE NIBBLE IS BYTE RANGE 0 TO 15;      --定义子类型 NIBBLE
CONSTANT BYTE_FF:BYTE:= 255;      --定义常数 BYTE_FF
SIGNAL ADDEND:NIBBLE;      --定义信号 ADDEND
COMPONENT BYTE_ADDER      --定义元件
PORT(A,B:IN BYTE;
END COMPONENT;
FUNCTION MY_FUNCTION(A:IN BYTE )RETURN BYTE;      --定义函数
END PAC1;      --程序包首结束
```

如果要使用这个程序包中的所有定义，则可用USE语句访问此程序包：

```
LIBRARY WORK;      --此句可省去
USE WORK.PAC1.ALL;
ENTITY...
```

```
ARCHITECTURE...
⋮
```

【例 3.2.3】 在现行 WORK 库中定义程序包并立即使用的示例。

```
PACKAGE  SEVEN  IS    --定义程序包
    SUBTYPE  SEGMENTS IS BIT_VECTOR(0 TO 6);
    TYPE BCD IS RANGE 0 TO 9;
END SEVEN;
USE WORK.SEVEN.ALL;     --打开程序包,以便后面使用
ENTITY DECODER IS
    PORT(INPUT:BCD;DRIVE:OUT SEGMENTS);
END DECODER;
ARCHITECTURE ART OF DECODER IS
BEGIN
WITH INPUT SELECT
DRIVE<= B"1111110" WHEN 0,
                B"0110000" WHEN 1,
B"1101101" WHEN 2,
            B"1111001" WHEN 3,
            B"0110011" WHEN 4,
            B"1011011" WHEN 5,
            B"1011111" WHEN 6,
            B"1110000" WHEN 7,
            B"1111111" WHEN 8,
            B"1111011" WHEN 9,
            B"0000000" WHEN  OTHERS;
END ARCHITECTURE ART;
```

此例是一个 4 位 BCD 数向 7 段译码显示码转换的 VHDL 描述。在程序包 SEVEN 中定义了两个新的数据类型 SEGMENTS 和 BCD。在 DECODER 的实体描述中使用了这两个数据类型。

2. 程序包体

程序包体用于定义在程序包首中已定义的子程序的子程序体。程序包体说明部分的组成可以是 USE 语句(允许对其他程序包的调用)、子程序定义、子程序体、数据类型说明、子类型说明和常数说明等。对于没有子程序说明的程序包体可以省去。

程序包常用来封装属于多个设计单元分享的信息,程序包定义的信号、变量不能在设计实体之间共享。

常用的预定义的程序包有 4 种。

1)STD_LOGIC_1164 程序包

它是 IEEE 库中最常用的程序包，是 IEEE 的标准程序包。其中包含了一些数据类型、子类型和函数的定义，这些定义将 VHDL 扩展为一个能描述多值逻辑(即除具有"0"和"1"以外还有其他的逻辑量，如高阻态"Z"、不定态"X"等)的硬件描述语言，很好地满足了实际数字系统的设计需求。该程序包中用得最多和最广的是定义了满足工业标准的两个数据类型 STD_LOGIC 和 STD_LOGIC_VECTOR，它们非常适合用于 FPGA/CPLD 器件中多值逻辑设计结构。

2)STD_LOGIC_ARITH 程序包

它预先编译在 IEEE 库中，是 Synopsys 公司的程序包。此程序包在 STD_LOGIC_1164 程序包的基础上扩展了 3 个数据类型 UNSIGNED、SIGNED 和 SMALL_INT，并为其定义了相关的算术运算符和转换函数。

3)STD_LOGIC_UNSIGNED 和 STD_LOGIC_SIGNED 程序包

这两个程序包都是 Synopsys 公司的程序包，都预先编译在 IEEE 库中。这些程序包重载了可用于 INTEGER 型及 STD_LOGIC 和 STD_LOGIC_VECTOR 型混合运算的运算符，并定义了一个由 STD_LOGIC_VECTOR 型到 INTEGER 型的转换函数。这两个程序包的区别是，STD_LOGIC_SIGNED 中定义的运算符考虑到了符号，是有符号数的运算，而 STD_LOGIC_UNSIGNED 则正好相反。

程序包 STD_LOGIC_ARITH、STD_LOGIC_UNSIGNED 和 STD_LOGIC_SIGNED 虽然未成为 IEEE 标准，但已经成为事实上的工业标准，绝大多数的 VHDL 综合器和 VHDL 仿真器都支持它们。

4)STANDARD 和 TEXTIO 程序包

这两个程序包是 STD 库中的预编译程序包。STANDARD 程序包中定义了许多基本的数据类型、子类型和函数。它是 VHDL 标准程序包，实际应用中已隐性地打开了，故不必用 USE 语句另作声明。TEXTIO 程序包定义了支持文本文件操作的许多类型和子程序。在使用本程序包之前，需加语句 USE STD.TEXTIO.ALL。

TEXTIO 程序包主要供仿真器使用。可以用文本编辑器建立一个数据文件，文件中包含仿真时需要的数据，然后仿真时用 TEXTIO 程序包中的子程序存取这些数据。综合器中，此程序包被忽略。

3.2.7　配置(CONFIGURATION)

配置可以把特定的结构体指定给一个确定的实体。通常在大而复杂的 VHDL 工程设计中，配置语句可以为实体指定或配置一个结构体。利用配置可使仿真器为同一实体配置不同的结构体，以使设计者比较不同结构体的仿真差别，或者为例化的各元件实体配置指定的结构体，从而形成一个所希望的例化元件层次构成的设计实体。

配置也是 VHDL 设计实体中的一个基本单元，在综合或仿真中，可以利用配置语句为确定整个设计提供许多有用信息。例如，对以元件例化的层次方式构成的 VHDL 设计实体，就可把配置语句的设置看成是一个元件表，以配置语句指定在顶层设计中的每一元件与一特定结构体相衔接，或赋予特定属性。配置语句还能用于对元件的端口连接进行重新安排等。

VHDL综合器允许将配置规定为一个设计实体中的最高层设计单元，但只支持对最顶层的实体进行配置。

配置语句的一般格式如下：

```
CONFIGURATION 配置名 OF 实体名 IS
配置说明
END 配置名;
```

配置主要为顶层设计实体指定结构体，或为参与例化的元件实体指定所希望的结构体，以层次方式来对元件例化作结构配置。如前所述，每个实体可以拥有多个不同的结构体，而每个结构体的地位是相同的，在这种情况下，可以利用配置说明为这个实体指定一个结构体。例3.2.4是一个配置的简单方式应用，即在一个描述“与非”门NAND的设计实体中会有两个以不同的逻辑描述方式构成的结构体，用配置语句来为特定的结构体需求作配置指定。

【例3.2.4】 配置使用说明示例。

```
LIBRARY IEEE;
USE IEEE.STD_LOGIC_1164.ALL;
ENTITY NAND IS
    PORT(A:IN STD_LOGIC;
        B:IN STD_LOGIC;
        C:OUT STD_LOGIC);
END ENTITY NAND;
ARCHITECTURE ART1 OF NAND IS
    BEGIN
    C<=NOT(A AND B );
END ARCHITECTURE ART1;
ARCHITECTURE ART2 OF NAND IS
BEGIN
    C<='1'WHEN(A='0')AND(B='0')  ELSE
'1'WHEN(A='0')AND(B='1')  ELSE
'1'WHEN(A='1')AND(B='0')  ELSE
'0'WHEN(A='1')AND(B='1')  ELSE
'0';
END ARCHITECTURE ART2;

CONFIGURATION SECOND OF NAND IS
FOR ART2
END FOR;
END SECOND;
```

```
CONFIGURATION FIRST OF NAND IS
FOR ART1
END FOR;
END FIRST;
```

在本例中若指定配置名为 SECOND,则为实体 NAND 配置的结构体为 ART2;若指定配置名为 FIRST,则为实体 NAND 配置的结构体为 ART1。这两种结构的描述方式是不同的,但是有相同的逻辑功能。

如果将例 3.2.4 中的配置语言全部除去,则可以用此具有两个结构体的实体 NAND 构成另一个更高层次设计实体中的元件,并由此设计实体中的配置语句来指定元件实体 NAND 使用哪一个结构体。例 3.2.5 就是利用例 3.2.4 的文件 NAND 实现 RS 触发器设计的。最后,利用配置语句指定元件实体 NAND 中的第二个结构 ART2 来构成 NAND 的结构体。

【例 3.2.5】 配置语句实现 RS 触发器示例。

```
LIBRARY IEEE;
USE IEEE.STD_LOGIC_1164.ALL;
ENTITY RS1 IS
     PORT(R:IN STD_LOGIC;
                  S:IN STD_LOGIC;
     Q:OUT STD_LOGIC;
     QF:OUT STD_LOGIC);
END RS1;
ARCHITECTURE RSF OF RS1 IS
     COMPONENT NAND
          --这里假设"与非"门的设计实体已进入工作库 WORK
PORT(A:IN STD_ LOGIC;
             B:IN STD_LOGIC;
             C:OUT STD_LOGIC);
END COMPONENT;
BEGIN
U1:NAND PORT MAP(A=>S,B=>QF,C=>Q);
U2:NAND PORT MAP(A=>Q,B=>R,C=>QF);
END RSF;

CONFIGURATION SEL OF RS1 IS
     FOR RSF
          FOR U1,U2:NAND
             USE ENTITY WORK.NAND(ART2);
             END FOR;
```

```
        END FOR;
    END SEL;
```

3.3 VHDL 语言要素

3.3.1 VHDL 文字规则

VHDL 文字(literal)主要包括数值和标识符。数值型文字主要有数字型、字符串型。

1. 数字型文字

数字型文字的值有多种表达方式，现列举如下。

(1)整数文字：整数文字都是十进制的数。例如：

5,678,0,156E2(=15600),45_234_287(=45234287)

数字间的下划线仅仅是为了提高文字的可读性，相当于一个空的间隔符，而没有其他的含义，因而不影响文字本身的数值。

(2)实数文字：实数文字也都是十进制的数，但必须带有小数点。例如：

188.993,88_670_551.453_909(=88670551.453909),1.0,1.335,0.0

(3)以数制基数表示的文字：用这种方式表示的数由五个部分组成。第一部分，用十进制数标明数制进位的基数；第二部分，数制隔离符号“#”；第三部分，表达的文字；第四部分，指数隔离符号“#”；第五部分，用十进制数表示的指数部分，这一部分的数如果是 0 可以省去不写。现举例如下：

```
10#170#          --十进制数表示，等于 170
2#1111_1110#       --二进制数表示，等于 254
16#E#E1        --十六进制数表示，等于 2#11100000# ，等于224
16#F.01#E+2      --十六进制数表示，等于3841.00
```

(4)物理量文字(VHDL 综合器不接受此类文字)。如：60 s(60 秒),100 m(100 米),1 kΩ(1 千欧),177 A(177 安)。

2. 字符串型文字

字符是用单引号引起来的 ASCⅡ 字符，可以是数值，也可以是符号或字母，如：'R'、'A'、'*'、'Z'。而字符串则是一维的字符数组，须放在双引号中。VHDL 中有两种类型的字符串：文字字符串和数位字符串。

(1)文字字符串：文字字符串是用双引号引起来的一串文字。例如：

```
"ERROR","BOTH S AND Q EQUAL TO L","X","BB$ CC"。
```

(2)数位字符串：数位字符串也称位矢量，是预定义的数据类型 BIT 的一维数组，它们所代表的是二进制、八进制或十六进制的数组，其位矢量的长度即为等值的二进制数的位数。数位字符串的表示首先要有计算基数，然后将该基数表示的值放在双引号中，基数符以“B”、“O”和“X”表示，并放在字符串的前面。它们的含义分别是：

• B：二进制基数符号，表示二进制数位 0 或 1，在字符串中每一个位表示一个 BIT。

• O：八进制基数符号，在字符串中的第一个数代表一个八进制数，即代表一个 3 位(BIT)的二进制数。

• X：十六进制基数符号(0～F)，代表一个十六进制数，即代表一个 4 位的二进制数。

例如：

```
B"1_1101_1110"    --二进制数数组，位矢量数组长度是 9
X"AD0"    --十六进制数数组，位矢量数组长度是 12
```

3. 标识符

标识符用来定义常数、变量、信号、端口、子程序或参数的名字。VHDL 的基本标识符就是以英文字母开头，不连续使用下划线"_"，不以下划线"_"结尾的，由 26 个大小写英文字母、数字 0～9 以及下划线"_"组成的字符串。VHDL—1993 标准还支持扩展标识符，但是目前仍有许多 VHDL 工具不支持扩展标识符。标识符中的英文字母不分大小写。VHDL 的保留字不能作为标识符使用。如：DECODER_1、FFT、Sig_N、NOT_ACK、State0、Idle 是合法的标识符；而_DECODER_1、2FFT、SIG_#N、NOT_ACK、RYY_RST、data_BUS、RETURN 则是非法的标识符。

4. 下标名及下标段名

下标名用于指示数组型变量或信号的某一元素，而下标段名则用于指示数组型变量或信号的某一段元素，其语句格式如下：

数组类型信号名或变量名(表达式 1[TO/DOWNTO　表达式 2])；

表达式的数值必须在数组元素下标号范围以内，并且必须是可计算的。TO 表示数组下标序列由低到高，如"2 TO 8"；DOWNTO 表示数组下标序列由高到低，如"8 DOWNTO 2"。

如果表达式是一个可计算的值，则此操作数可很容易地进行综合。如果是不可计算的，则只能在特定的情况下综合，且耗费资源较大。

下标名及下标段名使用示例如下：

```
SIGNAL  A,B,C:BIT_VECTOR(0 TO 7);
SIGNAL  M:INTEGER RANGE 0 TO 3;
SIGNAL  Y,Z :BIT;
Y<=A(M);      --M 是不可计算型下标表示
Z<=B(3);      --3 是可计算型下标表示
C(0 TO 3)<=A(4 TO 7);     --以段的方式进行赋值
C(4 TO 7)<=A(0 TO 3);     --以段的方式进行赋值
```

3.3.2　VHDL 数据对象

在 VHDL 中，数据对象(data objects)类似于一种容器，它接受不同数据类型的赋值。数据对象有三种，即常量(CONSTANT)、变量(VARIABLE)和信号(SIGNAL)。前两种可以从传统的计算机高级语言中找到对应的数据类型，其语言行为与高级语言中的变量和常量十分相似。

但信号是具有更多的硬件特征的特殊数据对象，是 VHDL 中最有特色的语言要素之一。

1. 常量

常量的定义和设置主要是为了使设计实体中的常数更容易阅读和修改。例如，将位矢量的宽度定义为一个常量，只要修改这个常量就能很容易地改变宽度，从而改变硬件结构。在程序中，常量是一个恒定不变的值，一旦做了数据类型的赋值定义后，在程序中不能再改变，因而具有全局意义。常量的定义形式如下：

```
CONSTANT 常量名:数据类型:= 表达式;
```

例如：

```
CONSTANT FBUS:BIT_VECTOR:="010115";
CONSTANT VCC:REAL:=5.0;
CONSTANT DELY:TIME:=25ns;
```

VHDL 要求所定义的常量数据类型必须与表达式的数据类型一致。常量的数据类型可以是标量类型或复合类型，但不能是文件类型(File)或存取类型(Access)。

常量定义语句所允许的设计单元有实体、结构体、程序包、块、进程和子程序。在程序包中定义的常量可以暂不设具体数值，它可以在程序包体中设定。

常量的可视性，即常量的使用范围取决于它被定义的位置。在程序包中定义的常量具有最大全局化特征，可以用在调用此程序包的所有设计实体中；定义在设计实体中的常量，其有效范围为这个实体定义的所有的结构体；定义在设计实体的某一结构体中的常量，则只能用于此结构体；定义在结构体的某一单元的常量，如一个进程中，则这个常量只能用在这一进程中。

2. 变量

在 VHDL 语法规则中，变量是一个局部量，只能在进程和子程序中使用。变量不能将信息带出对它作出定义的当前设计单元。变量的赋值是一种理想化的数据传输，是立即发生、不存在任何延时的行为。VHDL 语言规则不支持变量附加延时语句。变量常用在实现某种算法的赋值语句中。

定义变量的语法格式如下：

```
VARIABLE 变量名:数据类型:=初始值;
```

例如：

```
VARIABLE  A:INTEGER;      --定义 A 为整数型变量
VARIABLE  B,C:INTEGER:=2;     --定义 B 和 C 为整型变量,初始值为 2
```

变量作为局部量，其适用范围仅限于定义了变量的进程或子程序中。仿真过程中唯一的例外是共享变量。变量的值将随变量赋值语句的运算而改变。变量定义语句中的初始值可以是一个与变量具有相同数据类型的常数值，也可以是一个全局静态表达式，这个表达式的数据类型必须与所赋值变量的一致。此初始值不是必需的，综合过程中综合器将略去所有的初始值。

变量数值的改变是通过变量赋值来实现的，其赋值语句的语法格式如下：

目标变量名:=表达式;

3. 信号

信号是描述硬件系统的基本数据对象,它类似于连接线。信号可以作为设计实体中并行语句模块间的信息交流通道。在 VHDL 中,信号及其相关的信号赋值语句、决断函数、延时语句等很好地描述了硬件系统的许多基本特征,如硬件系统运行的并行性、信号传输过程中的惯性延时特性、多驱动源的总线行为等。

信号作为一种数值容器,不但可以容纳当前值,也可以保持历史值。这一属性与触发器的记忆功能有很好的对应关系。信号的定义格式如下:

SIGNAL 信号名:数据类型:=初始值;

信号初始值的设置不是必需的,而且初始值仅在 VHDL 的行为仿真中有效。与变量相比,信号的硬件特征更为明显,它具有全局性特性。例如,在程序包中定义的信号,对于所有调用此程序包的设计实体都是可见的;在实体中定义的信号,在其对应的结构体中都是可见的。

事实上,除了没有方向说明以外,信号与实体的端口(port)概念是一致的。相对于端口来说,其区别只是输出端口不能读入数据,输入端口不能被赋值。信号可以看成是实体内部的端口。反之,实体的端口只是一种隐形的信号,端口的定义实际上是作了隐式的信号定义,并附加了数据流动的方向。信号本身的定义是一种显式的定义,因此,在实体中定义的端口在其结构体中都可以看成一个信号,并加以使用而不必另作定义。信号的定义示例如下:

```
SIGNAL S1:STD_LOGIG:= 0;
--定义了一个标准位的单值信号 S1,初始值为低电平
SIGNAL S2,S3:BIT;       --定义了两个位 BIT 的信号 S2 和 S3
SIGNAL S4: STD_LOGIC_VECTOR(15 DOWNTO 0);
--定义了一个标准位矢的位矢量
--(数组、总线)信号,共有 16 个信号元素
```

以下示例定义的信号数据类型是设计者自行定义的,这是 VHDL 所允许的:

```
TYPE FOUR IS('X','0','I','Z');
SIGNAL S1:FOUR;
SIGNAL S2:FOUR:='X';
SIGNAL S3:FOUR:='L';
```

其中,信号 S1 的初始值取为默认值,VHDL 规定初始值以 LEFT'MOST 项(即数组中的最左项)为默认值。在此例中是'X'(任意状态)。

信号的使用和定义范围是实体、结构体和程序包。在进程和子程序中不允许定义信号。信号可以有多个驱动源,或者说赋值信号源,但必须将此信号的数据类型定义为决断性数据类型。

在进程中,只能将信号列入敏感表,而不能将变量列入敏感表。可见进程只对信号敏感,而对变量不敏感。

4. 三者的使用比较

(1)从硬件电路系统来看,常量相当于电路中的恒定电平,如 GND 或 VCC 接口,而变量和信号则相当于组合电路系统中门与门间的连接及其连线上的信号值。

(2)从行为仿真和 VHDL 语句功能上看,信号与变量的区别主要表现在接收和保持信号的方式、信息保持与传递的区域大小上。例如,信号可以设置延时量,而变量则不能;变量只能作为局部的信息载体,而信号则可作为模块间的信息载体。变量的设置有时只是一种过渡,最后的信息传输和界面间的通信都靠信号来完成。

(3)从综合后所对应的硬件电路结构来看,信号一般将对应更多的硬件结构,但在许多情况下,信号和变量并没有什么区别。例如,在满足一定条件的进程中,综合后它们都能引入寄存器。这时它们都具有能够接受赋值这一重要的共性,而 VHDL 综合器并不理会它们在接受赋值时存在的延时特性。

(4)虽然 VHDL 仿真器允许变量和信号设置初始值,但在实际应用中,VHDL 综合器并不会把这些信息综合进去。这是因为实际的 FPGA/CPLD 芯片在上电后,并不能确保其初始状态的取向。因此,对于时序仿真来说,设置的初始值在综合时是没有实际意义的。

3.3.3 VHDL 数据类型

VHDL 是一种强类型语言,要求设计实体中的每一个常数、信号、变量、函数以及设定的各种参量都必须具有确定的数据类型,并且相同数据类型的量才能互相传递和作用。VHDL 作为强类型语言的好处是使 VHDL 编译或综合工具很容易地找出设计中的各种常见错误。VHDL 中的数据类型可以分成四大类。

标量型(SCALAR):属单元素的最基本的数据类型,通常用于描述一个单值数据对象,它包括实数类型、整数类型、枚举类型和时间类型。

复合类型(COMPOSITE):可以由细小的数据类型复合而成,如可由标量复合而成。复合类型主要有数组型(ARRAY)和记录型(RECORD)。

存取类型(ACCESS):为给定的数据类型的数据对象提供存取方式。

文件类型(FILES):用于提供多值存取类型。

这四大数据类型又可分成在现成程序包中可以随时获得的预定义数据类型和用户自定义数据类型两个类别。预定义的 VHDL 数据类型是 VHDL 最常用、最基本的数据类型。这些数据类型都已在 VHDL 的标准程序包 STANDARD 和 STD_LOGIC_1164 及其他的标准程序包中作了定义,并可在设计中随时调用。

用户自定义的数据类型以及子类型,其基本元素一般仍属 VHDL 的预定义数据类型。尽管 VHDL 仿真器支持所有的数据类型,但 VHDL 综合器并不支持所有的预定义数据类型和用户自定义数据类型,如 REAL、TIME、FILE、ACCES 等数据类型。在综合中,它们将被忽略或宣布为不支持。

1. VHDL 的预定义数据类型

1)布尔(BOOLEAN)数据类型

程序包 STANDARD 中定义布尔数据类型的源代码如下:

```
TYPE BOOLEAN IS(FALES,TRUE);
```

布尔数据类型实际上是一个二值枚举型数据类型，它的取值有FALSE和TRUE两种。综合器将用一个二进制位表示BOOLEAN型变量或信号。

例如，当A大于B时，在IF语句中的关系运算表达式(A>B)的结果是布尔量TRUE，反之为FALSE。综合器将其变为1或0信号值，对应于硬件系统中的一根线。

2)位(BIT)数据类型

位数据类型也属于枚举型，取值只能是1或0。位数据类型的数据对象，如变量、信号等，可以参与逻辑运算，运算结果仍是位的数据类型。VHDL综合器用一个二进制位表示BIT。在程序包STANDARD中定义的源代码如下：

```
TYPE BIT IS('0','1');
```

3)位矢量(BIT_VECTOR)数据类型

矢量只是基于BIT数据类型的数组，在程序包STANDARD中定义的源代码如下。

```
TYPE BIT _VETOR IS ARRAY(NATURAL RANGE<>)OF BIT;
```

使用位矢量必须注明位宽，即数组中的元素个数和排列，例如：

```
SIGNAL A:BIT_VECTOR(7 TO 0);
```

信号A被定义为一个具有8位位宽的矢量，它的最左位是A(7)，最右位是A(0)。

4)字符(CHARACTER)数据类型

字符类型通常用单引号引起来，如'A'。字符类型区分大小写，如'B'不同于'b'。字符类型已在STANDARD程序包中作了定义。

5)整数(INTEGER)数据类型

整数类型的数代表正整数、负整数和零。在VHDL中，整数的取值范围是－21473647～＋21473647，即可用32位有符号的二进制数表示。在实际应用中，VHDL仿真器通常将INTEGER类型作为有符号数处理，而VHDL综合器则将INTEGER作为无符号数处理。在使用整数时，VHDL综合器要求用RANGE子句为所定义的数限定范围，然后根据所限定的范围来决定表示此信号或变量的二进制数的位数，因为VHDL综合器无法综合未限定的整数类型的信号或变量。

如语句“SIGNAL TYPE1:INTEGER RANGE 0 TO 15;”规定整数TYPE1的取值范围是0～15共16个值，可用4位二进制数来表示，因此，TYPE1将被综合成由4条信号线构成的信号。

整数常量的书写方式示例如下：

```
2              --十进制整数
10E4           --十进制整数
16#D2#         --十六进制整数
2#11011010#    --二进制整数
```

6)自然数(NATURAL)和正整数(POSITIVE)数据类型

自然数是整数的一个子类型,包括非负的整数,即零和正整数;正整数也是整数的一个子类型,它包括整数中非零和非负的数值。它们在STANDARD程序包中定义的源代码如下:

```
SUBTYPE NATURAL   IS   INTEGER RANGE 0   TO   INTEGER'HIGH;
SUBTYPE POSITIVE IS   INTEGER RANGE 1   TO   INTEGER'HIGH;
```

7)实数(REAL)数据类型

VHDL的实数类型类似于数学上的实数,或称浮点数。实数的取值范围为-1.0×10^{38}~$+1.0\times10^{38}$。通常情况下,实数类型仅能在VHDL仿真器中使用,VHDL综合器不支持实数,因为实数类型的实现相当复杂,目前在电路规模上难以承受。

常量的书写方式举例如下:

```
65971.333333      --十进制浮点数
8#43.6#E+4      --八进制浮点数
43.6E-4     --十进制浮点数
```

8)字符串(STRING)数据类型

字符串数据类型是字符数据类型的一个非约束型数组,或称为字符串数组。字符串必须用双引号标明,如:

```
VARIABLE STRING_VAR:STRING(1 TO 7);
...
STRING_VAR:"A B C D";
```

9)时间(TIME)数据类型

VHDL中唯一的预定义物理类型是时间。完整的时间类型包括整数和物理量单位两部分,整数和单位之间至少留一个空格,如55 ms、20 ns。

STANDARD程序包中也定义了时间。定义如下:

```
TYPE TIME IS RANGE -2147483647 TO 2147483647
units
     fs;      --飞秒,VHDL中的最小时间单位
     ps =1000 fs;       --皮秒
     ns =1000 ps;       --纳秒
     μs =1000 ns;       --微秒
     ms =1000 μs;       --毫秒
     sec =1000 ms;       --秒
     min =60 sec;       --分
     hr =60 min;      --时
end untis;
```

10)错误等级(SEVERITY_LEVEL)

在 VHDL 仿真器中,错误等级用来指示设计系统的工作状态,共有四种可能的状态值:NOTE(注意)、WARNING(警告)、ERROR(出错)、FAILURE(失败)。在仿真过程中,可输出这四种值来提示被仿真系统当前的工作情况。其定义如下:

```
TYPE SEVERITY_LEVEL IS (NOTE,WARNING,ERROR,FAILURE);
```

2. IEEE 预定义标准逻辑位与矢量

IEEE 库的程序包 STD_LOGIC_1164 定义了两个非常重要的数据类型,即标准逻辑位 STD_LOGIC 和标准逻辑矢量 STD_LOGIC_VECTOR。

1)标准逻辑位 STD_LOGIC 中的数据类型

以下是定义在 IEEE 库程序包 STD_LOGIC_1164 中的数据类型。数据类型 STD_LOGIC 的定义如下:

```
TYPE STD_LOGIC IS('U','X','0','1','Z','W','L','H','-');
```

各值的含义如下:

'U',未初始化的;'X',强未知的;'0',强 0;'1',强 1;'Z',高阻态;'W',弱未知的;'L',弱 0;'H',弱 1;'-',忽略。

在程序中使用此数据类型前,需加入下面的语句:

```
LIBRARY IEEE;
USE IEEE.STD_LOGIC_1164.ALL;
```

由定义可见,STD_LOGIC 是标准的 BIT 数据类型的扩展,共定义了 9 种值,这意味着,对于定义为数据类型是标准逻辑位 STD_LOGIC 的数据对象,其可能的取值已非传统的 BIT 那样只有 0 和 1 两种取值,而是如上定义的那样有 9 种可能的取值。目前在设计中一般只使用 IEEE 的 STD_LOGIC 标准逻辑的位数据类型,BIT 型则很少使用。

由于标准逻辑位数据类型的多值性,在编程时应当特别注意。因为在条件语句中,如果未考虑到 STD_LOGIC 的所有可能的取值情况,综合器可能会插入不希望的锁存器。

程序包 STD_LOGIC_1164 中还定义了 STD_LOGIC 型逻辑运算符 AND、NAND、OR、NOR、XOR 和 NOT 的重载函数,以及两个转换函数,用于 BIT 与 STD_LOGIC 的相互转换。

在仿真和综合中,STD_LOGIC 值是非常重要的,它可以使设计者精确模拟一些未知和高阻态的线路情况。对于综合器,高阻态和"-"忽略态可用于三态的描述。但就综合而言,STD_LOGIC型数据能够在数字器件中实现的只有其中的 4 种值,即"-"、"0"、"1"和"Z"。当然,这并不表明其余的 5 种值不存在。这 9 种值对于 VHDL 的行为仿真都有重要意义。

2)标准逻辑矢量(STD_LOGIC_VECTOR)数据类型

STD_LOGIC_VECTOR 类型定义如下:

```
TYPE STD_LOGIC_VECTOR IS ARRAY (NATURAL RANGE< >) OF STD_LOGIC;
```

显然,STD_LOGIC_VECTOR 是定义在 STD_LOGIC_1164 程序包中的标准一维数组,数组中的每一个元素的数据类型都是以上定义的标准逻辑位 STD_LOGIC。

给 STD_LOGIC_VECTOR 数据类型的数据对象赋值的原则是：同位宽、同数据类型的矢量间才能进行赋值。

3. 其他预定义标准数据类型

VHDL 综合工具配备的扩展程序包中，定义了一些有用的类型。如 Synopsys 公司在 IEEE 库中加入的程序包 STD_LOGIC_ARITH 中定义了如下的数据类型：无符号型(UNSIGNED)、有符号型(SIGNED)、小整型(SMALL_INT)。

在程序包 STD_LOGIC_ARITH 中的类型定义如下：

```
TYPE UNSIGNED IS ARRAY (NATURAL RANGE < >) OF STD_LOGIC;
TYPE SIGNED IS ARRAY (NATURAL RANGE< >) OF STD_LOGIC;
SUBTYPE SMALL_INT IS INTEGER RANGE 0
```

如果将信号或变量定义为这几个数据类型，就可以使用本程序包中定义的运算符。在使用之前，请注意必须加入下面的语句：

```
LIBRARY IEEE;
USE IEEE.STD_LOGIC_ARITH.ALL;
```

UNSIGNED 类型和 SIGNED 类型是用来设计可综合的数学运算程序的重要类型，UNSIGNED用于无符号数的运算，SIGNED 用于有符号数的运算。在实际应用中，大多数运算都需要用到它们。

在 IEEE 的 UNMERIC_STD 和 NUMERIC_BIT 程序包中也定义了 UNSIGNED 型及 SIGNED 型。NUMERIC_STD 是针对 STD_LOGIC 型定义的，而 NUMERIC_BIT 是针对 BIT 型定义的。在程序包中还定义了相应的运算符重载函数。有些综合器没有附带 STD_LOGIC_ARITH 程序包，此时只能使用 NUMBER_STD 和 NUMERIC_BIT 程序包。

在 STANDARD 程序包中没有定义 STD_LOGIC_VECTOR 的运算符，而整数类型一般只在仿真的时候用来描述算法，或做数组下标运算，因此 UNSIGNED 和 SIGNED 的使用率是很高的。

1)无符号(UNSIGNED)数据类型

UNSIGNED 数据类型代表一个无符号的数值，在综合器中，这个数值被解释为一个二进制数，这个二进制数的最左位是其最高位。例如，十进制的 8 可以做如下表示：

```
UNSIGNED("1000")
```

如果要定义一个变量或信号的数据类型为 UNSIGNED，则其位矢长度越长，所能代表的数值就越大。如一个 4 位变量的最大值为 15，一个 8 位变量的最大值则为 255，0 是其最小值，不能用 UNSIGNED 定义负数。以下是两则无符号数据定义的示例：

```
VARIABLE VAR:= UNSIGNED(0 TO 10);
SIGNAL SIG:UNSIGNED(5 TO 0);
```

其中，变量 VAR 有 11 位数值，最高位是 VAR(0)，而非 VAR(10)；信号 SIG 有 6 位数值，最高位是 SIG(5)。

2)有符号(SIGNED)数据类型

SIGNED数据类型表示一个有符号的数值,综合器将其解释为补码,此数的最高位是符号位,例如:SIGNED("0101")代表+5、5;SIGNED("1011")代表-5。

若将上例的VAR定义为SIGNED数据类型,则数值的含义就不同了,如:

```
VARIABLE VAR:SIGNED(0 TO 10);
```

其中,变量VAR有11位,最左位VAR(0)是符号位。

4.用户自定义数据类型

VHDL允许用户自行定义新的数据类型,它们可以有多种,如枚举类型(ENUMERATION TYPE)、整数类型(INTEGER TYPE)、数组类型(ARRAY TYPE)、记录类型(RECORD TYPE)、时间类型(TIME TYPE)、实数类型(REAL TYPE)等。用户自定义数据类型是用类型定义语句TYPE和子类型定义语句SUBTYPE实现的,以下将介绍这两种语句的使用方法。

1)TYPE语句用法

TYPE语句语法结构如下:

```
TYPE 数据类型名  IS  数据类型定义  [OF  基本数据类型];
```

其中,数据类型名由设计者自定;数据类型定义部分用来描述所定义的数据类型的表达方式和表达内容;关键词OF后的基本数据类型是指数据类型定义中所定义的元素的基本数据类型,一般都是取已有的预定义数据类型,如BIT、STD_LOGIC或INTEGER等。

以下列出了两种不同的定义方式:

```
TYPE ST1 IS ARRAY(0 TO 15)OF STD_LOGIC;
TYPE WEEK IS(SUN,MON,TUE,WED,THU,FRI,SAT);
```

第一句定义的数据ST1是一个具有16个元素的数组型数据类型,数组中的每一个元素的数据类型都是STD_LOGIC型;第二句所定义的数据类型是由一组文字表示的,而其中的每一文字都代表一个具体的数值,如可令SUN="1010"。

在VHDL中,任一数据对象(SIGNAL、VARIABLE、CONSTANT)都必须归属某一数据类型,只有同数据类型的数据对象才能进行相互作用。利用TYPE语句可以完成各种形式的自定义数据类型以供不同类型的数据对象间的相互作用和计算。

2)SUBTYPE语句用法

子类型SUBTYPE只是由TYPE所定义的原数据类型的一个子集,它满足原数据类型的所有约束条件,原数据类型称为基本数据类型。子类型SUBTYPE的语句格式如下:

```
SUBTYPE  子类型名 IS  基本数据  RANGE  约束范围;
```

子类型的定义只在基本数据类型上作一些约束,并没有定义新的数据类型。子类型定义中的基本数据类型必须是在前面已通过TYPE定义的类型,如:

```
SUBTYPE  DIGITS  INTEGER  RANGE  0  TO  9
```

例中，INTEGER 是标准程序包中已定义过的数据类型，子类型 DIGITS 只是把 INTEGER 约束到只含 10 个值的数据类型。

由于子类型与其基本数据类型属同一数据类型，因此属于子类型的和属于基本数据类型的数据对象间的赋值和被赋值可以直接进行，不必进行数据类型的转换。

利用子类型定义数据对象的好处是，除了使程序提高可读性和易处理外，其实质性的好处在于有利于提高综合的优化效率，这是因为综合器可以根据子类型所设的约束范围，有效地推知参与综合的寄存器的最合适的数目。

5. 枚举类型

VHDL 中的枚举数据类型是用文字符号来表示一组实际的二进制数的类型（若直接用数值来定义，则必须使用单引号）。例如状态机的每一状态在实际电路中虽是以一组触发器的当前二进制数位的组合来表示的，但设计者在状态机的设计中，为了更便于阅读和编译，往往将表征每一状态的二进制数组用文字符号来代表。

6. 整数类型和实数类型

整数和实数的数据类型在标准的程序包中已做了定义，但在实际应用中，特别在综合中，由于这两种非枚举型的数据类型的取值定义范围太大，综合器无法进行综合。因此，定义为整数或实数的数据对象的具体的数据类型必须由用户根据实际的需要重新定义，并限定其取值范围，以便能为综合器所接受，从而提高芯片资源的利用率。

实际应用中，VHDL 仿真器通常将整数或实数类型作为有符号数处理，VHDL 综合器对整数或实数的编码方法如下：

对于用户已定义的数据类型和子类型中的负数，编码为二进制补码；

对于用户已定义的数据类型和子类型中的正数，编码为二进制原码。

编码的位数，即综合后信号线的数目只取决于用户定义的数值的最大值。在综合中，以浮点数表示的实数将首先转换成相应数值大小的整数。因此在使用整数时，VHDL 综合器要求使用数值限定关键词 RANGE，对整数的使用范围做明确的限制。

7. 数组类型

数组类型属复合类型，是将一组具有相同数据类型的元素集合在一起，作为一个数据对象来处理的数据类型。数组可以是一维数组（每个元素只有一个下标）或多维数组（每个元素有多个下标）。VHDL 仿真器支持多维数组，但 VHDL 综合器只支持一维数组。

数组的元素可以是任何一种数据类型，用于定义数组元素的下标范围子句决定了数组中元素的个数，以及元素的排序方向，即下标数是由低到高，或是由高到低。如子句“0 TO 7”是由低到高排序的 8 个元素；“15 DOWNTO 0”是由高到低排序的 16 个元素。

VHDL 允许定义两种不同类型的数组，即限定性数组和非限定性数组。它们的区别是，限定性数组下标的取值范围在数组定义时就被确定了，而非限定性数组下标的取值范围须留待随后根据具体数据对象再确定。

限定性数组定义语句格式如下：

```
TYPE 数组名 IS ARRAY(数组范围)OF 数据类型；
```

其中，数组名是新定义的限定性数组类型的名称，可以是任何标识符，其类型与数组元素相同；数组范围明确指出数组元素的定义数量和排序方式，以整数来表示其数组的下标；数据类型即指数组各元素的数据类型。

非限制性数组的定义语句格式如下：

```
TYPE 数组名 IS ARRAY(数组下标名 RANGE<>)OF 数据类型;
```

其中，数组名是定义的非限制性数组类型的取名；数组下标名是以整数类型设定的一个数组下标名称；符号“< >”是下标范围待定符号，用到该数组类型时，再填入具体的数值范围；数据类型是数组中每一元素的数据类型。

8. 记录类型

由已定义的、数据类型不同的对象元素构成的数组称为记录类型的对象。定义记录类型的语句格式如下：

```
TYPE 记录类型名  IS  RECORD
    元素名:元素数据类型;
    元素名:元素数据类型;
⋮
END RECORD[记录类型名];
```

对于记录类型的数据对象赋值的方式，可以是整体赋值，也可以是对其中的单个元素进行赋值。整体赋值方式有位置关联方式或名字关联方式两种表达方式。如果使用位置关联，则默认为元素赋值的顺序与记录类型声明时的顺序相同。如果使用 OTHERS 选项，则至少应有一个元素被赋值，如果有两个或更多的元素由 OTHERS 选项来赋值，则这些元素必须具有相同的类型。此外，如果有两个或两个以上的元素具有相同的子类型，就可以以记录类型的方式放在一起定义。

9. 数据类型转换

VHDL 是一种强类型语言，这就意味着即使对于非常接近的数据类型的数据对象，在相互操作时，也需要进行数据类型转换。

1)类型转换函数方式

类型转换函数的作用就是将一种属于某种数据类型的数据对象转换成属于另一种数据类型的数据对象。

2)直接类型转换方式

直接类型转换的一般语句格式如下：

数据类型标识符(表达式)

一般情况下，直接类型转换仅限于非常关联(数据类型相互间的关联性非常大)的数据类型之间，必须遵循以下规则。

(1)所有的抽象数字类型是关联性强的类型(如整型、浮点型)，如果浮点数转换为整数，则转换结果是最接近的一个整型数。

(2)如果两个数组有相同的维数、两个数组的元素是同一类型，并且在各处的下标范围内索引是同一类型或非常接近的类型,那么这两个数组是非常关联类型。

(3)枚举型不能被转换。

如果类型标识符所指的是非限定数组,则结果会将被转换的数组的下标范围去掉,即成为非限定数组。如果类型标识符所指的是限定性数组,则转换后的数组的下标范围与类型标识符所指的下标范围相同。转换结束后,数组中元素的值等价于原数组中的元素值。

3.3.4 VHDL 操作符

VHDL 的各种表达式由操作数和操作符组成,其中操作数是各种运算的对象,而操作符则规定运算的方式。

1. 操作符种类及对应的操作数类型

VHDL 有四类操作符,即逻辑操作符(logical operator)、关系操作符(relational operator)和算术操作符(arithmetic operator),此外还有重载操作符。前三类操作符是完成逻辑和算术运算的最基本的操作符,重载操作符是对基本操作符作了重新定义的函数型操作符。各种操作符所要求的操作数的类型详见表 3.2,操作符之间的优先级别见表 3.3。

表 3.2 操作符

类 型	操 作 符	功 能	操作数数据类型
算术操作符	+	加	整数
	—	减	整数
	&	并置	一维数组
	*	乘	整数和实数(包括浮点数)
	/	除	整数和实数(包括浮点数)
	MOD	取模	整数
	REM	取余	整数
	SLL	逻辑左移	BIT 或布尔型一维数组
	SRL	逻辑右移	BIT 或布尔型一维数组
	SLA	算术左移	BIT 或布尔型一维数组
	SRA	算术右移	BIT 或布尔型一维数组
	ROL	逻辑循环左移	BIT 或布尔型一维数组
	ROR	逻辑循环右移	BIT 或布尔型一维数组
	* *	乘方	整数
	ABS	取绝对值	整数
	+	正	整数
	—	负	整数

续表

类　型	操 作 符	功　能	操作数数据类型
关系操作符	=	等于	任何数据类型
	/=	不等于	任何数据类型
	<	小于	枚举与整数类型,以及对应的一维数组
	>	大于	枚举与整数类型,以及对应的一维数组
	<=	小于等于	枚举与整数类型,以及对应的一维数组
	>=	大于等于	枚举与整数类型,以及对应的一维数组
逻辑操作符	AND	与	BIT,BOOLEAN,STD_LOGIC
	OR	或	BIT,BOOLEAN,STD_LOGIC
	NAND	与非	BIT,BOOLEAN,STD_LOGIC
	NOR	或非	BIT,BOOLEAN,STD_LOGIC
	XOR	异或	BIT,BOOLEAN,STD_LOGIC
	XNOR	异或非	BIT,BOOLEAN,STD_LOGIC
	NOT	非	BIT,BOOLEAN,STD_LOGIC

表 3.3　VHDL 操作符优先级

运 算 符	优 先 级
NOT,ABS,**	最高优先级 ⇧ 最低优先级
*,/,MOD,REM	
+(正号),-(负号)	
+,-,&	
SLL,SLA,SRL,SRA,ROL,ROR	
=,/=,<,<=,>,>=	
AND,OR,NAND,NOR,XOR,XNOR	

3.4　VHDL 顺序语句

顺序语句(sequential statements)和并行语句(concurrent statements)是 VHDL 程序设计中两大基本描述语句。在逻辑系统的设计中,这些语句从多侧面完整地描述数字系统的硬件结构和基本逻辑功能,其中包括通信的方式、信号的赋值、多层次的元件例化以及系统行为等。

顺序语句是相对于并行语句而言的,其特点是每一条顺序语句的执行(指仿真执行)顺序是与它们的书写顺序基本一致的,但其相应的硬件逻辑工作方式未必如此,希望读者在理解过程中要注意区分 VHDL 语言的软件行为及描述综合后的硬件行为间的差异。

顺序语句只能出现在进程(process)和子程序中。在 VHDL 中,一个进程是由一系列顺序语句构成的,而进程本身属并行语句,这就是说,在同一设计实体中,所有的进程是并行执行的。然而任一给定的时刻内，在每一个进程内，只能执行一条顺序语句。一个进程与其设计实体的其他部分进行数据交换只能通过信号或端口来实现。如果要在进程中完成某些特定的算法和逻辑操作，也可以通过依次调用子程序来实现，但子程序本身并无顺序和并行语句之分。利用顺序语句可以描述逻辑系统中的组合逻辑、时序逻辑或它们的综合体。

VHDL 有如下六类基本顺序语句：赋值语句、转向控制语句、等待语句、子程序调用语句、返回语句、空操作语句。

3.4.1 赋值语句

赋值语句的功能就是将一个值或一个表达式的运算结果传递给某一数据对象，如信号或变量，或由此组成的数组。VHDL 设计实体内的数据传递以及对端口界面外部数据的读/写都必须通过赋值语句的运行来实现。

1. 信号和变量赋值

赋值语句有两种，即信号赋值语句和变量赋值语句。

变量赋值与信号赋值的区别在于，变量具有局部特征，它的有效只局限于所定义的一个进程中或一个子程序中，它是一个局部的、暂时性数据对象（在某些情况下）。对于它的赋值是立即发生的（假设进程已启动），即是一种时间延迟为零的赋值行为。

信号则不同，信号具有全局性特征，它不但可以作为一个设计实体内部各单元之间数据传送的载体，而且可通过信号与其他的实体进行通信（端口本质上也是一种信号）。信号的赋值并不是立即发生的，它发生在一个进程结束时。赋值过程总是有某种延时的，它反映了硬件系统并不是立即发生的，它发生在一个进程结束时。赋值过程总是有某些延时的，它反映了硬件系统的重要特性，综合后可以找到与信号对应的硬件结构，如一根传输导线、一个 I/O 端口或一个 D 触发器等。

但是，读者必须注意，在某些条件下变量赋值行为与信号赋值行为所产生的硬件结果是相同的，如都可以向系统引入寄存器。

变量赋值语句和信号赋值语句的语法格式如下：

```
变量赋值目标:=赋值源;
信号赋值目标<=赋值源;
```

在信号赋值中，需要注意的是，当在同一进程中，同一信号赋值目标有多个赋值源时，信号赋值目标获得的是最后一个赋值源的赋值，其前面相同的赋值目标不作任何变化。

读者可以从例 3.4.1 看出信号与变量赋值的特点及它们的区别。当在同一赋值目标处于不同进程中时，其赋值结果就比较复杂了，这可以看成是多个信号驱动源连接在一起，可以发生线“与”、线“或”或者三态等不同结果。

【例 3.4.1】

```
SIGNAL  S1,S2:STD_LOGIC;
SIGNAL  SVEC:STD_LOGIC_VECTOR(0 TO 7);
⋮
PROCESS(S1,S2)
```

```
VARIABLE  V1,V2:STD_LOGIC;
BEGIN
    V1:='1';     --立即将 V1 置位
    V2:='1';     --立即将 V2 置位
    S1<='1';     --S1 被赋值为 1
    S2<='1';     --由于在本进程中,这里的 S2 不是最后一个赋值语句
SVEC(0)<=V1;     --故将 V1 在上面的赋值 1,赋给 SVEC(0)
SVEC(1)<=V2;     --将 V2 在上面的赋值 1,赋给 SVEC(1)
SVEC(2)<=S1;     --将 S1 在上面的赋值 1,赋给 SVEC(2)
SVEC(3)<=S2;     --将最下面的赋予 S2 的值'0',赋给 SVEC(3)
    V1:='0';     --将 V1 置入新值 0
    V2:='0';     --将 V2 置入新值 0
    S2:='0';     --由于这是 S2 最后一次赋值,赋值有效
          --此'0'将上面准备赋入的'1'覆盖掉
SVEC(4)<=V1;     --将 V1 在上面的赋值 0,赋给 SVEC(4)
SVEC(5)<=V2;     --将 V2 在上面的赋值 0,赋给 SVEC(5)
SVEC(6)<=S1;     --将 S1 在上面的赋值 1,赋给 SVEC(6)
SVEC(7)<=S2;     --将 S2 在上面的赋值 0,赋给 SVEC(7)
END  PROCESS;
```

2. 赋值目标

赋值语句中的赋值目标有四种类型。

1)标识符赋值目标及数组单元素赋值目标

标识符赋值目标以简单的标识符作为被赋值的信号或变量名。

数组单元素赋值目标的表达形式如下:

数组类信号或变量名(下标名);

下标名可以是一个具体的数字,也可以是一个文字表示的数字名,它的取值范围在该数组元素个数范围内。下标名若是未明确表示取值的文字(不可计算值),则在综合时,将耗用较多的硬件资源,且一般情况下不能被综合。

标识符赋值目标及数组单元素赋值目标的使用实例,见例 3.4.1。

2)段下标元素赋值目标及集合块赋值目标

段下标元素赋值目标可用以下方式表示:

数组类信号或变量名(下标 1TO/DOWNTO 下标 2);

括号中的两个下标必须用具体数值表示,并且其数值范围必须在所定义的数组下标范围内,两个下标的排序方向要符合方向关键词 TO 或 DOWNTO,具体用法如例 3.4.2 所示。

【例 3.4.2】

```
VARIABLE  A,B:STD_LOGIC_VECTOR(1 TO 4);
A(1 TO 2):="10";      --等效于 A(1):='1',A(2):='0'
A(4 DOWNTO 1):="1011";
```

集合块赋值目标，是以一个集合的方式来赋值的。对目标中的每个元素进行赋值的方式有两种，即位置关联赋值方式和名字关联赋值方式，具体用法如例 3.4.3 所示。

【例 3.4.3】

```
SIGNAL A,B,C,D:STD_LOGIC:
SIGNAL S:STD_LOGIC_VECTOR(1 TO 4)
⋮
VARIABLE E,F:STD_LOGIC;
VARIABLE G:STD_LOGIC_VECTOR(1 TO 2);
VARIABLE H:STD_LOGIC_VECTOR(1 TO 4);
S <= ('0','1','0','0');
(A,B,C,D)<=S;       --位置关联方式赋值
  ⋮       --其他语句
(3=>E,4=>F,2 =>G(1),1=>G(2)):=H;      --名字关联方式赋值
```

示例中的信号赋值语句属位置关联赋值方式，其赋值结果等效于：

```
A <='0';B <='1';C <='0';D <='0';
```

示例中的变量赋值语句属名字关联赋值方式，赋值结果等效于：

```
G(2):=H(1);G(1):=H(2);E:=H(3);F:=H(4);
```

3.4.2 转向控制语句

转向控制语句通过条件控制开关决定是否执行一条或几条语句，或重复执行一条或几条语句，或跳过一条或几条语句。转向控制语句共有五种：IF 语句、CASE 语句、LOOP 语句、NEXT 语句和 EXIT 语句。

1. IF 语句

IF 语句是一种条件语句，它根据语句中所设置的一种或多种条件，有选择地执行指定的顺序语句，其语句结构如下：

```
IF 条件句   THEN
    顺序语句
{ELSIF 条件句   THEN
    顺序语句};
[ELSE
    顺序语句];
END  IF
```

IF 语句中至少应有一个条件句，条件句必须由布尔表达式构成。IF 语句根据条件句产生的判断结果 TRUE 或 FALSE，有条件地选择执行其后的顺序语句。如果某个条件句的布尔值为真(TRUE)，则执行该条件句后的关键词 THEN 后面的顺序语句，否则结束该条件的执行，或执行 ELSIF 或 ELSE 后面的顺序语句后结束该条件句的执行，直到执行到最外层的 END IF 语句，才完成全部 IF 语句的执行。

【例 3.4.4】

```
K1:IF(A>B)THEN
          OUTPUT<='1';
END  IF  K1;
```

其中，K1 是条件句名称，可有可无。若条件句(A＞B)检测结果为 TRUE，则向信号 OUTPUT 赋值 1，否则此信号维持原值。

【例 3.4.5】 IF 语句完成一个具有 2 输入“与”门功能的函数定义。

```
FUNCTION  AND_FUNC(X,Y:IN  BIT)RETURN  BIT  IS
BEGIN
IF  X='1'  AND  Y='1'  THEN  RETURN  '1';
ELSE  RETURN'0';
END  IF;
END  AND_FUNC;
```

【例 3.4.6】

```
LIBRARY  IEEE;
USE IEEE.STD_LOGIC_1164.ALL;
ENTITY  CONTROL_STMTS  IS
    PORT(A,B,C: IN  BOOLEAN;
        OUTPUT:OUT BOOLEAN);
END  CONTROL_STMTS;
ARCHITECTURE  EXAMPLE  OF  CONTROL_STMTS  IS
        BEGIN
PROCESS(A,B,C)
    VARIABLE  N: BOOLEAN;
    BEGIN
        IF  A  THEN  N:=B;
        ELSE N:=C;
        END  IF;
        OUTPUT <=N;
    END  PROCESS;
END  EXAMPLE;
```

【例 3.4.7】

```
SIGNAL  A,B,C,P1,P2,Z:BIT;
⋮
IF  (P1='1')THEN
    Z<=A;     --满足此语句的执行条件是(P1='1')
ELSIF(P2='0')THEN
    Z<=B;     --满足此语句的执行条件是(P1='0')AND(P2='0')
ELSE
    Z<=C;     --满足此语句的执行条件是(P1='0')AND(P2='1')
END IF;
```

从本例可以看出，IF_THEN_ELSIF 语句中顺序语句的执行条件具有向上相“与”的功能，有的逻辑设计恰好需要这种功能。例 3.4.8 正是利用了这一功能以十分简洁的描述完成了一个 3-8 线优先编码器的设计。

【例 3.4.8】

```
LIBRARY  IEEE;
USE  IEEE.STD_LOGIC_1164.ALL;
ENTITY  CODER  IS
        PORT(IN:STD_LOGIC_VECTOR(0 TO 7);
        OUTPUT:OUT STD_LOGIC_VECTOR(0 TO 2));
END  CODER;
ARCHITECTURE ART  OF  CODER  IS
SIGNAL  SINT:STD_LOGIC_VECTOR(4 DOWNTO 0);
BEGIN
PROCESS(IN)
BEGIN
    IF(IN(7)='0')THEN
        OUTPUT<="000";     --(IN(7)='0')
    ELSIF(IN(6)='0')THEN
        OUTPUT<="100";     --(IN(7)='1')AND(IN(6)='0')
ELSIF(IN(5)='0')THEN
        OUTPUT <="010";     --(IN(7)='1')AND(IN(6)='1')AND(IN(5)='0')
ELSIF(IN(4)='0')THEN
        OUTPUT<="110";
ELSIF(IN(3)='0')THEN
        OUTPUT<="001";
ELSIF(IN(2)='0')THEN
        OUTPUT<="101";
```

```
ELSIF(IN(1)='0')THEN
        OUTPUT<="011";
ELSE
        OUTPUT<="111";
    END IF;
    END  PROCESS;
END ART;
```

2. CASE 语句

CASE 语句根据满足的条件直接选择多项顺序语句中的一项执行。

CASE 语句的结构如下：

```
CASE  表达式  IS
    WHEN  选择值=>顺序语句;
    WHEN  选择值=>顺序语句;
[WHEN   OTHERS=>顺序语句;]
    ⋮
END  CASE;
```

当执行到 CASE 语句时，首先计算表达式的值，然后根据条件句中与之相同的选择值，执行对应的顺序语句，最后结束 CASE 语句。表达式可以是一个整数类型或枚举类型的值，也可以是由这些数据类型的值构成的数组(请注意，条件句中的“=>”不是操作符，它只相当于“THEN”的作用)。

选择值可以有四种不同的表达方式：① 单个普通数值，如 4；② 数值选择范围，如(2 TO 4)，表示取值 2、3 或 4；③ 并列数值，如 3 | 5，表示取值为 3 或者 5；④ 混合方式，以上三种方式的混合。

使用 CASE 语句需注意以下几点。

(1)条件句中的选择值必须在表达式的取值范围内。

(2)除非所有条件句中的选择值能完整覆盖 CASE 语句中表达式的取值，否则最末一个条件句中的选择必须用“OTHERS”表示。它代表已给的所有条件句中未能列出的其他可能的取值，这样可以避免综合器插入不必要的寄存器。这一点对于定义为 STD_LOGIC 和 STD_LOGIC_VECTOR 数据类型的值尤为重要，因为这些数据对象的取值除了 1 和 0 以外，还可能有其他的取值，如高阻态 Z、不定态 X 等。

(3)CASE 语句中每一条件句的选择只能出现一次，不能有相同选择值的条件语句出现。

(4)CASE 语句执行中必须选中，且只能选中所列条件语句中的一条。这表明 CASE 语句中至少要包含一个条件语句。

【例 3.4.9】 用 CASE 语句描述 4 选 1 多路选择器。

```
LIBRARY  IEEE;
USE  IEEE.STD_LOGIC_1164.ALL;
```

```
ENTITY  MUX41  IS
    PORT(S1,S2: IN  STD_LOGIC;
        A,B,C,D:IN  STD_LOGIC;
        Z: OUT  STD_LOGIC);
END  ENTITY  MUX41;
ARCHITECTURE  ART  OF  MUX41  IS
        SIGNAL  S:STD_LOGIC_VECTOR(1
BEGIN
S<= S1 & S2;
PROCESS(S1,S2,A,B,C,D)
BEGIN
    CASE  S  IS
         WHEN  "00"=> Z<= A;
        WHEN  "01"=> Z<= B;
        WHEN  "10"=> Z<= C;
        WHEN  "11"=> Z<= D;
        WHEN  OTHERS=> Z<='X';
    END  CASE;
  END PROCESS;
END  ART;
```

【例 3.4.10】

```
LIBRARY  IEEE;
USE  IEEE.STD_LOGIC_1164.ALL;
ENTITY  MUX41  IS
    PORT(S4,S3,S2,S1: IN  STD_LOGIC;
        Z4,Z3,Z2,Z1:OUT  STD_LOGIC);
END MUX41;
ARCHITECTURE  ART  OF MUX41  IS
    SIGNAL  TEMP:INTEGER  RANGE  0 TO 15
    BEGIN
    PROCESS(S4,S3,S2,S1)
BEGIN
    TEMP<='0';     --输入初始值
    IF(S1='1')  THEN  SEL<= SEL+ 1;
    ELSIF(S2='1')  THEN  SEL<= SEL+ 2;
    ELSIF(S3='1')  THEN  SEL<= SEL+ 4;
    ELSIF(S4='1')  THEN  SEL<= SEL+ 8;
    ELSE  NULL;     --注意,这里使用了空操作语句
```

```
    END IF;
    Z1<='0';Z2<='0';Z3<='0';Z4<='0';      --输入初始值
      CASE  TEMP  IS
      WHEN  0=>Z1<='1';      --当 SEL= 0 时选中
      WHEN  1|3 =>Z2<='1';      --当 SEL 为 1 或 3 时选中
      WHEN  4  TO 7|2 =>Z3<='1';      --当 SEL 为 2、4、5、6 或 7 时选中
      WHEN  OTHERS=>Z4<='1';      --当 SEL 为 8~15 中任一值时选中
    END CASE;
  END PROCESS;
END  ART;
```

3. LOOP 语句

LOOP 语句就是循环语句，它可以使所包含的一组顺序语句被循环执行，其执行次数可由设定的循环参数决定，循环的方式由 NEXT 和 EXIT 语句来控制。其语句格式如下：

```
[LOOP 标号:][重复模式] LOOP
     顺序语句
END LOOP  [LOOP 标号];
```

重复模式有 WHILE 和 FOR 两种，格式如下：

```
[LOOP 标号:] FOR  循环变量  IN  循环次数范围  LOOP    --重复次数已知
[LOOP 标号:]WHILE  循环控制条件 LOOP     --重复次数未知
```

【例 3.4.11】 简单 LOOP 语句的使用。

```
⋮
L2: LOOP
    A:=A+1;
EXIT L2 WHEN  A>10;      --当 A 大于 10 时跳出循环
END  LOOP  L2;
```

【例 3.4.12】 FOR_LOOP 语句的使用(8 位奇偶校验逻辑电路的 VHDL 程序)。

```
LIBRARY  IEEE;
USE  IEEE.STD_LOGIC_1164.ALL;
ENTITY  P_CHECK  IS
    PORT(A:IN  STD_LOGIC_VECTOR(7  DOWNTO  0);
        Y:OUT  STD_LOGIC);
END  P_CHECK;
ARCHITECTURE  ART  OF  P_CHECK  IS
        SIGNAL  TMP:STD_LOGIC;
BEGIN
```

```
    PROCESS(A)
    BEGIN
        TMP <='0';
        FOR  N  IN  0  TO  7  LOOP
            TMP<= TMP  XOR  A(N);
        END  LOOP;
        Y<= TMP;
    END  PROCESS;
END ART;
```

【例 3.4.13】 利用 LOOP 语句中的循环变量简化同类顺序语句的表达式的使用。

```
SIGNAL  A,B,C: STD_LOGIC_VECTOR(1 TO 3);
⋮
FOR  N  IN  1  TO  3  LOOP
A(N)<= B(N)  AND  C(N);
END  LOOP;
```

此段程序等效于顺序执行以下三个信号赋值操作：

```
A(1)<=B(1)AND C(1);
A(2)<=B(2)AND C(2);
A(3)<=B(3)AND C(3);
```

注意：LOOP 循环的范围最好以常数表示，否则，在 LOOP 体内的逻辑可以重复任何可能的范围，这样将导致耗费过大的硬件资源，综合器不支持没有约束条件的循环。

【例 3.4.14】 WHILE_LOOP 语句的使用。

```
SHIFT1: PROCESS(INPUTX)
    VARIABLE  N: POSITIVE:= 1;
    BEGIN
    L1: WHILE  N<= 8  LOOP    --这里的“<=”是小于等于的意思
    OUTPUTX(N)<= INPUTX(N+ 8);
    N:= N+ 1;
    END  LOOP  L1;
END  PROCESS  SHIFT1;
```

【例 3.4.15】

```
ENTITY  LOOPEXP  IS
    PORT(A:IN  BIT_VECTOR  (0  TO  3);
         OUT1:OUT BIT_VECTOR(0 TO 3);
END  LOOPEXP;
ARCHITECTURE  ART  OF  LOOPEXP  IS
```

```
    BEGIN
        PROCESS(A)
        VARIABLE  B: BIT;
        BEGIN
B:= 1
          FOR  I  IN  0  TO  3  LOOP
              B:=A(3-I)AND  B;
              OUT1(I)<=B;
        END LOOP;
    END PROCESS;
END  ART;
```

例 3.4.15 所对应的硬件电路如图 3.6 所示。

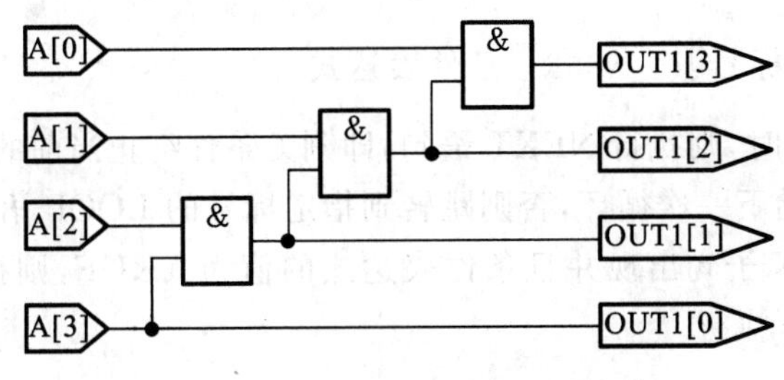

图 3.6　例 3.4.15 对应的硬件电路

【例 3.4.16】

```
ENTITY  WHILEEXP  IS
    PORT(A:IN  BIT_VECTOR(0  TO  3);
        OUT1:OUT  BIT_VECTOR(0  TO  3);
END  WHILEEXP;
ARCHITECTURE  ART  OF  WHILEEXP  IS
BEGIN
    PROCESS(A)
    VARIABLE  B:BIT;
    VARIABLE  I: INTEGER;
BEGIN
        I:=0;
        WHILE  I<4  LOOP
        B:=A(3-I)AND  B;
        OUT1(I)<=B;
      END  LOOP;
    END  PROCESS;
END  ART;
```

例 3.4.16 所对应的硬件电路如图 3.7 所示。

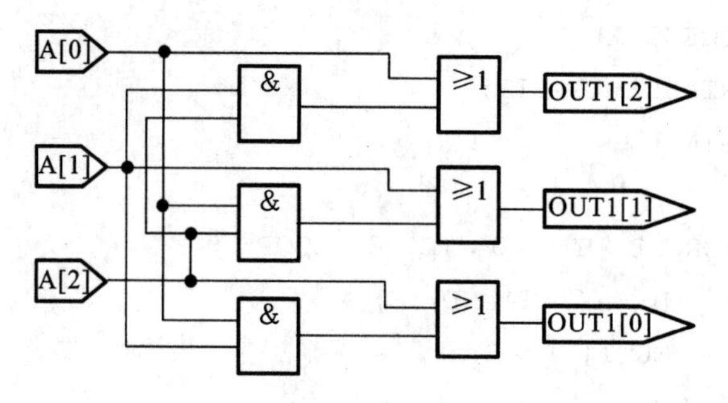

图 3.7　例 3.4.16 对应的硬件电路

4. NEXT 语句

NEXT 语句主要用在 LOOP 语句执行中有条件的或无条件地转向控制。它的语句格式有三种。

```
NEXT ［LOOP 标号］［WHEN  条件表达式］;
```

当 LOOP 标号缺省时，则执行 NEXT 语句，即刻无条件终止当前的循环，跳回到本次循环 LOOP 语句开始处，开始下一次循环，否则跳转到指定标号的 LOOP 语句开始处，重新开始执行循环操作。若 WHEN 子句出现并且条件表达式的值为 TRUE，则执行 NEXT 语句，进入跳转操作，否则继续向下执行。

【例 3.4.17】

```
⋮
L1: FOR  CNT_VALUE  IN  1 TO  8  LOOP
S1:A(CNT_VALUE):='0';
NEXT  WHEN  (B=C);
S2:A(CNT_VALUE+ 8):='0';
END  LOOP  L1;
```

【例 3.4.18】

```
 ⋮
L_X: FOR  CNT_VALUE  IN  1  TO  8  LOOP
     S1:A(CNT_VALUE):='0';
     K:= 0;
     L_Y:LOOP
         S2:B(k):='0';
         NEXT  L_X  WHEN  (E>F):
         S3:B(k+8):='0';
         K:=K+1;
     NEXT  LOOP  L_Y;
NEXT  LOOP  L_X;
```

5. EXIT 语句

EXIT 语句也是 LOOP 语句的内部循环控制语句，其语句格式如下：

```
EXIT[LOOP 标号][WHEN 条件表达式];
```

其语句格式与前述的 NEXT 语句的格式和操作功能非常相似，唯一的区别是 NEXT 语句是跳向 LOOP 语句的起始点，而 EXIT 语句则是跳向 LOOP 语句的终点。

下例是一个两元素位矢量值比较程序。在程序中，当发现比较值 A 和 B 不同时，由 EXIT 语句跳出循环比较程序，并报告比较结果。

【例 3.4.19】

```
SIGNAL A,B:STD_LOGIC_VECTOR(1 DOWNTO 0);
SIGNAL A_LESS_THEN_B:BOOLEAN;
⋮
A_LESS_THEN_B<=FLASE;      --设初始值
FOR I IN 1 DOWNTO 0  LOOP
    IF(A(I)='1'AND B(I)='0')THEN
        A_LESS_THEN_B<=FALSE;
        EXIT;
ELSIF(A(I)='0'AND B(I)='1')THEN
    A_LESS_THEN_B<=TRUE;      --A<B
    EXIT;
ELSE;
    NULL;
  END IF;
END LOOP;      --当 I=1 时返回 LOOP 语句继续比较
```

3.4.3　WAIT 语句

在进程中(包括过程中)，当执行到 WAIT 等待语句时，运行程序将被挂起(suspension)，直到满足此语句设置的结束挂起条件后，将重新开始执行进程或过程中的程序。但 VHDL 规定，已列出敏感量的进程中不能使用任何形式的 WAIT 语句。WAIT 语句的语句格式如下：

```
WAIT[ON  信号表][UNTIL 条件表达式][FOR  时间表达式];
```

单独的 WAIT，未设置停止挂起条件的表达式，表示永远挂起。

WAIT ON 信号表，称为敏感信号等待语句，在信号表中列出的信号是等待语句的敏感信号。当处于等待状态时，敏感信号的任何变化(如从 0～1 或从 1～0 的变化)将结束挂起，再次启动进程，如：

```
WAIT  ON  S1,S2;
```

表示当 S1 或 S2 中任一信号发生改变时，就恢复执行 WAIT 语句之后的语句。

WAIT UNTIL 条件表达式，称为条件等待语句，该语句将把进程挂起，直到条件表达式中所含信号发生了改变，并且条件表达式为真时，进程才能脱离挂起状态，恢复执行 WAIT 语句之后的语句。

例 3.4.20 中的两种表达方式是等效的。

【例 3.4.20】

(a) WAIT_UNTIL 结构

```
⋮
WAIT  UNTIL  ENABLE='1';
        ⋮
```

(b) WAIT_ON 结构

```
    LOOP
WAIT  ON  ENABLE
EXIT  WHEN  ENABLE='1';
  END  LOOP;
```

由以上脱离挂起状态、重新启动进程的两个条件可知，例 3.4.20 结束挂起所需满足的条件实际上是出现一个信号的上跳沿。因为当满足所有条件后 ENABLE 为 1，可推知 ENABLE 一定是由 0 变化来的。因此，上例中进程的启动条件是 ENABLE 出现一个上跳信号沿。

一般地，只有 WAIT_UNTIL 格式的等待语句可以被综合器接受(其余语句格式只能在 VHDL 仿真器中使用)。WAIT_UNTIL 语句有以下三种表达方式。

```
WAIT  UNTIL 信号=VALUE;
WAIT  UNTIL 信号'EVENT  AND  信号=VALUE;
WAIT  UNTIL  NOT 信号'STABLE  AND  信号=VALUE;
```

如果设 CLOCK 为时钟信号输入端，以下 4 条 WAIT 语句所设的进程启动条件都是时钟上跳沿，所以它们对应的硬件结构是一样的。

```
WAIT  UNTIL  CLOCK ='1';
WAIT  UNTIL  RISING_EDGE(CLOCK);
WAIT  UNTIL  NOT CLOCK'STABLE AND  CLOCK='1';
WAIT  UNTIL  CLOCK='1'AND  CLOCK'EVENT;
```

【例 3.4.21】

```
PROCESS
BEGIN
WAIT  UNTIL  CLK='1';
AVE<=A;
WAIT  UNTIL  CLK='1';
AVE<=AVE+A;
WAIT  UNTIL  CLK='1';
AVE<=AVE+A;
WAIT  UNTIL  CLK='1';
AVE<=(AVE+A)/4;
END  PROCESS;
```

【例 3.4.22】

```
PROCESS
BEGIN
    RST_LOOP: LOOP
    WAIT  UNTIL  CLOCK='1'AND  CLOCK'EVENT;      --等待时钟信号
    NEXT  RST_LOOP  WHEN(RST='1');    --检测复位信号 RST
    X<=A;     --无复位信号,执行赋值操作
    WAIT UNTIL  CLOCK='1'AND CLOCK'EVENT;     --等待时钟信号
    NEXT RST_LOOP  WHEN(RST='1');     --检测复位信号 RST
    Y<=B;     --无复位信号,执行赋值操作
    END  LOOP RST_LOOP;
END PROCESS
```

例 3.4.22 中每一时钟上升沿的到来都将结束进程的挂起，继而检测电路的复位信号 RST 是否为高电平。如果是高电平，则返回循环的起始点；如果是低电平，则进行正常的顺序语句执行操作，如示例中的赋值操作。

一般地，在一个进程中使用了 WAIT 语句后，经综合就会产生时序逻辑电路。时序逻辑电路的运行依赖于时钟的上升沿或下降沿，同时还具有数据存储的功能。

例 3.4.23 就是一个比较好的说明，此例描述了一个可预置校验对比值的 4 位奇偶校验电路，它的功能除对输入的 4 位码 DATA(0 TO 3)进行奇偶校验外，还将把校验结果与预置的校验值 NEW_CORRECT_PARITY 进行比较，并将比较值 PARITY_OK 输出。

【例 3.4.23】

```
LIBRARY  IEEE;
USE  IEEE.STD_LOGIC_1164.ALL;
ENTITY  PARI  IS
    PORT(CLOCK:IN  STD_LOGIC;
        SET_PARITY:IN  STD_LOGIC;
        NEW_CORRECT_PARITY:IN  STD_LOGIC;
        DATA: IN  STD_LOGIC_VECTOR(0  TO  3);
        PARITY_OK:OUT  BOOLEAN);
END  PARI;
ARCHITECTURE  ART OF  PARI  IS
    SIGNAL  CORRECT_PARITY:STD_LOGIC;
    BEGIN
    PROCESS(CLOCK)
    VARIABLE TEMP: STD_LOGIC;
    BEGIN
        WAIT UNTIL CLOCK'EVENT  AND  CLOCK='1';
```

```
        IF SET_PARITY='1'THEN
            FIRST:CORRECT_PARITY<=NEW_CORRECT_PARITY
    END  IF;
        TEMP:='0';
        FOR  I  IN  DATA'RANGE  LOOP
            TEMP:=TEMP  XOR  DATA(I);
        END  LOOP;
        SECOND:PARITY_OK_<=(TEMP=CORRECT_PARITY);
      END  PROCESS;
    END  ART;
```

3.4.4 子程序调用语句

在进程中允许对子程序进行调用。子程序包括过程和函数,可以在 VHDL 的结构体或程序包中的任何位置对子程序进行调用。

从硬件角度讲,一个子程序的调用类似于一个元件模块的例化,也就是说,VHDL 综合器为子程序的每一次调用都生成一个电路逻辑块。所不同的是,元件的例化将产生一个新的设计层次,而子程序调用只对应于当前层次的一部分。

子程序的结构详见后文 3.6 节,它包括子程序首和子程序体。子程序分成子程序首和子程序体的好处是,在一个大型系统的开发过程中,子程序的界面,即子程序首是在公共程序包中定义的。这样一来,一部分开发者可以开发子程序体,另一部分开发者可以使用对应的公共子程序,即可以对程序包中的子程序作修改,而不会影响对程序包说明部分的使用。这是因为,对于子程序体的修改,并不会改变子程序首的界面参数和出入口方式的定义,从而对子程序体的改变不会改变调用子程序的源程序的结构。

1. 过程调用

过程调用就是执行一个给定名字和参数的过程。调用过程的语句格式如下:

```
过程名[([形参名=> ]实参表达式
{,[形参名=> ]实参表达式})];
```

其中,括号中的实参表达式称为实参,它可以是一个具体的数值,也可以是一个标识符,是当前调用程序中过程形参的接受体。在此调用格式中,形参名即为当前欲调用的过程中已说明的参数名,即与实参表达式相联系的形参名。被调用中的形参名与调用语句中的实参表达式的对应有位置关联法和名字关联法两种,位置关联可以省去形参名。

一个过程的调用有三个步骤:首先将 IN 和 INOUT 模式的实参值赋给欲调用的过程中与它们对应的形参,然后执行这个过程,最后将过程中 IN 和 INOUT 模式的形参值赋还给对应的实参。

实际上,一个过程对应的硬件结构中,其标示形参的 I/O 是与其内部逻辑相连的。在例 3.4.24 中定义了一个名为 SWAP 的局部过程(没有放在程序包中),这个过程的功能是对一个数组中的两个元素进行比较,如果发现这两个元素的排列不符合要求,就进行交换,使得左边的元素值总是大于右边的元素值。连续调用三次 SWAP 后,就能将一个三元素的数组元素从左至右按序排列好，最大值排在左边。

【例 3.4.24】

```
PACKAGE  DATA_TYPES  IS      --定义程序包
TYPE  DATA_ELEMENT  IS  INTEGER  RANGE  0  TO  3;    --定义数据类型
TYPE  DATA_ARRAY  IS  ARRAY(1  TO  3)OF  DATA_ELEMENT;
END  DATA_TYPES;
USE  WORK.DATA_TYPES.ALL;      --打开以上建立在当前工作库中的程序包 DATA
_TYPES
ENTITY  SORT  IS
        PORT(IN_ARRAY:IN  DATA_ARRAY;
            OUT_ARRAY:OUT  DATA_ARRAY);
END  SORT
ARCHITECTURE  ART  OF  SORT  IS
    BEGIN
    PROCESS(IN_ARRAY)      --进程开始，设 DATA_TYPES 为敏感信号
    PROCEDURE  SWAP(DATA:INOUT  DATA_ARRAY;
            LOW,HIGH:IN  INTEGER )IS
        --SWAP 的形参名为 DATA、LOW、HIGH
    VARIABLE  TEMP:DATA_ELEMENT;
    BEGIN    --开始描述本过程的逻辑功能
    IF(DATA(LOW)>DATA(HIGH))THEN      --检测数据
        TEMP:=DATA(LOW);
DATA(LOW):=DATA(HIGH);
    DATA(HIGH):=TEMP;
  END  IF;
END  SWAP;      --过程 SWAP 定义结束
VARIABLE  MY_ARRAY:DATA_ARRAY;
        --在本进程中定义变量 MY_ARRAY
    BEGIN    --进程开始
MY_ARRAY;=IN_ARRAY;      --将输入值读入变量
SWAP(MY_ARRAY,1,2);
        --MY_ARRAY、1、2 是对应于 DATA、HIGH 的实参
SWAP(MY_ARRAY,2,3);      --位置关联法调用，第 2、第 3 元素交换
SWAP(MY_ARRAY,1,2);      --位置关联法调用，第 1、第 2 元素交换
OUT_ARRAY<=MY_ARRAY;
  END  PROCESS;
END  ART;
```

2. 函数调用

函数调用与过程调用是十分相似的，不同之处是，调用函数将返还一个指定数据类型的

值,函数的参量只能是输入值。

3.4.5 返回语句

返回语句(RETURN)只能用于子程序体中,并用来结束当前子程序体的执行。其语句格式如下:

```
RETURN [表达式];
```

当表达式缺省时,只能用于过程,它只是结束过程,并不返回任何值;当有表达式时,只能用于函数,并且必须返回一个值。用于函数的语句中的表达式提供函数返回值。每一函数必须至少包含一个返回语句,并可以拥有多个返回语句,但是在函数调用时,只有其中一个返回语句可以将值带出。

例 3.4.25 是一过程定义程序,它将完成一个 RS 触发器的功能。注意其中的时间延迟语句和 REPORT 语句是不可综合的。

【例 3.4.25】

```
PROCEDURE  RS(SIGNAL  S,R:IN  STD_LOGIC;
                 SIGNAL  Q,NQ:INOUT  STD_LOGIC)IS
BEGIN
    IF(S='1'AND R='1')THEN
        REPORT"FORBIDDEN STATE:S AND R ARE EQUAL TO'1'";
        RETURN
    ELSE
        Q<=S  AND  NQ  AFTER  5ns;
        NQ<=S  AND  Q  AFTER  5ns;
    END  IF;
END  PROCEDURE  RS;
```

信号 S 和 R 同时为 1 时,在 IF 语句中的 RETURN 语句将中断过程。

例 3.4.26 中定义的函数 OPT 的返回值由输入参量 OPR 决定。当 OPR 为高电平时,返回相“与”值“A AND B”;当为低电平时,返回相“或”值“A OR B”。

【例 3.4.26】

```
FUNCTION  OPT(A,B,OPT:STD_LOGIC)  RETURN  STD_LOGIC  IS
BEGIN
    IF(OPR='1')THEN
        RETURN(A  AND  B);
    ELSE
        RETURN(A  OR  B);
        END  IF;
END  FUNCTION  OPT;
```

3.4.6 空操作语句

空操作语句(NULL)的格式如下：

```
NULL;
```

空操作语句不完成任何操作，它唯一的功能就是使逻辑运行流程跨入下一步语句的执行。NULL 常用于 CASE 语句中，为满足所有可能的条件，利用 NULL 来表示所余的不用条件下的操作行为。

在例 3.4.27 的 CASE 语句中，NULL 用于排除一些不用的条件。

【例 3.4.27】

```
CASE  OPCODE  IS
    WHEN  "001"=>   TMP:=REGA  AND  REGB;
    WHEN  "101"=>   TMP:=REGA  OR  REGB;
    WHEN  "110"=>   TMP:=NOT  REGA;
    WHEN OTHERS=>   NULL;
END  CASE;
```

3.4.7 其他语句和说明

1. 属性(ATTRIBUTE)描述与定义语句

VHDL 中预定义属性描述语句有许多实际的应用，可用于对信号或其他项目的多种属性检测或统计。VHDL 中可以具有属性的项目如下：类型、子类型；过程、函数；信号、变量、常量；实体、结构体、配置、程序包；元件；语句标号。

属性是以上各类项目的特性，某一项目的特定属性或特征通常可以用一个值或一个表达式来表示，通过 VHDL 的预定义属性描述语句就可以加以访问。

属性的值与对象(信号、变量和常量)的值完全不同，在任一给定的时刻，一个对象只能具有一个值，但却可以具有多个属性。VHDL 还允许设计者自己定义属性(即用户定义的属性)。

1)信号类属性

信号类属性中，最常用的当属 EVENT。例如，语句“CLOCK'EVENT”就是对以 CLOCK 为标识符的信号，在当前的一个极小的时间段内发生事件的情况进行检测。所谓发生事件，就是电平发生变化，从一种电平方式转变到另一种电平方式。如果在此时间段内，CLOCK 由 0 变成 1 或由 1 变成 0 都认为发生了事件，于是这句测试事件发生与否的表达式与测试语句类似，如 IF 语句，返回一个 BOOLEAN 值 TRUE，否则为 FALSE。

【例 3.4.28】

```
CLOCK'EVENT  AND  CLOCK='1'
```

本例表示对 CLOCK 信号上升沿的测试。即一旦测试到 CLOCK 有一个上升沿时，此表达式将返回一个布尔值 TRUE。当然，这种测试是在过去的一个极小的时间段 Δ 内进行的，之后又测得 CLOCK 为 1，从而满足此语句所列条件“CLOCK='1'”，因而也返回 TRUE，两个

“TRUE”相“与”后仍为 TRUE。由此便可以从当前的“CLOCK='1'”推断，在此前的 Δ 时间段内，CLOCK 必为 0。因此，例 3.4.28 的表达式可以用来对信号 CLOCK 的上升沿进行检测。例 3.4.29 是此表达式的实际应用。

【例 3.4.29】

```
PROCESS(CLOCK)
    IF(CLOCK'EVENT  AND  CLOCK='1')THEN
        Q<=DATA;
    END  IF;
END  PROCESS;
```

本例中的进程即为对上升沿触发器的 VHDL 描述。进程中 IF 语句内条件表达式即可为此触发器时钟输入信号的上升沿进行测试，上升沿一旦到来，表达式在返回 TRUE 后，立即执行赋值语句 Q<=DATA，并保持此值于 Q 端，直至下一次时钟上升沿的到来为止。同理，以下表达式表示对信号 CLOCK 下降沿的测试：

```
(CLOCK'EVENT  AND  CLOCK='0')
```

属性 STABLE 的测试功能恰与 EVENT 的相反，它是信号在 Δ 时间段内无事件发生，则返还 TRUE 值。以下两语句的功能是一样的。

【例 3.4.30】

```
NOT(CLOCK'STABLE  AND  CLOCK='1')
(CLOCK'EVENT  AND  CLOCK='1')
```

请注意，语句“NOT(CLOCK'STABLE AND CLOCK='1')”表达方式是不可综合的。因为，对于 VHDL 综合器来说，括号中的语句已等效于一条时钟信号边沿测试专用语句，它已不是操作数，所以不能用操作数方式来对待。

2)数据区间类属性

数据区间类属性包括'RANGE[(N)]和'REVERSE_RANGE[(N)]。这类属性函数主要是对属性项目取值区间进行测试，返回的内容不是一个具体值，而是一个区间，它们的含义如表 3.4 所示。对于同一属性项目，'RANGE 和'REVERSE_RANGE 返回的区间次序相反，前者与原项目次序相同，后者相反，见例 3.4.31。

表 3.4 属性类说明语句

语 句	含 义
对象'RANGE[(N)]	返回数据区间范围
对象'REVERSE_RANGE[(N)]	返回数据区间的颠倒范围
对象'LEFT	返回左边界值
对象'RIGHT	返回右边界值
对象'HIGH	返回上限值
对象'LOW	返回下限值

【例 3.4.31】

```
⋮
SIGNAL  RANGE1: IN  STD_LOGIC_VECTOR(0  TO  7);
⋮
FOR  I  IN  RANGE1'RANGE  LOOP
⋮
```

本例中的 FOR_LOOP 语句与语句“FOR　I　IN　0　TO　7　LOOP”的功能是一样的，这说明 RANGE1 'RANGE 返回的区间即为位矢 RANGE1 定义的元素范围。如果用' REVERSE RANGE，则返回的区间正好相反，是(7 DOWNTO 0)。

3)数值类属性

在 VHDL 中的数值类属性测试函数主要有' LEFT、' RIGHT、' HIGH、' LOW，它们的功能如表 3.4 所示。这些属性函数主要用于对属性目标的一些数值特性进行测试。

【例 3.4.32】

```
⋮
PROCESS(CLOCK, A,B);
TYPE  OBJ  IS  ARRAY(0  TO  15)OF BIT;
SIGNAL  S1,S2,S3,S4:INTEGER;
BEGIN
    S1<=OBJ'RIGNT;
    S2<=OBJ'LEFT;
    S3<=OBJ'HIGH;
    S4<=OBJ'LOW;
⋮
```

信号 S1、S2、S3 和 S4 获得的赋值分别为 0、15、0 和 15。

4)数组属性' LENGTH

此函数的用法同前，只是对数组的宽度或元素的个数进行测定。

【例 3.4.33】

```
⋮
TYPE  ARRY1  ARRAY(0  TO  7)  OF  BIT;
VARIABLE  WTH1:INTEGER;
⋮
WTH1:=ARRY1'LENGTH;    --WTH1=8
⋮
```

5)用户定义属性

属性与属性值的定义格式如下：

```
ATTRIBUTE 属性名:数据类型;
```

```
ATTRIBUTE 属性名  OF  对象名:对象类型 IS 值;
```

VHDL 综合器和仿真器通常使用自定义的属性实现一些特殊的功能。由综合器和仿真器支持的一些特殊的属性一般都包括在 EDA 工具厂商的程序包里,例如,Synplify 综合器支持的特殊属性都在 SYNPLIFY. ATTRIBUTES 程序包中,使用之前加入以下语句即可。

```
LIBRARY  SYNPLIFY;
USE SYNPLIFY. ATTRIBUTES. ALL
```

【例 3. 4. 34】

```
LIBRARY  IEEE;
USE  IEEE.STD_LOGIC_1164.ALL;
ENTITY  CNTBUF  IS
     PORT( DIR:IN  STD_LOGIC;
          CLK,CLR,OE:IN  STD_LOGIC;
          A,B:INOUT  STD_LOGIC_VECTOR(0  TO  1);
          Q:INOUT  STD_ LOGIC_VECTOR(3  DOWNTO  0));
ATTRIBUTE  PINNUM:STRING;
     ATTRIBUTE  PINNUM  OF  CLK:SIGNAL  IS  "1";
     ATTRIBUTE  PINNUM  OF  CLR:SIGNAL  IS  "2";
     ATTRIBUTE  PINNUM  OF  DIR:SIGNAL  IS  "3";
     ATTRIBUTE  PINNUM  OF  OE:SIGNAL  IS  "11";
     ATTRIBUTE  PINNUM  OF  A:SIGNAL  IS  "13,12";
     ATTRIBUTE  PINNUM  OF  B:SIGNAL  IS  "19,18";
     ATTRIBUTE  PINNUM  OF  Q:SIGNAL  IS  "17,16,15,14";
END  CNTBUF;
```

2. 文本文件操作(TEXTIO)

这里所谓的文件操作只能用于 VHDL 仿真器中,因为在 IC 中,并不存在磁盘和文件,所以 VHDL 综合器会忽略程序中所有与文件操作有关的部分。

在完成较大的 VHDL 程序的仿真时,由于输入信号很多、输入数据复杂,这时可以采用文件操作的方式设置输入信号。将仿真时输入信号所需要的数据用文本编辑器写到一个磁盘文件中,然后在 VHDL 程序的仿真驱动信号生成模块中调用 STD. TEXTIO 程序包中的子程序,读取文件中的数据,经过处理后或直接驱动输入信号端。

仿真的结果或中间数据也可以用 STD. TEXTIO 程序包中提供的子程序保存在文本文件中,这对复杂的 VHDL 设计的仿真尤为重要。

VHDL 仿真器 ModelSim 支持许多操作子程序,附带的 STD. TEXTIO 程序包源程序是很好的参考文件。

文本文件操作用到的一些预定义的数据类型及常量定义如下:

```
TYPE  LINE  IS  ACCESS  STRING;
```

```
TYPE  TEXT  IS  FILE  OF  STRING;
TYPE  SIDE  IS  (RIGHT,LEFT);
SUBTYPE  WIDTH  IS  NATURAL;
FILE  INPUT:TEXT  OPEN  READ_MODE  IS  "STD_INPUT";
FILE  OUTPUT:TEXT  OPEN  WRITE_MODE  IS  "STD_OUTPUT";
```

STD.TEXTIO程序包中主要有4个过程用于文件操作，即READ、READLINE、WRITE和WRITELINE。因为这些子程序都被多次重载以适应各种情况，实用中请参考VHDL仿真器给出的STD.TEXTIO源程序获取详细的信息。

3.断言语句

断言(ASSERT)语句只能在VHDL仿真器中使用，综合器通常忽略此语句。ASSERT语句判断指定的条件是否为TRUE，如果为FALSE，则报告错误。语句格式如下：

```
ASSERT条件表达式
REPORT字符串
SEVERITY错误等级[SEVERITY_LEVEL];
```

【例3.4.35】

```
ASSERT  NOT(S='1'AND  R='1')
REPORT "BOTH VALUES OF SIGNALS S AND R ARE EQUAL TO'1'"
SEVERITY  ERROR;
```

如果出现SEVERITY子句，则该子句一定要指定一个类型为SEVERITY_LEVEL的值。SEVERITY_LEVEL共有如下4种可能的值。

(1)NOTE:可以用在仿真时传递信息。

(2)WARNING:用在非平常的情形，此时仿真过程仍可继续，但结果可能是不可预知的。

(3)ERROR:用在仿真过程继续执行下去已经不可能的情况。

(4)FAILURE:用在发生了致命错误，仿真过程必须立即停止的情况。

ASSERT语句可以作为顺序语句使用，也可以作为并行语句使用。作为并行语句时，ASSERT语句可看成一个被动进程。

4.REPORT语句

REPORT语句类似于ASSERT语句，区别是它没有条件。其语句格式如下：

```
REPORT字符串;
REPORT字符串  SEVERITY  SEVERITY_LEVEL;
```

【例3.4.36】

```
WHILE  COUNTER <= 100  LOOP
    IF COUNTER>50
        THEN  REPORT "THE  COUNTER  IS  OVER  50";
    END  IF;
```

```
  ⋮
END  LOOP;
```

在 VHDL—1993 标准中，REPORT 语句相当于前面省略了 ASSERT FALSE 的 ASSERT 语句，而在 VHDL—1987 标准中不能单独使用 REPORT 语句。

3.5 VHDL 并行语句

图 3.11 所示的是在一个结构体中各种并行语句运行的示意图。这些语句不必同时存在，每一语句模块都可以独立异步运行，模块之间并行运行，并通过信号来交换信息。

请注意，VHDL 中的并行运行有多层含义，即模块间的运行方式可以有同时运行、异步运行、非同步运行等方式，从电路的工作方式上可以包括组合逻辑运行方式、同步逻辑运行方式和异步逻辑运行方式等。

如图 3.8 所示的结构体中的并行语句主要有 7 种。

(1)并行信号赋值语句(CONCURRENT SIGNAL ASSIGNMENTS)。

(2)进程语句(PROCESS STATEMENTS)。

(3)块语句(BLOCK STATEMENTS)。

(4)条件信号赋值语句(SELECTED SIGNAL ASSIGNMENTS)。

(5)元件例化语句(COMPONENT INSTANTIATIONS)。

(6)生成语句(GENERATE STATEMENTS)。

(7)并行过程调用语句(CONCURRENT PROCEDURE CALLS)。

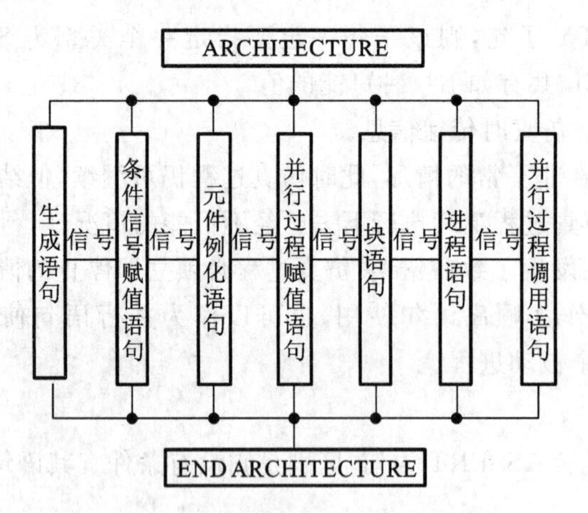

图 3.8　结构体中的并行语句模块

并行语句在结构体中的使用格式如下：

```
ARCHITECTURE 结构体名 OF 实体名 IS
说明语句
BEGIN
    并行语句
END ARCHITECTURE 结构体名;
```

并行语句与顺序语句并不是相互对立的语句，它们往往互相包含、互为依存，它们是一个矛盾的统一体。严格地说，VHDL 中不存在纯粹的并行行为和顺序行为的语句。例如，相对于其他的并行语句，进程属于并行语句，而进程内部运行的都是顺序语句，而一个单句并行赋值语句，从表面上看是一条完整的并行语句，但实质上却是一条进程语句的缩影，它完全可以用一个相同功能的进程来替代。所不同的是，进程中必须列出所有的敏感信号，而单纯的并行赋值语句的敏感信号是隐性列出的。

3.5.1　进程(PROCESS)语句

进程(PROCESS)语句是最具 VHDL 语言特色的语句。因为它提供了一种用算法(顺序语句)描述硬件行为的方法。进程实际上是用顺序语句描述的一种进行过程，也就是说，进程用于描述顺序事件。PROCESS 语句结构包含了一个代表着设计实体中部分逻辑行为的、独立的、以顺序语句描述的进程。一个结构体中可以有多个并行运行的进程结构，而每一个进程的内部结构却是由一系列顺序语句来构成的。

需要注意的是，PROCESS 结构中的顺序语句及其所谓的顺序执行过程只是相对于计算机中的软件行为仿真的模拟过程而言的，这个过程与硬件结构中实现的对应的逻辑行为是不相同的。PROCESS 结构中既可以有时序逻辑的描述，也可以有组合逻辑的描述，它们都可以用顺序语句来表达。然而，硬件中的组合逻辑具有最典型的并行逻辑功能，而硬件中的时序逻辑也并非都是以顺序方式工作的。

1. PROCESS 语句格式

PROCESS 语句的表达格式如下：

```
[进程标号:]PROCESS[(敏感信号参数表)][IS]
[进程说明部分]
BEGIN
顺序描述语句
END PROCESS[进程标号];
```

进程说明部分用于定义该进程所需的局部数据环境。

顺序描述语句部分是一段顺序执行的语句，描述该进程的行为。PROCESS 中规定了每个进程语句在它的某个敏感信号(由敏感信号参量表列出)的值改变时都必须立即完成某一功能行为。这个行为由进程顺序语句定义，行为的结果可以赋给信号，并通过信号被其他的 PROCESS 或 BLOCK 读取或赋值。在进程中定义的任一敏感信号发生更新时，由顺序语句定义的行为就要重复执行一次，在进程中最后一个语句执行完成后，执行过程将返回到第一个语句，以等待下一次敏感信号变化，如此循环往复以至无限。但当遇到 WAIT 语句时，执行过程将被有条件地终止，即所谓的挂起(suspention)。

一个结构体中可含有多个 PROCESS 结构，每一 PROCESS 结构对应于其敏感信号参数表中定义的任一敏感参量的变化，每个进程可以在任何时刻被激活或者称为启动。而所有被激活的进程都是并行运行的，这就是为什么 PROCESS 结构本身是并行语句结构。

2. PROCESS 组成

PROCESS 语句结构是由三个部分组成的，即进程说明部分、顺序描述语句部分和敏感信号参数表。

(1)进程说明部分主要定义一些局部量,可包括数据类型、常数、属性、子程序等。但需注意,在进程说明部分中不允许定义信号和共享变量。

(2)顺序描述语句部分可分为赋值语句、进程启动语句、子程序调用语句、顺序描述语句和进程跳出语句等。

信号赋值语句:在进程中将计算或处理的结果向信号(SIGNAL)赋值。

• 变量赋值语句:在进程中以变量(VARIABLE)的形式存储计算的中间值。

• 进程启动语句:当 PROCESS 的敏感信号参数表中没有列出任何敏感量时,进程的启动只能通过进程启动语句 WAIT 语句。这时可以利用 WAIT 语句监视信号的变化情况,以便决定是否启动进程。WAIT 语句可以看成一种隐式的敏感信号表。

• 子程序调用语句:对已定义的过程和函数进行调用,并参与计算。

• 顺序描述语句:包括 IF 语句、CASE 语句、LOOP 语句和 NULL 语句等。

• 进程跳出语句:包括 NEXT 语句和 EXIT 语句。

(3)敏感信号参数表需列出用于启动本进程可读入的信号名(当有 WAIT 语句时例外)。

【例 3.5.1】

```
ARCHITECTURE  ART  OF  STAT  IS
     BEGIN
     P1:PROCESS      --该进程未列出敏感信号,进程需靠 WAIT 语句来启动
     BEGIN
     WAIT UNTIL CLOCK;      --等待 CLOCK 激活进程
     IF(DRIVER='1')  THEN      --当 DRIVER 为高电平时进入 CASE 语句
CASE  OUTPUT  IS
WHEN   S1=>   OUTPUT<= S2;
WHEN   S2=>   OUTPUT<= S3;
WHEN   S3=>   OUTPUT<= S4;
WHEN   S4=>   OUTPUT<= S1;
END CASE;
     END PROCESS P1;
END ARCHITECTURE  ART;
```

【例 3.5.2】

```
SIGNAL  CNT4:INTEGER RANGE 0 TO 15;      --注意 CNT4 的数据类型
⋮
PROCESS(CLK,CLEAR,STOP)  --该进程定义了 3 个敏感信号 CLK、CLEAR、STOP
BEGIN    --当其中任何一个改变时,都将启动进程的运行
IF CLEAR='0'THEN
     CNT4<= 0;
ELSIF CLK'EVENT AND CLK='1'THEN      --如果遇到时钟上升沿,则...
```

```
        IF STOP='0'THEN       --如果 STOP 为低电平,则进行加法计数,否则停止计数
        CNT4<=CNT4+1;
        END IF;
    END IF;
    END PROCESS;
```

3. 进程设计要点

进程的设计需要注意以下几方面的问题。

(1)虽然同一结构体中的进程之间是并行运行的,但同一进程中的逻辑描述语句则是顺序运行的,因而在进程中只能设置顺序语句。

(2)进程的激活必须由敏感信号表中定义的任一敏感信号的变化来启动,否则必须有一个显式的 WAIT 语句来激活。这就是说,进程既可以由敏感信号的变化来启动,也可以由满足条件的 WAIT 语句来激活;反之,在遇到不满足条件的 WAIT 语句后,进程将被挂起。因此,进程中必须定义显式或隐式的敏感信号。如果一个进程对一个信号集合总是敏感的,那么可以使用敏感表来指定进程的敏感信号。但是,在一个使用了敏感表的进程(或者由该进程所调用的子程序)中不能含有任何等待语句。

(3)结构体中多个进程之所以能并行同步运行,一个很重要的原因是进程之间的通信是通过传递信号和共享变量值来实现的。所以相对于结构体来说,信号具有全局特性,它是进程间进行并行联系的重要途径。因此,在任一进程的进程说明部分不允许定义信号(共享变量是 VHDL—1993 增加的内容)。

(4)进程是重要的建模工具。进程结构不但为综合器所支持,而且进程的建模方式将直接影响仿真和综合结果。需要注意的是,综合后对应进程的硬件结构,对进程中的所有可读入信号都是敏感的,而在 VHDL 行为仿真中并非如此,除非将所有的读入信号列为敏感信号。

进程语句是 VHDL 程序中使用最频繁和最能体现 VHDL 语言特点的一种语句,其原因大概是它的并行和顺序行为的双重性,以及其行为描述风格的特殊性。为了使 VHDL 的软件仿真与综合后的硬件仿真对应起来,应当将进程中的所有输入信号都列入敏感表中。不难发现,在对应的硬件系统中,一个进程和一个并行赋值语句确实有十分相似的对应关系,并行赋值语句就相当于一个将所有输入信号隐性地列入结构体监测范围(敏感表)的进程语句。

综合后的进程语句所对应的硬件逻辑模块,其工作方式可以是组合逻辑方式的,也可以是时序逻辑方式的。例如,在一个进程中,一般的 IF 语句,在一定条件下综合出的多为组合逻辑电路;若出现 WAIT 语句,在一定条件下,综合器将引入时序元件,如触发器。

【例 3.5.3】

```
LIBRARY  IEEE;
USE  IEEE.STD_LOGIC_1164.ALL;
USE  IEEE.STD_LOGIC_UNSIGNED.ALL;
ENTITY  CNT10  IS
    PORT(CLR:IN STD_LOGIC;
        IN1:IN STD_LOGIC_VECTOR(3 DOWNTO 0);
```

```
        OUT1:OUT STD_LOGIC_VECTOR(3 DOWNTO 0));
END  CNT10;
ARCHITECTURE ART OF CNT10 IS
BEGIN
    PROCESS(IN1,CLR)
    BEGIN
        IF(CLR='1'OR IN1="1001")THEN
            OUT1<="0000";     --有清零信号,或计数已达 9,OUT1 输出 0,
        ELSE     --否则进行加 1 操作
            OUT1<=IN1+1;--注意,使用了重载算符"+ ",重载算符"+ "是在库
        ENG IF     --STD_LOGIC_UNSIGNED 中预先声明的
    END PROCESS;
END ART;
```

【例 3.5.4】

```
LIBRARY IEEE
USE IEEE.STD_LOGIC_1164.ALL;
USE IEEE.STD_LOGIC_UNSIGNED.ALL;
ENTITY  CNT10 IS
    PORT(CLR:IN STD_LOGIC;
            CLK:IN STD_LOGIC;
            CNT: BUFFER STD_LOGIC_VECTOR(3 DOWNTO 0));
END  CNT10;
ARCHITECTURE  ART  OF CNT10 IS
BEGIN
PROCESS
BEGIN
        WAIT  UNTIL  CLK'EVENT  AND  CLK='1';--等待时钟 CLK 的上沿
        IF(CLR='1'OR CNT=9)  THEN
            CNT<="0000";
        ELSE
            CNT<=CNT+1;
        END IF;
    END PROCESS;
END ART;
```

【例 3.5.5】

```
PACKAGE  MTYPE IS
   TYPE  STATE_T  IS(S0,S1,S2,S3);        --利用程序包定义数据类型
END  MTYPE;
LIBRARY  IEEE;
USE  IEEE.STD_LOGIC_1164.ALL;
USE  WORK.MTYPE.ALL;     --打开程序包
ENTITY  S4_MACHINE  IS
    PORT(CLK,INC,A1,B1:INSTD_LOGIC;
        RST: IN BOOLEAN;
        OUT1:OUT STD_LOGIC);
END ENTITY  S4_MACHINE;
ARCHITECTURE  ART  OF  S4_MACHINE  IS
    SIGNAL CURRENT_STATE,NEXT_STATE:STATE_T;
    BEGIN
    SYNC:PROCESS(CLK,RST)     --第一个进程
        BEGIN
        IF(RST)THEN
            CURRENT_STATE<= S0;     --监测复位信号
        ELSIF(CLK'EVENT  AND  CLK='1')THEN  --监测时钟上沿
            CURRENT_STATE<=NEXT_STATE;
        END IF;
    END  PROCESS  SYNC;
 FSM:PROCESS(CURRENT_STATE, A1,B1)     --第二个进程
    BEGIN
    OUT1<=A1;
    NEXT_STATE<= S0;
 IF(INC='1')THEN
    CASE  CURRENT_STATE  IS
        WHEN  S0=>  NEXT_STATE<= S1;
        WHEN  S1=>  NEXT_STATE<= S2;OUT<= B1;
        WHEN  S2=>  NEXT_STATE<= S3;
        WHEN  S2=>  NULL
            END  CASE;
            END IF;
 END  PROCESS  FSM;
 END  ART;
```

【例 3.5.6】

```
⋮
A_OUT <=A  WHEN(ENA)ELSE'Z';
B_OUT <=B  WHEN(ENA)ELSE'Z';
C_OUT <=C  WHEN(ENA)ELSE'Z';
PROCESS(A_OUT)
BEGIN
    BUS_OUT<=A_OUT;
END  PROCESS;
PROCESS(B_OUT)
BEGIN
    BUS_OUT<=B_OUT;
END  PROCESS;
PROCESS(C_OUT)
BEGIN
    BUS_OUT<=C_OUT;
END  PROCESS;
```

3.5.2 块(BLOCK)语句

块(BLOCK)语句是一种将结构体中的并行描述语句进行组合的方法，它的主要目的是，改善并行语句及其结构的可读性，或是利用 BLOCK 的保护表达式关闭某些信号。

1. BLOCK 语句的格式

BLOCK 语句的表达格式如下：

```
块标号:BLOCK[(块保护表达式)]
接口说明
类属说明
BEGIN
并行语句
END BLOCK[块标号];
```

接口说明部分有点类似于实体的定义部分，它可包含由关键词 PORT、GENERIC、PORT MAP 和 GENERIC MAP 引导的接口说明等语句，对 BLOCK 的接口设置以及与外界信号的连接状况加以说明。

块的类属说明部分和接口说明部分的适用范围仅限于当前 BLOCK。所以，所有这些在 BLOCK 内部的说明对于这个块的外部来说是完全不透明的，即不能适用于外部环境，但对于嵌套于内层的块却是透明的。块的说明部分可以定义的项目主要有 USE 语句、子程序、数据类型、子类型、常数、信号、元件。

块中的并行语句部分可包含结构体中的任何并行语句结构。BLOCK 语句本身属并行语句,BLOCK 语句所包含的语句也是并行语句。

2. BLOCK 的应用

BLOCK 的应用可使结构体层次鲜明,结构明确。利用 BLOCK 语句可以将结构体中的并行语句划分成多个并列方式的 BLOCK,每一个 BLOCK 都像一个独立的设计实体,具有自己的类属参数说明和界面端口,以及与外部环境的衔接描述。以下是两个使用 BLOCK 语句的实例,例 3.5.7 描述了一个具有块嵌套方式的 BLOCK 语句结构。

在较大的 VHDL 程序的编程中,恰当的块语句的应用对于技术交流、程序移植、排错和仿真都是十分有益的。

【例 3.5.7】

```
⋮
ENTITY GAT IS
    GENERIC(L_TIME:TIME;S_TIME:TIME);      --类属说明
    PORT(B1,B2,B3:INOUT BIT);      --结构体全局端口定义
END ENTITY GAT;
ARCHITECTURE ART OF GAT IS
    SIGNAL A1:BIT;      --结构体全局信号 A1 定义
    BEGIN
BLK1:BLOCK      --块定义,块标号名是 BLK1
GENERIC(GB1,GB2:TIME);      --定义块中的局部类属参量
GENERIC MAP(GB1=>L-TIME,GB2=>S-TIME);      --局部端口参量设定
PORT(PB:IN BIT;PB2:INOUT BIT);      --块结构中局部端口定义
POTR MAP(PB1=>B1,PB2=>A1);      --块结构端口连接说明
CONSTANT DELAY:TIME:=1 MS;      --局部常数定义
SIGNAL S1:BIT;      --局部信号定义
BEGIN
S1<=PB1 AFTER DELAY;
PB2<=S1 AFTER GB1,B1 AFTER GB2;
END BLOCK BLK1;
END ARCHITECTURE ART;
```

【例 3.5.8】

```
⋮
B1:BLOCK
SIGNAL S1:BIT;
BEGIN
S1<=A AND B;
B2: BLOCK
```

```
            SIGNAL S2:BIT;
            BEGIN
            S2<= C AND D;
    B3:BLOCK
            BEGIN
            Z<= S2;
    END BLOCK B3;
            END BLOCK   B2;
            Y<= S1;
    END BLOCK B1;
    ⋮
```

3. BLOCK 语句在综合中的地位

与大部分的 VHDL 语句不同,BLOCK 语句的应用,包括其中的类属说明和端口定义,都不会影响对原结构体的逻辑功能的仿真结果。例如,以下两例的仿真结果是完全相同的。

【例 3. 5. 9】

```
A1:OUTL<='1'AFTER 2 NS;
BLK1: BLOCK
   BEGIN
A2:OUT 2<='1'AFTER 3 NS;
A3:OUT 3<='0'AFTER 2 NS;
END BLOCK BLK1;
```

【例 3. 5. 10】

```
A1:OUT <='1'AFTER 3 NS;
A2:OUT<='1'AFTER 3 NS;
A3:OUT<='0'AFTER 2 NS;
```

由于 VHDL 综合器不支持保护式 BLOCK 语句(GUARDED BLOCK),在此不讨论该语句的应用。基于实用的观点,结构体中功能语句的划分最好使用元件例化(COMPONENT INSTANTIATION)的方式来完成。

块语句的并行工作方式更为明显,块语句本身是并行语句结构,而且它的内部也都是由并行语句构成的(包括进程)。

需特别注意的是,块中定义的所有的数据类型、数据对象(信号、变量、常量)和子程序等都是局部的;对于多层嵌套的块结构,这些局部定义量只适用于当前块,以及嵌套于本层块的所有层次的内部块,而对此块的外部来说是不可见的。

例 3.5.11 是一个含有三重嵌套块的程序,从此例能很清晰地了解上述关于块中数据对象的可视性规则。

【例 3.5.11】

```
    ⋮
B1:BLOCK      --定义块 B1
    SIGNAL S: BIT;      --在 B1 块中定义 S
    BEGIN
    S<=A  AND  B;      --向 B1 中的 S 赋值
B2:BLOCK      --定义块 B2,嵌套于 B1 块中
    SIGNAL S: BIT;      --定义 B2 块中的信号 S
    BEGIN
    S<=A  AND  B;      --向 B2 中的 S 赋值
B3:BLOCK
    BEGIN
    Z<=S;     --此 S 来自 B2 块
    END  BLOCK B3;
END  BLOCK B2;
    Y<=S;  --此 S 来自 B1 块
END  BLOCK B1;
```

3.5.3 并行信号赋值语句

并行信号赋值语句有三种形式:简单信号赋值语句、条件信号赋值语句和选择信号赋值语句。

这三种信号赋值语句的共同点是:赋值目标必须是信号,所有赋值语句与其他并行语句一样,在结构体内的执行是同时发生的,与它们的书写顺序和是否在块语句中没有关系。每一信号赋值语句都相当于一条缩写的进程语句,而这条语句的所有输入(或读入)信号都被隐性地列入此过程的敏感信号表中。因此,任何信号的变化都将启动相关并行语句的赋值操作,而这种启动完全是独立于其他语句的,它们都可以直接出现在结构体中。

1. 简单信号赋值语句

并行简单信号赋值语句是 VHDL 并行语句结构的最基本的单元,它的语句格式如下:

信号赋值目标<=表达式

式中,信号赋值目标的数据类型必须与赋值符号右边表达式的数据类型一致。

【例 3.5.12】

```
ARCHITECTURE  ART  OF  XHFZ  IS
SIGNAL  S1: STD_LOGIC;
BEGIN
    OUTPUT 1<=A AND B;
    OUTPUT 2<=C+D;
```

```
        B1:BLOCK
        SIGNAL  E, F, G, H: STD_LOGIC;
        BEGIN
            G<=E  OR  F;
            H<=E  XOR  F;
    END BLOCK B1
    S1<=G;
    END ARCHITECTURE  ART
```

2. 条件信号赋值语句

条件信号赋值语句的格式如下：

```
赋值目标 <= 表达式  WHEN  赋值条件  ELSE
            表达式  WHEN  赋值条件  ELSE
            ⋮
            表达式;
```

结构体中的条件信号赋值语句的功能与进程中的 IF 语句的功能相同。在执行条件信号赋值语句时，每一赋值条件是按书写的先后关系逐项测定的，一旦发现赋值条件＝TRUE，则立即将表达式的值赋给赋值目标。

【例 3.5.13】

```
⋮
Z <=A  WHEN  P1='1'ELSE
        B  WHEN  P2='0'ELSE
        C;
⋮
```

请注意，由于条件测试的顺序性，第一句具有最高赋值优先级，第二句其次，第三句最后。这就是说，如果当 P1 和 P2 同时为 1 时，Z 获得的赋值是 A。

3. 选择信号赋值语句

选择信号赋值语句格式如下：

```
WITH 选择表达式 SELECT
赋值目标信号<= 表达式 WHEN 选择值
               表达式 WHEN 选择值
               ⋮
               表达式 WHEN 选择值;
```

选择信号赋值语句本身不能在进程中应用，但其功能却与进程中的 CASE 语句的功能相似。CASE 语句的执行依赖于进程中敏感信号的改变而启动进程，而且要求 CASE 语句中各子句的条件不能有重叠，必须包容所有的条件。

选择信号赋值语句中也有敏感量，即关键词 WITH 旁的选择表达式。每当选择表达式的值发生变化时，就将启动此语句对于各子句的选择值进行测试对比，当发现有满足条件的子句的选择值时，就将此子句表达式中的值赋给赋值目标信号。与CASE语句相类似，选择信号赋值语句对于子句条件选择值的测试具有同期性，不像以上的条件信号赋值语句那样是按照子句的书写顺序从上至下逐条测试的。因此，选择信号赋值语句不允许有条件重叠的现象，也不允许存在条件涵盖不全情况。

【例3.5.14】

```
LIBRARY IEEE;
USE IEEE.STD_LOGIC_1164.ALL;
USE IEEE.STD_LOGIC_UNSIGNED.ALL;
ENTITY DECODER IS
     PORT(A,B,C: IN STD_LOGIC;
          DATA1,DATA2:IN STD_LOGIC;
          DATAOUT: OUT STD_LOGIC);
END DECODER;
ARCHITECTURE  ART OF DECODER IS
     BEGIN
     SIGNAL INSTRUCTION:STD_LOGIC_VECTOR(2 DOWNTO 0);
INSTRUCTION <= C & B & A;
          WITH INSTRUCTION SELECT
                DATAOUT <= DATA1 AND DATA2 WHEN "000",
                                DATA1 OR DATA2 WHEN "001",
                     DATA1 NAND DATA2 WHEN "010",
                           DATA1 NOR DATA2 WHEN "011",
                           DATA1 XOR DATA2 WHEN "100",
                           DATA1 NXOR DATA2 WHEN "101",
                     'Z' WHEN OTHERS;      --当不满足条件时,输出呈高阻态
END ARCHITECTURE ART;
```

3.5.4 并行过程调用语句

并行过程调用语句可以作为一个并行语句直接出现在结构体或块语句中。并行过程调用语句的功能等效于包含了同一个过程调用语句的进程。并行过程调用语句的语句调用格式与前面讲的顺序过程调用语句的是相同的，即用过程名(关联参量名)。

例3.5.15是个说明性的例子，在这个例子中，首先定义了一个完成半加器功能的过程。此后在一条并行语句中调用了这个过程，而在接下去的一条进程中也调用了同一过程。事实上，这两条语句是并行语句，且完成的功能是一样的。

【例 3.5.15】

```
⋮
PROCEDURE ADDER(SIGNAL A,B:IN STD_LOGIC;    --过程名为 ADDER
                SIGNAL SUM:OUT STD_LOGIC);
⋮
ADDER(A1,B1,SUM1);     --并行过程调用
⋮      --在此,A1、B1、SUM1 即为分别对应于 A、B、SUM 的关联参量名
PROCESS(C1,C2);     --进程语句执行
BEGIN
ADDER(C1,C2,S1);    --顺序过程调用,在此 C1、C2、S1 即为分别对
                     --应于 A、B、SUM 的关联参量名
END PROCESS;
```

并行过程的调用,常用于获得被调用过程的多个并行工作的复制电路。例如,要同时检测出一系列有不同位宽的位矢量信号,每一位矢量信号中的位只能有一个位是 1,而其余的位都是 0,否则报告出错。完成这一功能的一种办法是先设计一个具有这种位矢量信号检测功能的过程,然后对不同位宽的信号并行调用这一过程。

例 3.5.16 中首先设计了一个过程 CHECK,用于确定一给定位宽的位矢量是否只有一个位是 1,如果不是,则将 CHECK 中的输出参量“ERROR”设置为 TRUE(布尔量)。

【例 3.5.16】

```
PROCEDURE CHECK(SIGNAL A:IN STD_LOGIC_VECTOR;      --在调用时
                SIGNANL ERROR:OUT BOOLEAN)IS       --再定位置
VARIABLE FOUND_ONE:BOOLEAN:=FALSE;   --设初始值
BEGIN
FOR I IN A'RANGE LOOP      --对位矢量 A 的所有的位元素进行循环检测
IF A(I)='1'THEN      --发现 A 中有'1'
IF FOUND_ONE THEN       --FOUND_ONE 为 TRUE,则表明发现了一个以上的'1'
    ERROR<=TRUE;        --发现了一个以上的'1',令 FOUND_ONE 为 TRUE
        RETURN;      --结束过程
END IF;
    FOUND_ONE:=TRUE;        --在 A 中已发现了一个'1'
    END IF;
    END LOOP;       --再测 A 中的其他位
    ERROR<=NOT FOUND_ONE;       --如果没有任何'1'被发现,ERROR 将被置 TRUE
END PROCEDURE CHECK;
```

3.5.5 元件例化语句

元件例化就是将预先设计好的设计实体定义为一个元件,然后利用特定的语句将此元件

与当前的设计实体中的指定端口相连接，从而为当前设计实体引入一个新的低一级的设计层次。在这里，当前设计实体相当于一个较大的电路系统，所定义的例化元件相当于一个要插在这个电路系统板上的芯片，而当前设计实体中指定的端口则相当于这块电路板上准备接受此芯片的一个插座。元件例化是使 VHDL 设计实体构成自上而下层次化设计的一种重要途径。

在一个结构体中调用子程序，包括并行过程的调用，非常类似于元件例化，因为通过调用，为当前系统增加了一个类似于元件的功能模块。但这种调用是在同一层次内进行的，并没有因此而增加新的电路层次，这类似于在原电路系统增加了一个电容或一个电阻。

元件例化是可以多层次进行的，在一个设计实体中被调用安插的元件本身也可以是一个低层次的当前设计实体，因而可以调用其他的元件，以便构成更低层次的电路模块。因此，元件例化就意味着在当前结构体内定义了一个新的设计层次，这个设计层次的总称叫元件，但它可以以不同的形式出现。如上所述，这个元件可以是已设计好的一个 VHDL 设计实体，可以是来自 FPGA 元件库中的元件，也可是以别的硬件描述语言(如 Verilog)设计的实体。该元件还可以是软的 IP 核，或者是 FPGA 中的嵌入式硬 IP 核。元件例化语句由两部分组成，前一部分是将一个现成的设计实体定义为一个元件的语句，第二部分则是此元件与当前设计实体中的连接说明，它们的语句格式如下：

```
--元件定义语句
COMPONENT 例化元件名  IS
GENERIC(类属表)
PORT(例化元件端口名表)
END COMPONENT 例化元件名;
--元件例化语句
元件例化名:例化元件名  PORT MAP(
[例化元件端口名=> ]  连接实体端口名,...);
```

以上两部分语句在元件例化中都是必须存在的。第一部分语句是元件定义语句，相当于对一个现成的设计实体进行封装，使其只留出外面的接口界面。就像一个集成芯片只留几个引脚在外一样，它的类属表可列出端口的数据类型和参数，例化元件端口名表可列出对外通信的各端口名。元件例化的第二部分语句即为元件例化语句，其中的元件例化名是必须存在的，它类似于标在当前系统中的一个插座名，而例化元件名则是准备在此插座上插入的、已定义好的元件名。PORT MAP 是端口映射的意思，其中的例化元件端口名是在元件定义语句中的端口名表中已定义好的例化元件端口的名字，连接实体端口名则是当前系统与准备接入的例化元件对应端口相连的通信端口，相当于插座上各插针的引脚名。

元件例化语句中所定义的例化元件的端口名与当前系统的连接实体端口名的接口表达有两种方式。一种是名字关联方式，在这种关联方式下，例化元件的端口名和关联(连接)符号“=>”两者都是必须存在的。这时，例化元件端口名与连接实体端口名的对应式在 PORT MAP 子句中的位置可以是任意的。

另一种是位置关联方式。若使用这种方式，端口名和关联连接符号都可省去，在 PORT MAP 子句中，只要列出当前系统中的连接实体端口名就行了，但要求连接实体端口名的排列方式与所需例化的元件端口定义中的端口名一一对应。

以下是一个元件例化的示例，例 3.5.17 中首先完成了一个 2 输入“与非”门的设计，然后利用元件例化产生了由 3 个相同的“与非”门连接而成的电路。

【例 3.5.17】

```
LIBRARY IEEE;
USE IEEE.STD_LOGIC_1164.ALL;
ENTITY  ND2  IS
    PORT(A,B:IN STD_LOGIC;
              C:OUT STD_LOGIC);
END ND2;
ARCHITECTURE ARTND2 OF ND2  IS
    BEGIN
    Y<= A NAND B;
END ARCHITECTURE ARTND2;
LIBRARY IEEE;
USE  IEEE.STD_LOGIC_1164.ALL;
ENTITY ORD41 IS
        PORT(A1,B1,C1,D1:IN STD_LOGIC;
                          Z1:OUT STD_LOGIC);
END ORD41;
ARCHITECTURE ARTORD41 OF ORD41 IS
    COMPONENT ND2
            PORT(A,B:IN STD_LOGIC;
                      C:OUT STD_LOGIC);
END COMPONENT;
SIGNAL X,Y :STD_LOGIC;
BEGIN
U1:ND2  PORT MAP(A1,B1,X);      --位置关联方式
U2:ND2  PORT MAP(A=>C1,C=>Y,B=>D1);      --名字关联方式
U3:ND2  PORT MAP(X,Y,C=>Z1);      --混合关联方式
END ARCHITECTURE ARTORD41;
```

3.5.6 生成语句

生成语句可以简化为有规则设计结构的逻辑描述。生成语句有一种复制作用，在设计中，只要根据某些条件，设定好某一元件或设计单位，就可以利用生成语句复制一组完全相同的并行元件或设计单元电路结构。生成语句的语句格式有如下两种形式：

[标号:]FOR 循环变量 IN 取值范围 GENERATE

```
说明
BEGIN
并行语句
END  GENERATE[标号];
[标号:]IF 条件 GENERATE
        说明
        BEGIN
        并行语句
        END GENERATE[标号];
```

这两种语句格式都是由如下部分组成的：

(1)生成方式：有 FOR 语句结构或 IF 语句结构，用于规定并行语句的复制方式。

(2)说明部分：这部分包括对元件数据类型、子程序和数据对象作一些局部说明。

(3)并行语句：生成语句结构中的并行语句是用来“COPY”的基本单元，主要包括元件、进程语句、块语句、并行过程调用语句、并行信号赋值语句，甚至生成语句。这表示生成语句允许存在嵌套结构，因而可用于生成元件的多维阵列结构。

(4)标号：生成语句中的标号并不是必需的，但如果放在嵌套生成语句结构中，就说明其是很重要的。

FOR 语句结构主要是用来描述设计中的一些有规律的单元结构，其生成参数及其取值范围的含义和运行方式与 LOOP 语句的十分相似。但需注意，从软件运行的角度上看，FOR 语句格式中生成参数(循环变量)的递增方式具有顺序性，但是最后生成的设计结构却是完全并行的，这就是为什么必须用并行语句作为生成设计单元。

生成参数(循环变量)是自动产生的，它是一个局部变量，根据取值范围自动递增或递减。取值范围的语句格式与 LOOP 语句的是相同的，也有两种形式：

```
表达式 TO 表达式;      --递增方式, 如 1 TO 5
表达式 DOWNTO 表达式;      --递减方式,如 5 DOWNTO 1
```

其中的表达式必须是整数。

利用了 VHDL 数组属性语句 ATTRIBUTE'RANGE 作为生成语句的取值范围，进行重复元件例化过程，可以产生一组并列的电路结构，如图 3.9 所示。

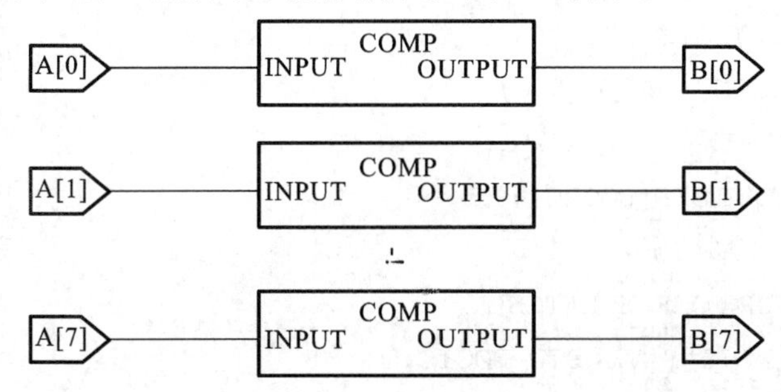

图 3.9　生成语句产生的 8 个相同的电路模块

【例 3.5.18】

```
⋮
COMPONENT COMP
    PORT(X:IN STD_LOGIC;Y: OUT STD_LOGIC);
END COMPONENT;
SIGNAL A,B:STD_LOGIC_VECTOR(0 TO 7);
⋮
GEN: FOR I IN  A'RANGE  GENERATE
    U1:COMP PORT MAP(X=>A(I), Y=>B(I));
END GENERATE GEN;
```

下面利用元件例化和 FOR_GENERATE 语句完成一个 8 位三态锁存器的设计。示例仿照 74373(或 74LS373/74HC373)的工作逻辑进行设计。74373 的器件引脚功能如图 3.10 所示,它的引脚功能分别是:D1～D8 为数据输入端;Q1～Q8 为数据输出端;OEN 为输出使能端,若 OEN=1,则 Q8～Q1 的输出为高阻态,若 OEN=0,则 Q8～Q1 的输出为保存在锁存器中的信号值;G 为数据锁存控制端,若 G=1,D8～D1 输入端的信号进入 74373 中的 8 位锁存器中,若 G =0,74373 中的 8 位锁存器将保持原先锁入的信号值不变。

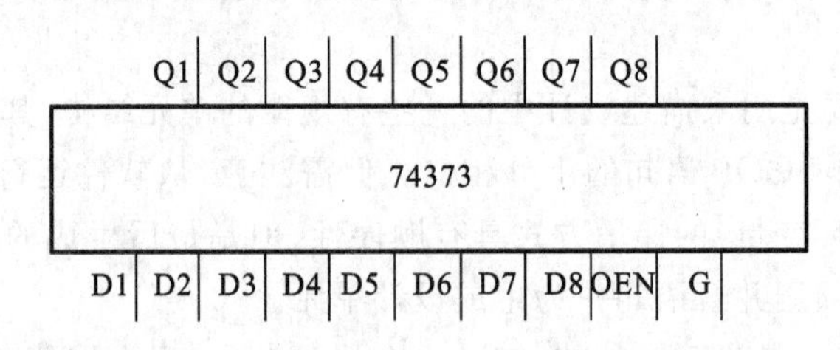

图 3.10　74373 引脚图

74373 的内部工作原理如图 3.11 所示。可采用传统的自底向上的方法来设计 74373。首先设计底层的 1 位锁存器 LATCH,例 3.5.19 是对 74373 逻辑功能的完整描述。

【例 3.5.19】

```
--1 位锁存器 LATCH 的逻辑描述
LIBRARY IEEE;
USE IEEE.STD_LOGIC_1164.ALL;
ENTITY  LATCH IS
    PORT(D:IN  STD_LOGIC;
        ENA:IN  STD_LOGIC;
        Q:OUT STD_LOGIC);
END ENTITY LATCH;
ARCHITECTURE ONE OF LATCH IS
    SIGNAL SIG_SAVE: STD_LOGIC;
BEGIN
```

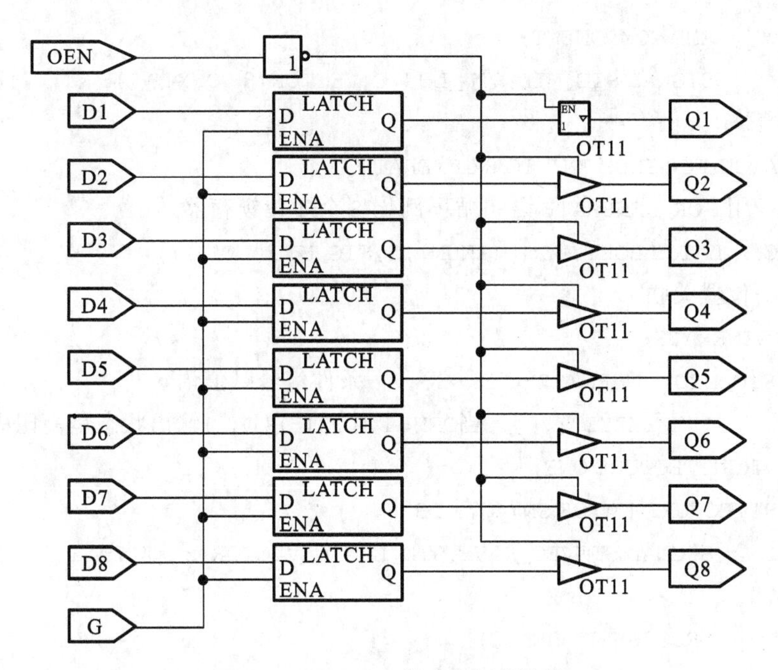

图 3.11　SN74373 的内部逻辑结构

```
    PROCESS(D,ENA)
    BEGIN
    IF ENA='1'THEN
        SIG_SAVE<=D;
    END IF;
    Q<=SIG_SAVE;
    END PROCESS;
END ARCHITECTURE   ONE;
--SN74373 的逻辑描述
LIBRARY IEEE;
USE IEEE.STD_LOGIC_1164.ALL;
ENTITY SN74373 IS      --SN74373 器件接口说明
PORT(D:IN STD_LOGIC_VECTOR(8 DOWNTO 1);      --定义 8 位输入信号
        OEN:IN   STD_LOGIC;
        G:IN STD_LOGIC;
        Q:OUT STD_LOGIC_VECTOR(8 DOWNTO 1);      --定义 8 位输出信号
END ENTITY SN74373;
ARCHITECTURE ONE OF SN74373 IS
        COMPONENT LATCH      --声明调用前面描述的 1 位锁存器
        PORT(D,ENA:IN STD_LOGIC;
              Q:OUT STD_LOGIC );
```

```
            END COMPONENT;
            SIGNAL SIG_MID:STD_LOGIC_VECTOR(8 DOWNTO 1);
BEGIN
GELATCH:FOR INUM IN 1 TO 8 GENERATE
    --用 FOR_GENERATE 语句循环例化 8 个 1 位锁存器
LATCHX:LATCH PORT MAP(D(INUM),G,SIG_MID(INUM));
    --位置关联
END GENERATE;
Q<=SIG_MID   WHEN OEN=0 ELSE     --条件信号赋值语句
            "ZZZZZZZZ";      --当OEN=1时,Q(8)~Q(1)输出状态呈高阻态
END ARCHITECTURE ONE;
ARCHITECTURE TWO OF SN74373 IS
            SIGNAL SIGVEC_SAVE:STD_LOGIC_VECTOR(8 DOWNTO 1);
BEGIN
            PROCESS(D, OEN,G)
            BEGIN
                IF OEN='0'THEN      --IF 语句
Q<=SIGVEC_SAVE;   ELSE
Q<="ZZZZZZZZ";
            END IF;
            IF G='1'THEN
                SIGVEC_SAVE<=D;
            END IF;
        END PROCESS;
END ARCHITECTURE TWO;
```

由本例可以得出以下结论。

(1)程序中安排了两个结构体,以不同的电路来实现相同的逻辑,即一个实体可以对应多个结构体,每个结构体对应一种实现方案。在例化这个器件的时候,需要利用配置语句指定一个结构体,即指定一种实现方案,否则 VHDL 综合器会自动选择最新编译的结构体,即结构体 TWO。

(2)COMPONENT 语句对将要例化的器件进行了接口声明,它对应一个已设计好的实体(ENTITY LATCH)。VHDL 综合器根据 COMPONENT 指定的器件名和接口信息来装配器件。本例中 COMPONENT 语句说明的器件 LATCH 必须与前面设计的实体 LATCH 的接口方式完全对应。这是因为,对于结构体 ONE,在未用 COMPONENT 声明之前,VHDL 编译器和 VHDL 综合器根本不知道有一个已设计好的 LATCH 器件存在。

(3)在 FOR_GENERATE 语句使用中,GELATCH 为标号,INUM 为变量,从 1～8 共循环了 8 次。

(4)“LATCHX:LATCH PORT MAP(D(INUM),G,SIG_MID(INUM));"是一条含有循环变量 INUM 的例化语句,且信号的连接方式采用的是位置关联方式,安装后的元件标号是 LATCHX。LATCH 引脚 D 连在信号线 D(INUM)上,引脚 ENA 连在信号线 G 上,引脚 Q 连在信号线 SIG_MID(INUM)上。INUM 的值从 1～8,LATCH 从 1～8 共例化了 8 次,即共安装了 8 个 LATCH。信号线 D(1)～D(8),SIG_MID(1)～SIG_MID(8)都分别连在这 8 个 LATCH 上。

读者可以将例 3.5.20 中的结构体 ONE 所描述功能与图 3.14 所示的原理图描述方式进行对比。

通常情况下,一些电路从总体上看是由许多相同结构的电路模块组成的,但这些电路的两端却是不规则的,无法直接使用 FOR_GENERATE 语句描述。例如,由多个 D 触发器构成的移位寄存器,它的串入和串出的两个末端结构是不一样的。

对于这种内部由多个规则模块构成而两端结构不规则的电路,可以用 FOR_GENERATE 语句和 IF_GENERATE 语句共同描述。设计中,可以根据电路两端的不规则部分形成的条件用 IF_GENERATE 语句来描述,而用 FOR_GENERATE 语句描述电路内部的规则部分。使用这种描述方法的好处是,使设计文件具有更好的通用性、可移植性和易改性。实际应用中,只要改变几个参数,就能得到任意规模的电路结构。

3.6　子程序(SUBPROGRAM)

子程序(SUBPROGRAM)是一个 VHDL 程序模块,它是利用顺序语句来定义和完成算法的,应用它能更有效地完成重复性的设计工作。子程序不能从所在结构体的其他块或进程结构中直接读取信号值或者向信号赋值,而只能通过子程序调用及与子程序的界面端口进行通信。

子程序有两种类型,即过程(PROCEDURE)和函数(FUNCTION)。过程的调用可通过其界面获得多个返回值,而函数只能返回一个值。在函数入口中,所有参数都是输入参数,而过程有输入参数、输出参数和双向参数。过程一般被看做一种语句结构,而函数通常是表达式的一部分。过程可以单独存在,而函数通常作为语句的一部分调用。

VHDL 子程序有一个非常有用的特性,就是具有可重载性的特点,即允许有许多重名的子程序,但这些子程序的参数类型及返回值数据类型是不同的。

在实用中必须注意,综合后的子程序将映射于目标芯片中的一个相应的电路模块,且每一次调用都将在硬件结构中产生具有相同结构的不同的模块,这一点与在普通的软件中调用子程序有很大的不同。因此,在面向 VHDL 的实用中,要密切关注和严格控制子程序的调用次数,每调用一次子程序都意味着增加了一个硬件电路模块。

3.6.1　函数(FUNCTION)

在 VHDL 中有多种函数形式,如在库中现成的具有专用功能的预定义函数和用于不同目的的用户自定义函数。函数的语言表达格式如下:

```
FUNCTION 函数名(参数表)  RETURN 数据类型;      --函数首
```

```
FUNCTION 函数名(参数表)  RETURN 数据类型 IS      --函数体开始
[说明部分];
BEGIN
顺序语句;
END FUNCTION 函数名;     --函数体结束
```

一般地，函数定义由两部分组成，即函数首和函数体。

1. 函数首

函数首是由函数名、参数表和返回值的数据类型三部分组成的。函数首的名称即为函数的名称，需放在关键词 FUNCTION 之后，它可以是普通的标识符，也可以是运算符(这时必须加上双引号)。函数的参数表是用来定义输入值的，它可以是信号或常数，参数名需放在关键词 CONSTANT 或 SIGNAL 之后，若没有特别说明，则参数被默认为常数。如果要将一个已编制好的函数并入程序包，函数首必须放在程序包的说明部分，而函数体需放在程序包的包体内。如果只是在一个结构体中定义并调用函数，则仅需函数体即可。由此可见，函数首的作用只是作为程序包的有关此函数的一个接口界面。

【例 3.6.1】

```
FUNCTION   FOUC1(A,B,C:REAL)RETURN REAL;
FUNCTION   "*"(A,B:INTEGER)RETURN INTEGER; --注意函数名*要用引号括住
FUNCTION   AS2(SIGNAL IN1,IN2:REAL)RETURN REAL;     --注意信号参量的写法
```

以上是三个不同的函数首，它们都放在某一程序包的说明部分。

2. 函数体

函数体包括对数据类型、常数、变量等的局部说明，以及用于完成规定算法或转换的顺序语句，并以关键词 END FUNCTION 以及函数名结尾。一旦函数被调用，就将执行这部分语句。

【例 3.6.2】

```
ENTITY FUNC IS
PORT(A:IN BIT_VECTOR(0 TO 2);
     M:OUT BUT_VECTOR(0 TO 2));
END ENTITY FUNC;
ARCHITECTURE ART OF FUNC IS
    FUNCTION SAM(X,Y,Z:BIT)RETURN BIT IS
      --定义函数 SAM,该函数无函数首
    BEGIN
        RETURN(X AND Y)OR Y;
    END FUNCTION SAM;
BEGIN
PROCESS(A)
```

```
BEGIN
M(0)<=SAM(A(0),A(1),A(2));
    --将A的3个位输入元素A(0)、A(1)和A(2)分别对应SAM函数的输入
M(1)<=SAM(A(2),A(0),A(1));
--任何1位有变化时,将启动对函数SAM的调用
M(2)<=SAM(A(1),A(2),A(0));
--并将函数的返回值赋给M输出
    END PROCESS;
END ARCHITECTURE ART;
```

3.6.2 重载函数

VHDL允许以相同的函数名定义函数,即重载函数(OVERLOADED FUNCTION)。但这时要求函数中定义的操作数具有不同的数据类型,以便调用时用于分辨不同功能的同名函数。在具有不同数据类型操作数构成的同名函数中,以运算符重载式函数最为常用。这种函数为不同数据类型间的运算带来极大的方便,例3.6.3中以加号"+"为函数名的函数即为运算符重载函数。VHDL中预定义的操作符如"+"、"AND"、"MOD"、">"等运算符均可以被重载,以赋予新的数据类型操作功能,也就是说,通过重新定义运算符的方式,允许被重载的运算符能够对新的数据类型进行操作,或者允许不同的数据类型之间用此运算符进行运算。

例3.6.3给出了Synopsys公司的程序包STD_LOGIC_UNSIGNED中的部分函数结构。示例没有把全部内容列出。在程序包STD_LOGIC_UNSIGNED的说明部分只列出了4个函数的函数首。在程序包体部分只列出了对应的部分内容,程序包体部分的UNSIGNED()函数是从IEEE.STD_LOGIC_ARITH库中调用的,在程序包体中的最大整型数检出函数MAXIUM只有函数体,没有函数首,这是因为它只在程序包体内调用。

【例3.6.3】

```
LIBRARY IEEE;      --程序包首
USE IEEE.STD_LOGIC_1164.ALL;
USE IEEE STD_LOGIC_ARITH.ALL;
PACKAGE STD_LOGIC_UNSIGNED IS
FUNCTION"+"(L:STD_LOGIC_VECTOR;R:INTEGER)
                RETURN STD_LOGIC_VECTOR;
FUNCTION"+"(L:INTEGER; R:STD_LOGIC_VECTOR)
                RETURN STD_LOGIC_VECTOR;
FUNCTION"+"(L:STD_LOGIC_VECTOR;R:STD_LOGIC)
        RETURN STD_LOGIC_VECTOR;
FUNCTION SHR(ARG:STD_LOGIC_VECTOR;
        COUNT:STD_LOGIC_VECTOR)RETURN STD_LOGIC_VECTOR;
    ⋮
```

```
END STD_LOGIC_UNSIGNED;

L IBRARY IEEE;      --程序包体
USE IEEE.STD_LOGIC_1164.ALL;
USE IEEE.STD_LOGIC_ARITH.ALL;
PACKAGE BODY STD_LOGIC_UNSIGNED IS
FUNCTION MAXIMUM(L,R:INTEGER)RETURN INTEGER IS
BEGIN
        IF L>R THEN
            RETURN  L;
ELSE
                RETURN  R;
        END IF;
END;
FUNCTION"+"(L:STD_LOGIC_VECTOR;R:INTEGER)
RETURN  STD_LOGIC_VECTOR IS
VARIABLE RESULT:STD_LOGIC_VECTOR(L'RANGE);
BEGIN
    RESULT:=UNSIGNED(L)+R;
    RETURN  STD_LOGIC_VECTOR(RESULT);
END;
⋮
END STD_LOGIC_UNSIGNED;
```

通过此例,不但可以从中看到,在程序包中完整的函数置位形式,而且还可看到,在函数首的三个函数名都是同名的,即都以加法运算符"+"作为函数名。以这种方式定义函数(即对运算符重新定义)称为运算符重载,对运算符重载的函数称重载函数。

实际应用中,如果已用"USE"语句打开了程序包 STD_LOGIC_UNSIGNED,这时,设计实体中有一个 STD_LOGIC_VECTOR 位矢量和一个整数相加,那么程序就会自动调用第一个函数,并返回位矢类型的值。若是一个位矢量与 STD_LOGIC 数据类型的数相加,则调用第三个函数,并以位矢类型的值返回。

【例 3.6.4】 重载函数使用实例。4 位二进制加法计数器控制程序如下。

```
LIBRARY IEEE;
USE IEEE.STD_LOGIC_1164.ALL;
USE IEEE.STD_LOGIC_UNSIGNED.ALL;      --注意此程序包的功能!
ENTITY CNT4  IS
PORT( CLK:IN  STD_LOGIC;
                    Q:BUFFER STD_LOGIC_VECTOR(3 DOWNTO 0));
```

```
END CNT4;
ARCHITECTURE ONE OF CNT4 IS
    BEGIN
    PROCESS(CLK
BEGIN
        IF CLK'EVENT AND CLK='1'THEN
            IF Q=15 THEN   --Q两边的数据类型不一致,程序自动调用了重载函数
                    Q<="0000";
            ELSE
                    Q<=Q+1;      --这里,程序自动调用了加号"+"的重载函数
    END IF;
        END IF;
    END PROCESS;
END ARCHITECTURE ONE;
```

3.6.3 过程

过程(PROCEDURE)的语句格式如下:

```
PROCEDURE 过程名(参数表);      --过程首
PROCEDURE 过程名(参数表)IS      --过程体开始
[说明部分];
BEGIN
顺序语句;
END PROCEDURE 过程名;      --过程体结束
```

过程由过程首和过程体两部分组成,过程首不是必需的,过程体可以独立存在和使用。

1. 过程首

过程首由过程名和参数表组成。参数表用于对常数、变量和信号三类数据对象目标作出说明,并用关键词IN、OUT和INOUT定义这些参数的工作模式,即信息的流向。下面是三个过程首的定义示例。

【例3.6.5】

```
PROCEDURE PRO1(VARIABLE A,B:INOUT REAL);
PROCEDURE PRO2(CONSTANT A1:IN INTEGER;
                VARIABLE  B1:OUT INTEGER);
PROCEDURE PRO3(SIGNAL SIG:INOUT BIT);
```

注意:一般地,可在参量表中定义三种流向模式,即IN、OUT和INOUT。如果只定义了IN模式而未定义目标参量类型,则默认为常量;若只定义了INOUT或OUT,则默认目标参

量类型是变量。

2. 过程体

过程体是由顺序语句组成的，过程的调用即启动了对过程体的顺序语句的执行。过程体中的说明部分只是局部的，其中的各种定义只能适用于过程体内部。过程体的顺序语句部分可以包含任何顺序执行的语句，包括 WAIT 语句。但如果一个过程是在进程中调用的，且这个进程已列出了敏感参量表，则不能在此过程中使用 WAIT 语句。

根据调用环境的不同，过程调用有两种方式，即顺序语句方式和并行语句方式。在一般的顺序语句自然执行过程中，一个过程被执行，则属于顺序语句方式；当某个过程处于并行语句环境时，其过程体中定义的任一 IN 或 INOUT 的目标参量发生改变，都将启动过程的调用，这时的调用是属于并行语句方式的。过程与函数一样可以重复调用或嵌套调用。综合器一般不支持含有 WAIT 语句的过程。下面是两个过程体的使用示例。

【例 3.6.6】

```
        PROCEDURE   PRG1(VARIABLE VALUE:INOUT BIT_VECTOR(0 TO 7))
IS
BEGIN
CASE VALUE IS
WHEN"0000" =>VALUE:"0101";
WHEN"0101" =>VALUE:"0000";
WHEN OTHERS =>VALUE:"1111";
END CASE;
END PROCEDURE PRG1;
```

这个过程对具有双向模式变量的值 VALUE 作了一个数据转换运算。

【例 3.6.7】

```
PROCEDURE   COMP(A,R:IN REAL;
        M:IN INTEGER;
        V1,V2:OUT REAL)IS
VARIABLE CNT:INTEGER;
BEGIN
V1:=1.6*A;      --赋初始值
V2:=1.0;      --赋初始值
Q1:FOR CNT IN 1 TO M LOOP
  V2:=V2*V1;
EXIT Q1 WHEN V2>V1;      --当 V2>V1,跳出循环 LOOP
END LOOP Q1;
ASSERT(V2<V1);
REPORT "OUT OF RANGE"      --输出错误报告
SEVERITY ERROR;
```

```
END PROCEDURE COMP;
```

在以上过程 COMP 的参量表中,定义 A 和 R 为输入模式,数据类型为实数;M 为输入模式,数据类型为整数。这三个参量都没有以显式定义它们的目标参量类型,显然它们的默认类型都是常数。由于 V1、V2 定义为输入模式的实数,因此默认类型是变量。在过程 COMP 的 LOOP 语句中,对 V2 进行循环计算,直到 V2 大于 R,EXIT 语句中断运算,并由 REPORT 语句给出错误报告。

3.6.4 重载过程

两个或两个以上有相同的过程名和互不相同的参数数量及数据类型的过程称为重载过程(OVERLOADED PROCEDURE)。对于重载过程,也要依靠参量类型来辨别究竟调用哪一个过程。

【例 3.6.8】

```
PROCEDURE CAL(V1,V2:IN REAL;
                    SIGNAL OUT1:INOUTINTEGER);
PROCEDURE CAL(V1,V2:IN IN TEGER;
                SIGNAL OUT1:INOUT REAL);
⋮
CAL(20.15,1.42,SIGN1);
--调用第 1 个重载过程 CAL,SIGN1 为 INOUT 式的整数信号
CAL(23,320,SIGN2);
--调用第 2 个重载过程 CAL,SIGN2 为 INOUT 式的实数信号
⋮
```

如前所述,在过程结构中的语句是顺序执行的,调用者在调用过程前应先将初始值传递给过程的输入参数。一旦调用,即启动过程语句,按顺序自上而下执行过程中的语句,执行结束后,将输出值返回到调用者的"OUT"和"INOUT"所定义的变量或信号中。

第4章 Quartus Ⅱ软件平台

4.1 概述

Quartus Ⅱ是Altera公司的综合性PLD/FPGA开发软件，在该集成环境中可以用原理图、VHDL、VerilogHDL以及AHDL(Altera Hardware 支持 Description Language)等多种设计输入形式，内嵌自有的综合器以及仿真器，可以完成从设计输入到硬件配置的完整PLD设计流程。

Quartus Ⅱ可以在Windows XP、Linux以及Unix上使用，除了可以使用Tcl脚本完成设计流程外，还提供了完善的用户图形界面设计方式，具有运行速度快、界面统一、功能集中、易学易用等特点。

Quartus Ⅱ支持Altera的IP核，包含LPM/MegaFunction宏功能模块库，使用户可以充分利用成熟的模块，简化设计的复杂性、加快设计速度。对第三方EDA工具的良好支持也使用户可以在设计流程的各个阶段使用熟悉的第三方EDA工具。

此外，Quartus Ⅱ通过和DSP Builder工具与Matlab/Simulink相结合，可以方便地实现各种DSP应用系统；支持Altera的片上可编程系统(SOPC)开发，集系统级设计、嵌入式软件开发、可编程逻辑设计于一体，是一种综合性的开发平台。

4.2 Quartus Ⅱ软件开发基本流程

4.2.1 工程建立

在这一节中，首先用最简单的实例向读者展示使用Quartus Ⅱ软件的全过程。进入计算机桌面后，双击Quartus Ⅱ图标，界面如图4.1所示。

图4.1所示界面主要包含了项目导航栏、编辑输入窗口、状态栏和消息窗口。

(1)项目导航栏包括3个可以切换的选项卡：Hierarchy选项卡用于层次显示，提供逻辑单元、寄存器、存储器使用等信息；File和Design Units选项卡提供工程文件和设计单元的列表。

(2)编辑输入窗口是设计输入的主窗口，无论是原理图还是HDL编译、仿真的报告都在这里显示。

(3)状态栏用于显示各系统运行阶段的进度，如编译、综合、适配和仿真的进度。

(4)消息窗口用于实时提供系统信息、警告及相关错误信息等。

下面主要演示建立工作文件夹的步骤。

在开始一个具体的设计项目之前，首先建立一个工作文件夹，以便存储工程项目文件，此文件夹被Quartus Ⅱ软件默认为工作库。一般而言，不同的设计项目最好放在不同的文件夹中，而同一个工程的所有文件都必须放在同一个文件夹中。

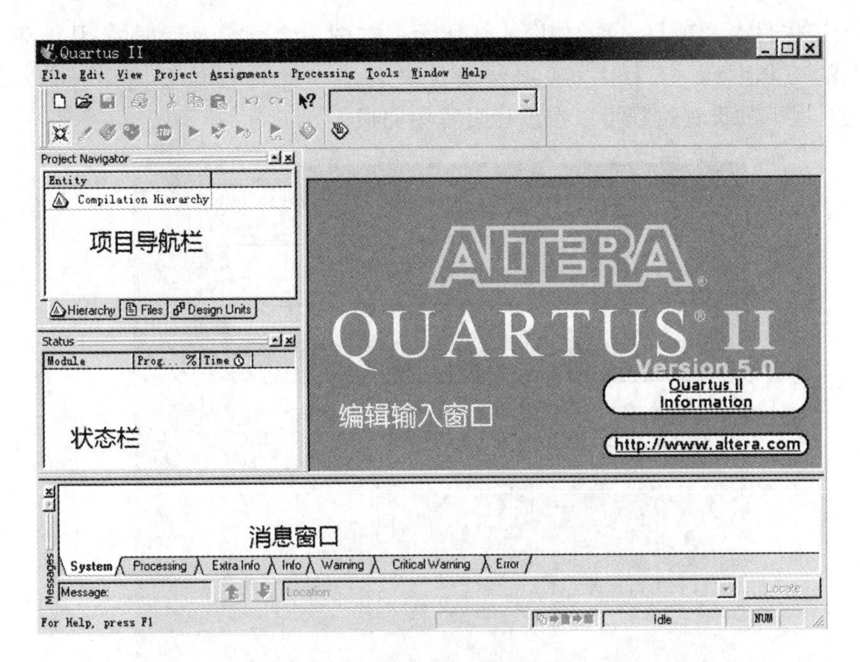

图 4.1　Quartus Ⅱ管理器

使用 New Project Wizard,可以为工程指定工作目录、分配工程名称以及指定最高层设计实体的名称。还可以指定要在工程中使用的设计文件、其他源文件、用户库和 EDA 工具,以及目标器件系列和器件,也可以让 Quartus Ⅱ软件自动选择器件。

建立工程的步骤如下。

(1)选择 File 菜单下的 New Project Wizard 命令,如图 4.2 所示。

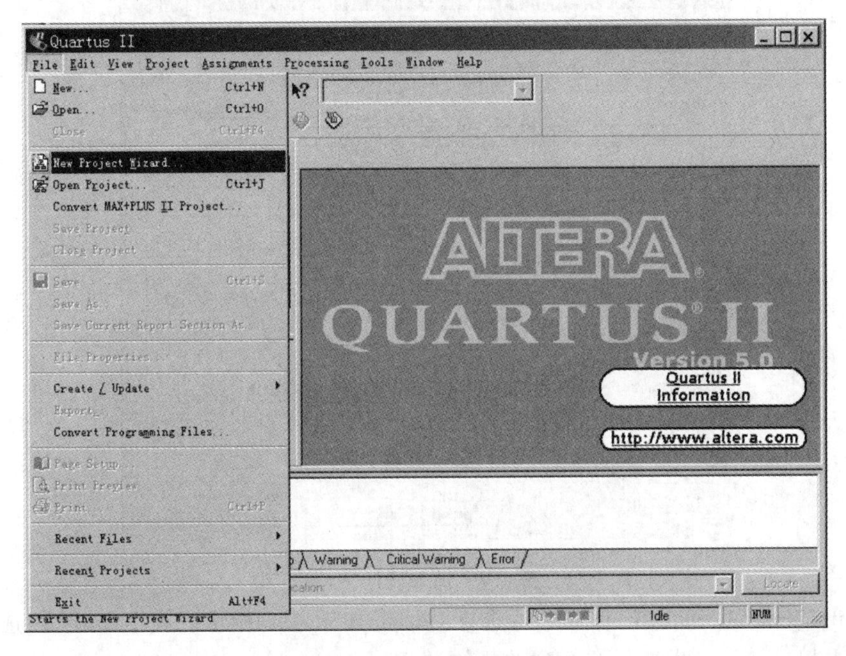

图 4.2　建立项目的界面

(2)输入工作目录和项目名称,如图 4.3 所示。在图 4.3 所示对话框中,从上到下可以依次设定工程的工作目录、工程名称、顶层设计文件名。此过程设置完后,可以直接单击"Finish"按钮,以下的设置过程可以在设计过程中完成。

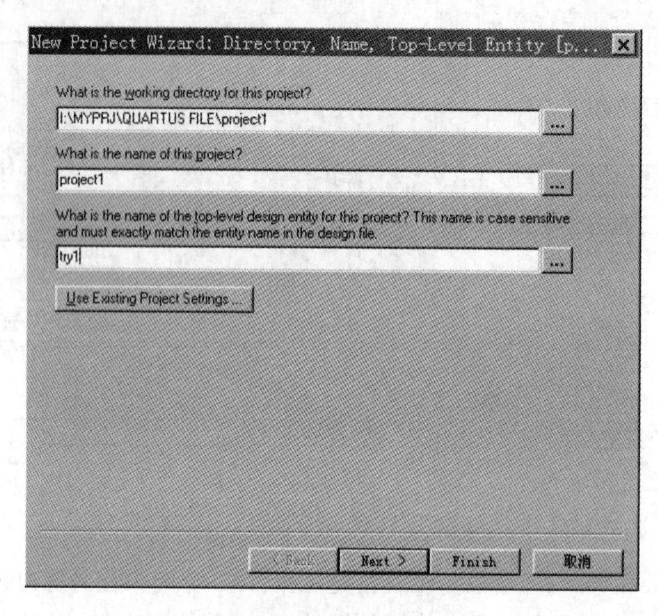

图 4.3　项目目录和名称

(3)单击图 4.3 下方的"Next"按钮,弹出添加文件对话框如图 4.4 所示,加入已有的设计文件到项目,也可以直接单击"Next"按钮,设计文件可以在设计过程中加入。

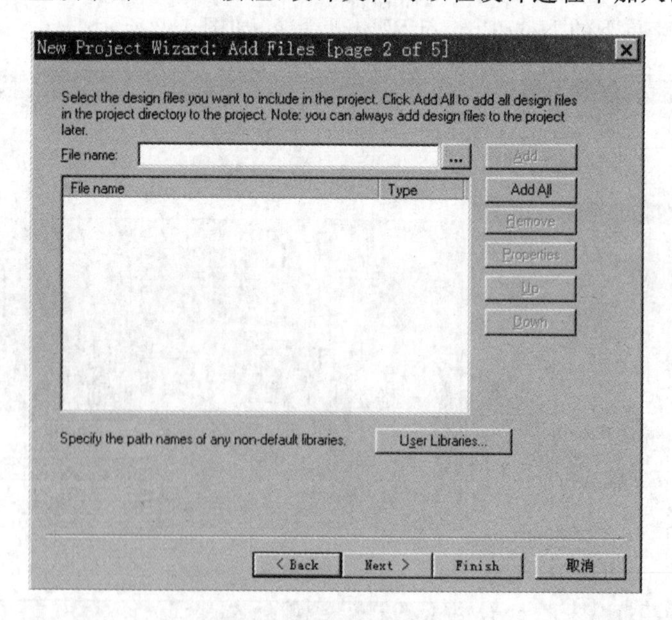

图 4.4　加入设计文件

(4)单击"Next"按钮,弹出目标芯片选择对话框如图 4.5 所示。在 Family 栏选择芯片系列,在 Available devices 栏选择此系列的具体芯片。

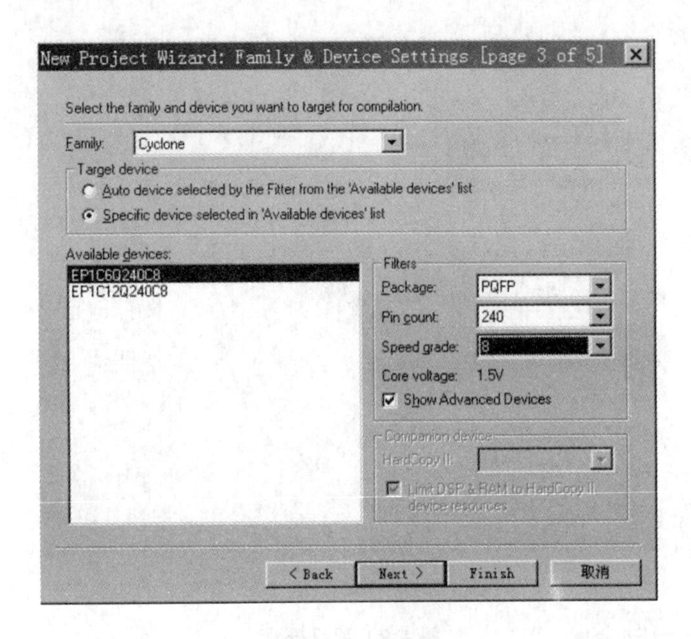

图 4.5　选择器件

(5)单击“Next”,弹出 EDA 工具设定窗口如图 4.6 所示。在这里可以选择除了 Quartus Ⅱ 自含的所有设计工具以外的外加 EDA 工具。默认是使用 Quartus Ⅱ 仿真器和综合器(不做任何打勾选择)。

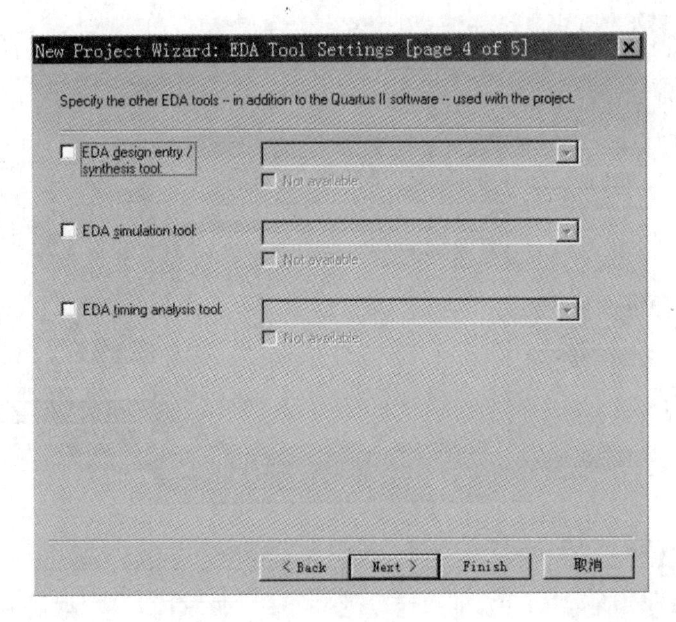

图 4.6　选择 EDA 工具

(6)完成建立项目的操作后,显示项目概要,如图 4.7 所示。

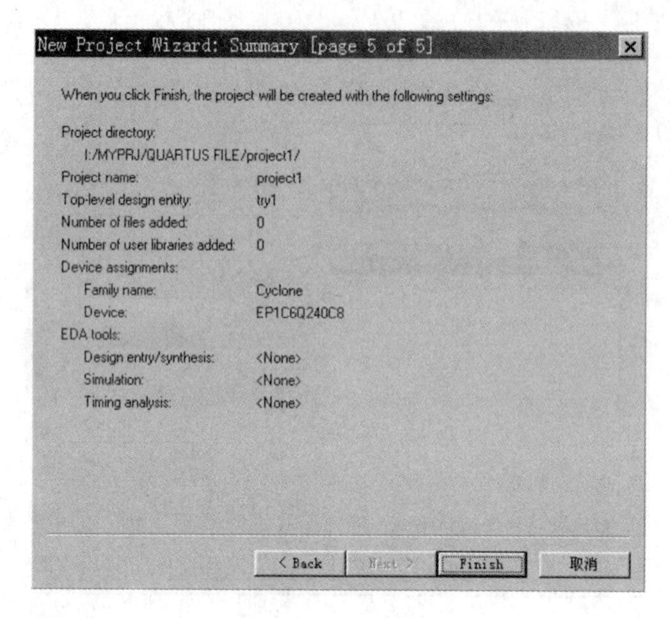

图 4.7　项目概要

4.2.2　原理图的输入

原理图输入的操作步骤如下：

(1)选择“File”菜单下“New”命令，弹出新建图表/原理图文件界面，如图 4.8 所示。

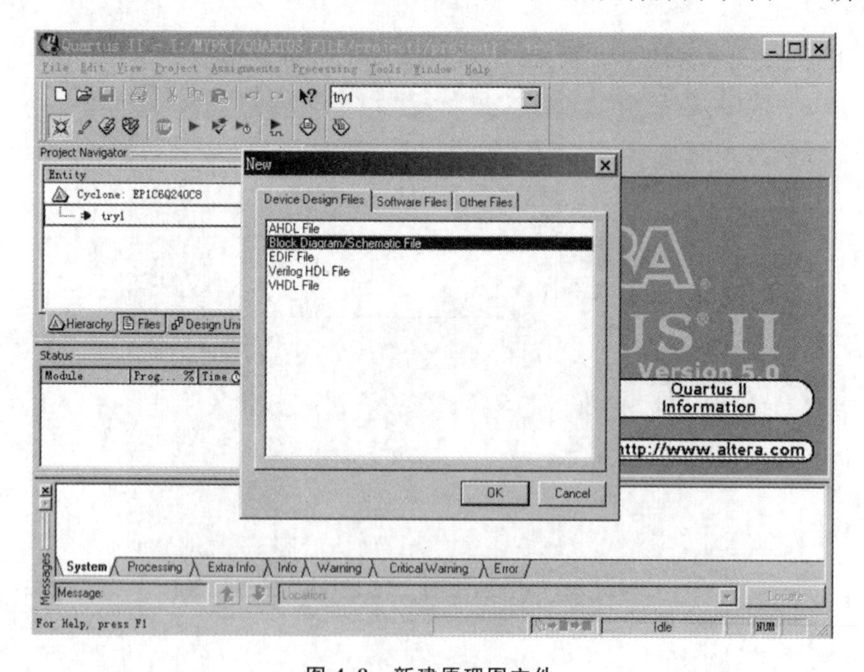

图 4.8　新建原理图文件

(2)在图 4.9 所示的空白处双击后出现的界面如图 4.10 所示。

(3)在图 4.10 所示的 Symbol 输入编辑框中键入 dff 后，单击“OK”按钮。此时可看到光标上粘着被选的符号,将其移到合适的位置(参考图 4.11)单击,使其固定。

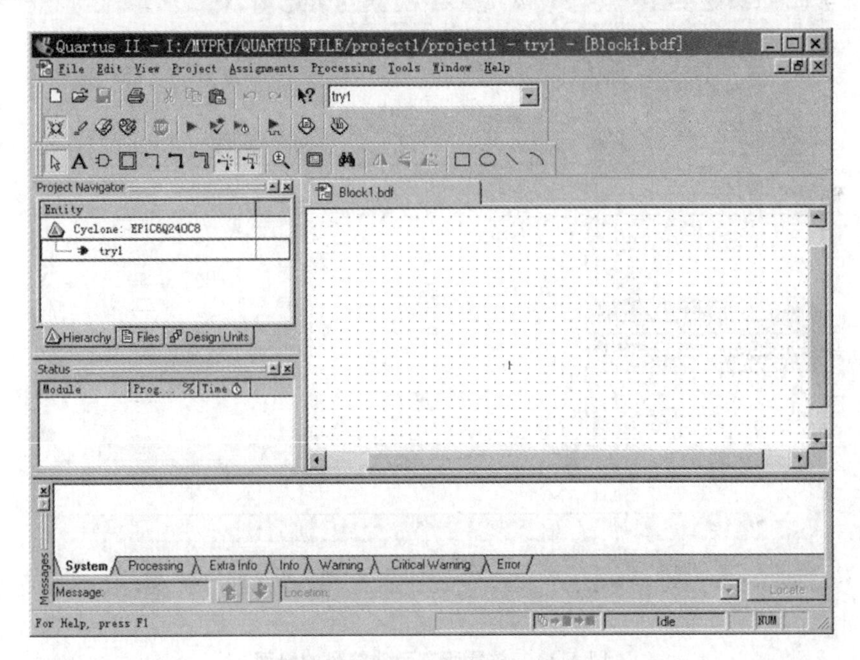

图 4.9　空白的图形编辑器

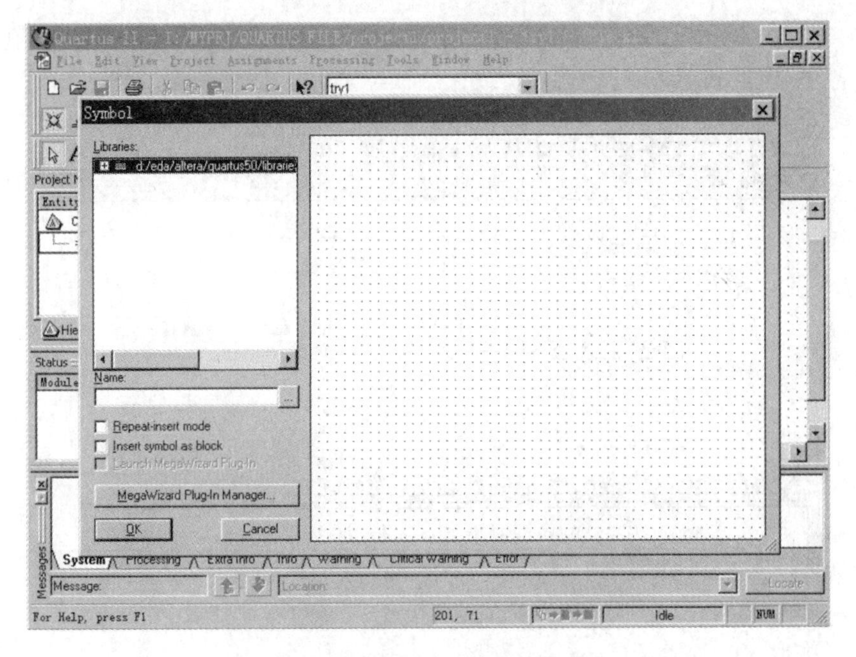

图 4.10　选择元件符号的界面

(4)重复(2)、(3)步骤,给图中放一个 input、not、output 符号,如图 4.11 所示;在图 4.11 所示中,将光标移到右侧 input 右侧待连线处,单击后,再移动光标到 D 触发器的左侧,单击,即可看到在 input 和 D 触发器之间有一条线生成。

(5)重复步骤(4),将 DFF 和 output 连起来,完成所有的连线后的电路如图 4.12 所示。

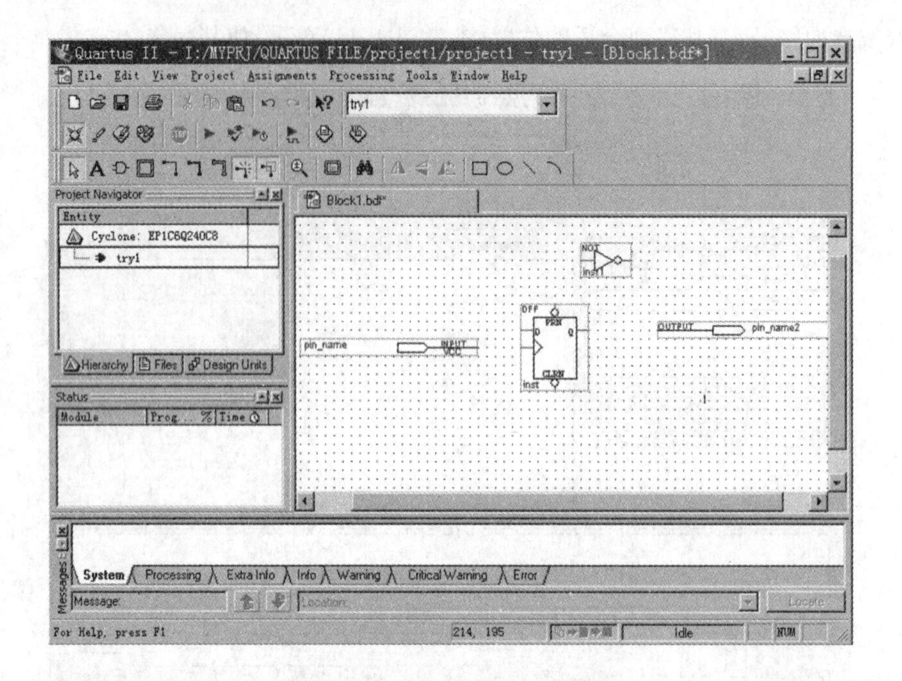

图 4.11　放置所有元件符号的界面

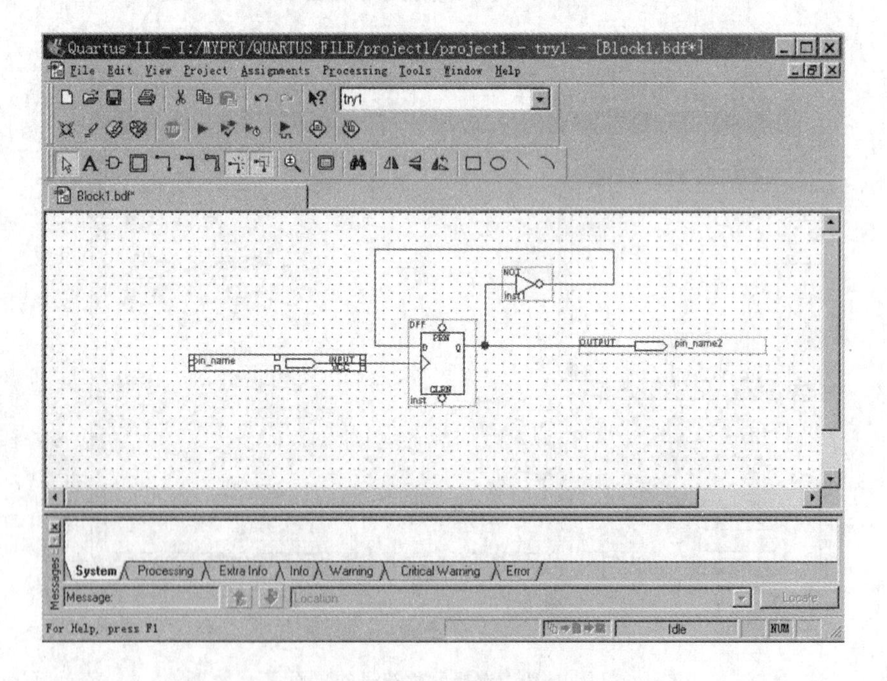

图 4.12　完成连线后的界面

(6)在图 4.12 所示电路中，双击 input_name 使其衬底变黑后，再键入 clk，即命名该输入信号为 clk。用相同的方法将输出信号定义成 Q，如图 4.13 所示。

(7)在图 4.13 所示工具栏中单击“保存”按钮，以默认的 try1 文件名保存，文件扩展名为.bdf。

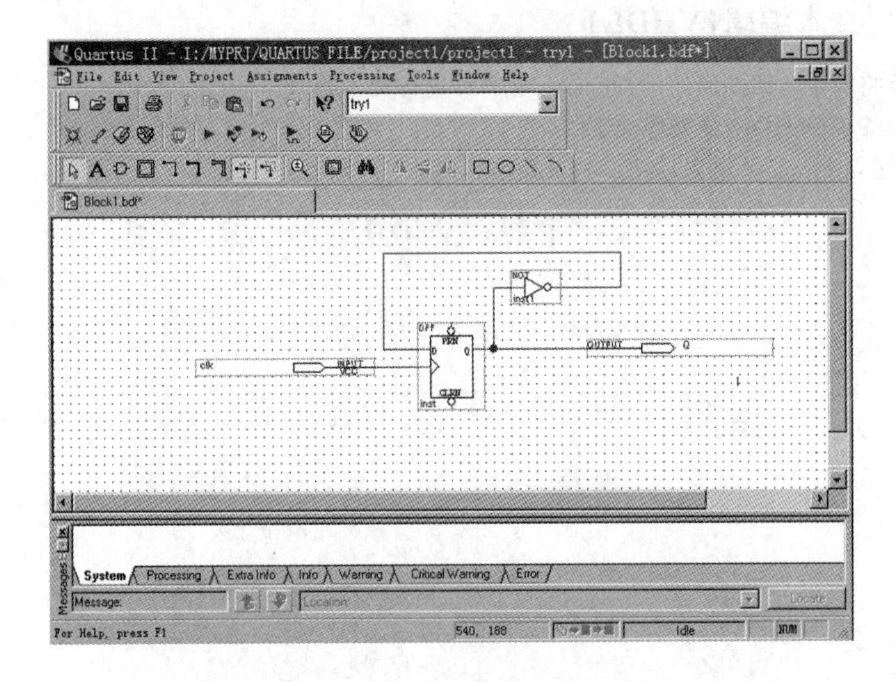

图 4.13　完成全部连接线的界面

(8)在图 4.13 所示工具栏中,单击编译器快捷方式图标 ▶,完成编译后,弹出菜单报告错误和警告数目,并生成编译报告,如图 4.14 所示。

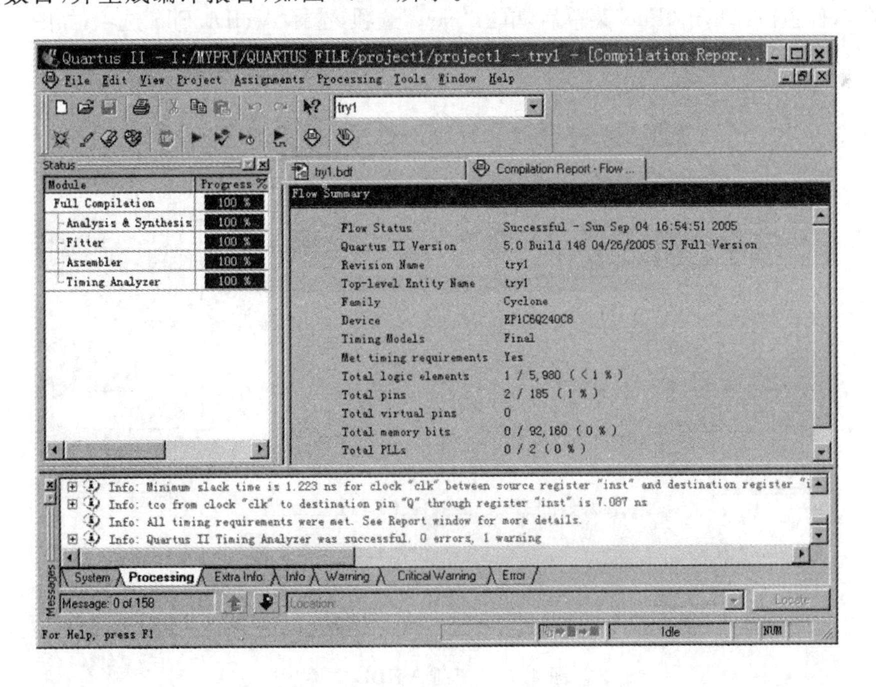

图 4.14　完成编译的界面

4.2.3 文本编辑(VHDL)

本节将简单介绍如何使用 Quartus Ⅱ软件进行文本编辑。

文本编辑(VHDL)的操作如下。

(1)建立 project2 项目,如图 4.15 所示。

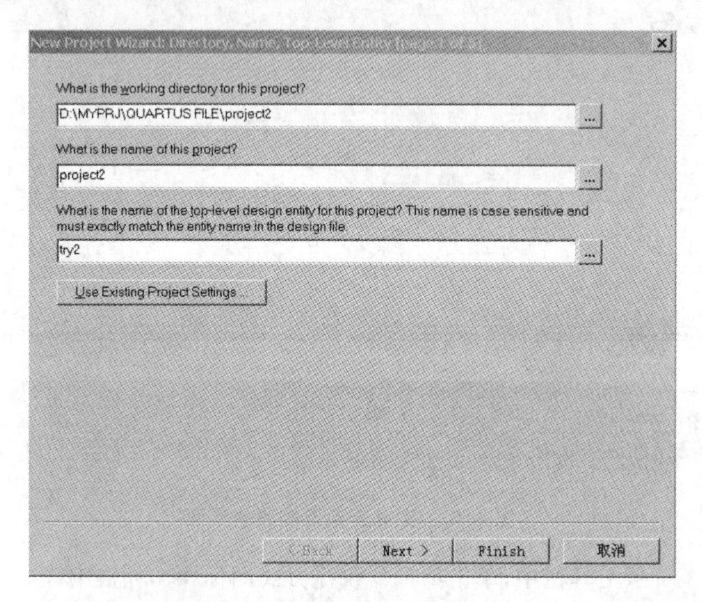

图 4.15 建立项目 project2

(2)在软件主窗口单击“File”菜单后,单击“New”选项,选择“VHDL File”选项,如图 4.16 所示。

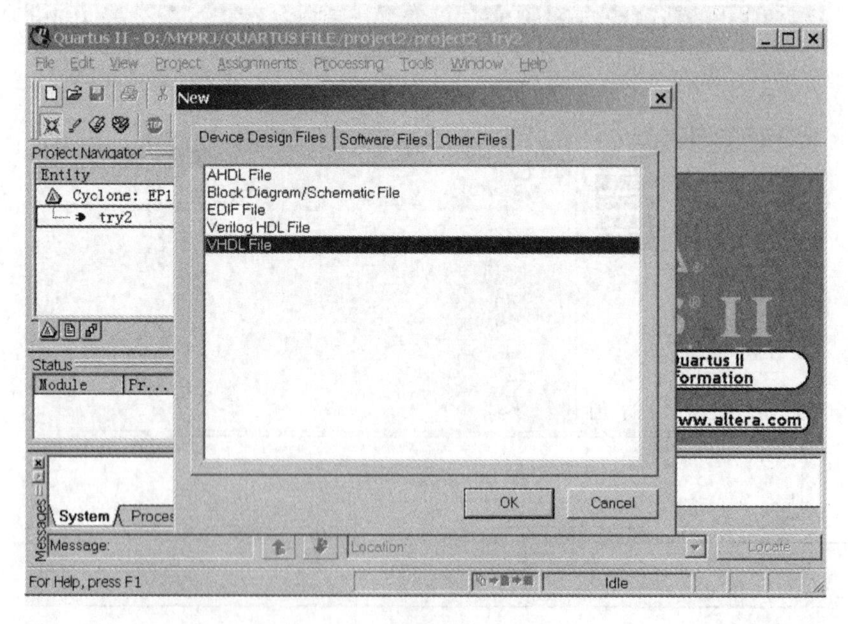

图 4.16 新建 VHDL 文件

(3)单击“OK”按钮,在空白的文本编辑区进行文本编辑。本节列举一个 D 触发器的例子,其完成后的界面如图 4.17 所示。

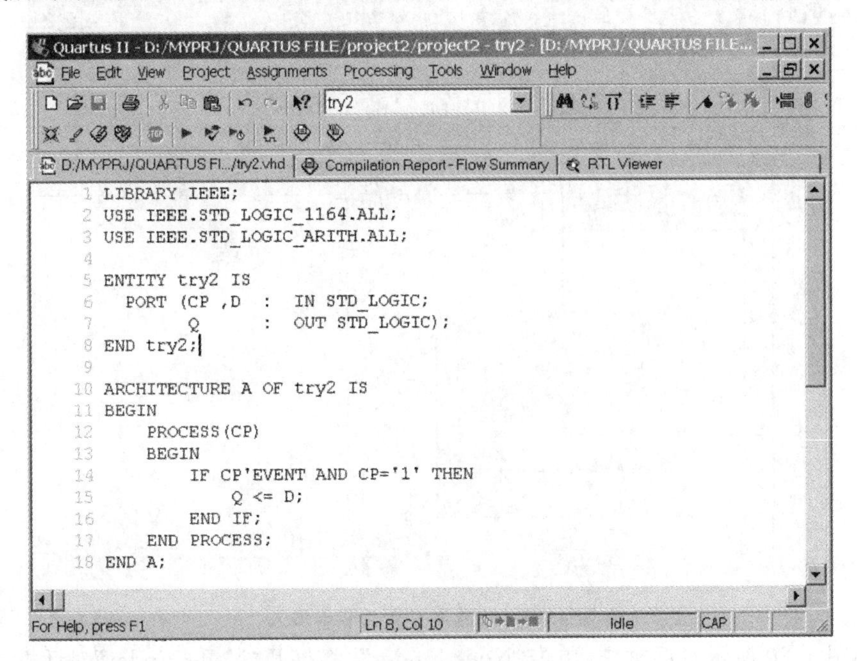

图 4.17　完成编辑后的界面

(4)完成编辑的步骤与完成原理图编辑的步骤相同,请参考 4.2.2 节有关内容。

4.2.4　波形仿真

下面以 4.2.3 节的 project2 为例,介绍使用 Quartus Ⅱ 软件自带的仿真器进行波形仿真的步骤。

(1)打开 project2 项目,新建波形仿真文件,如图 4.18 所示。

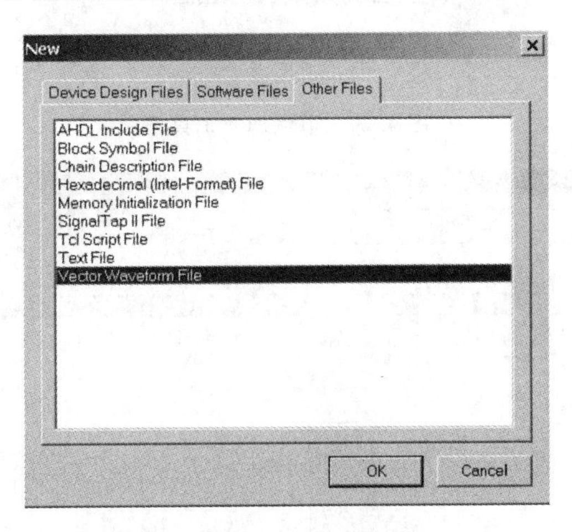

图 4.18　新建矢量波形文件

(2)在建立的波形文件左侧一栏右击,在弹出菜单中选择 Insert Node or Bus 命令,如图 4.19所示。

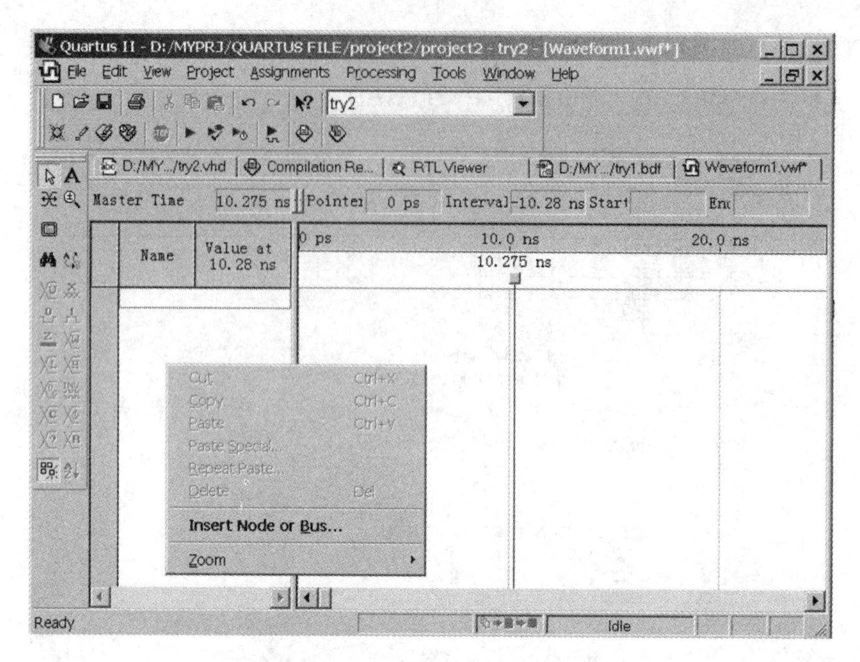

图 4.19　矢量波形文件节点加入

(3)在图 4.20 所示对话框中,单击“Node Finder”,将打开“Node Finder”对话框,本实验对 I/O 的管脚信号进行仿真,所以在 Filter 中选择 Pins:all,单击“List”按钮,如图 4.21 所示。

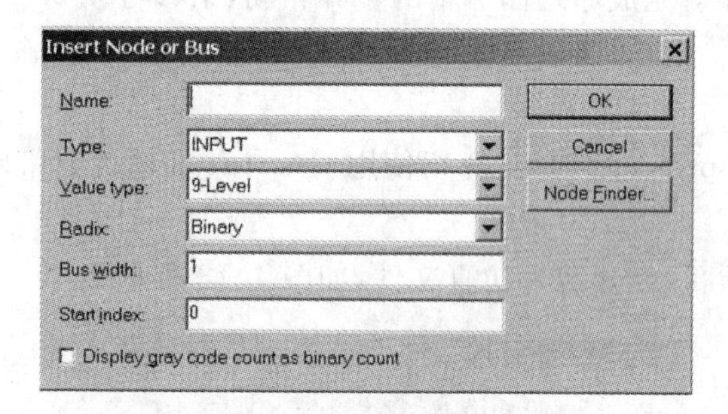

图 4.20　节点加入工具框

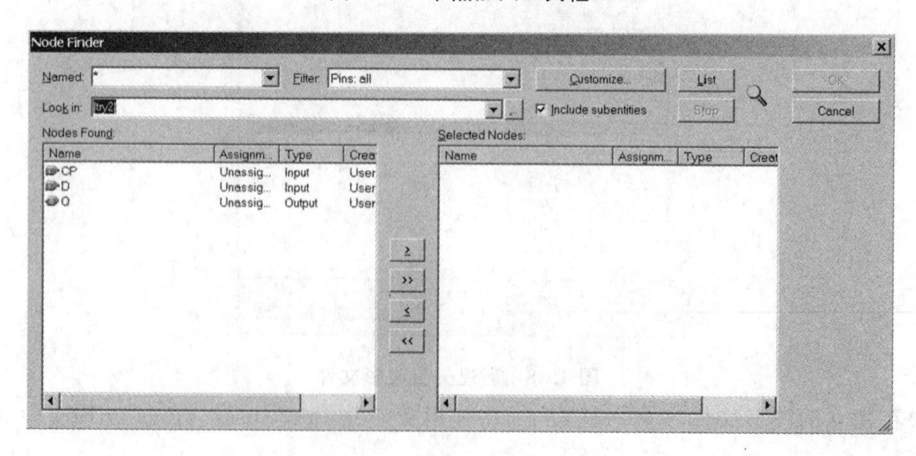

图 4.21　“Node Finder”对话框

(4)在图 4.21 所示左栏中选择需要进行仿真的端口，通过中间的按钮加入右栏中，单击“OK”按钮，端口加入波形文件中，如图 4.22 所示。

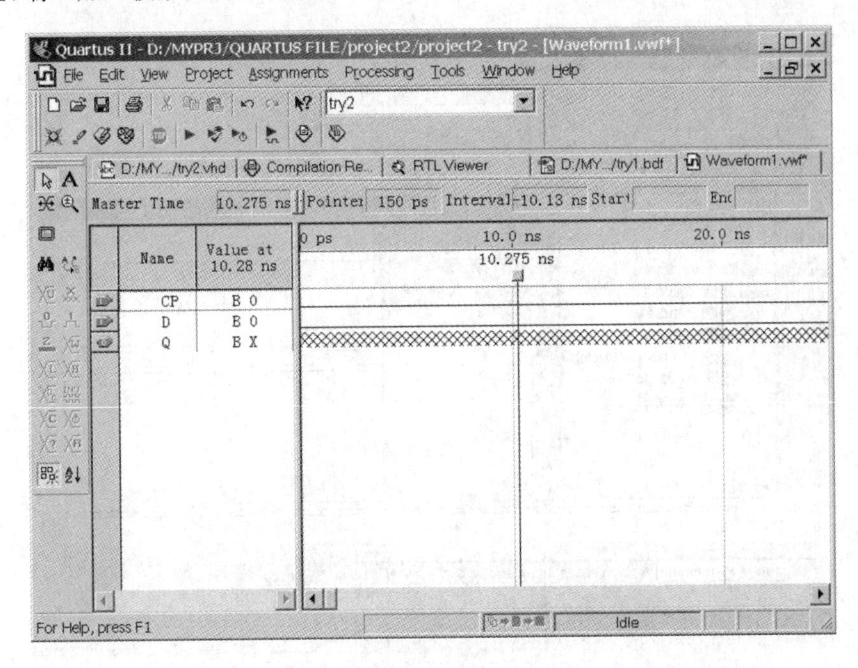

图 4.22　加入仿真节点后的波形图

(5)在图 4.22 所示界面选择一段波形，通过左边的设置工具条，给出需要的值，设置激励波形，保存后如图 4.23 所示。

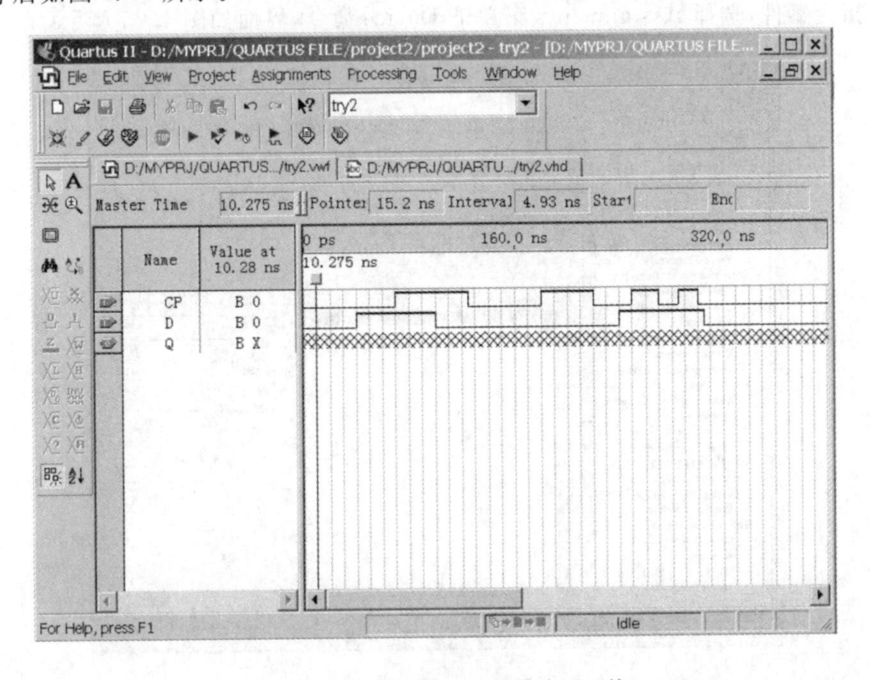

图 4.23　设置好激励波形的波形文件

(6)单击快捷图标 ，开始仿真，完成后得到的波形如图 4.24 所示，根据分析，功能符合设计要求。

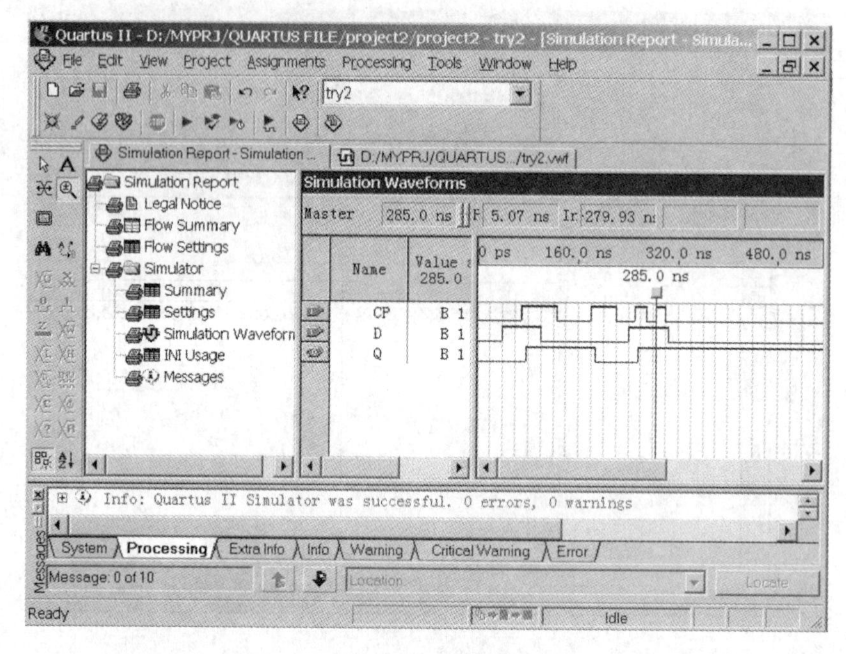

图 4.24　波形仿真结果

4.2.5　编程下载

若需指定器件，选择 Assignments 菜单下 Device 命令，界面如图 4.25 所示。

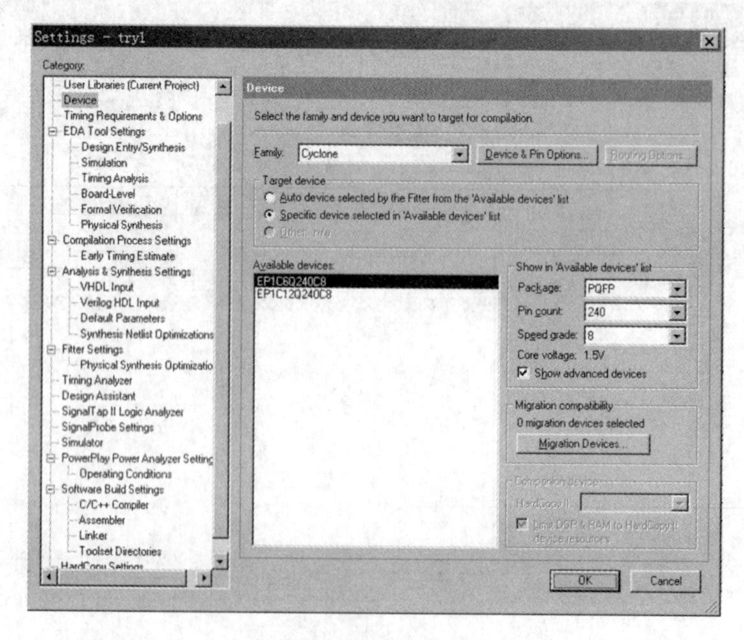

图 4.25　器件设置

(1)完成如图 4.25 所示的选择后，单击“OK”按钮，回到工作环境。

(2)根据硬件接口设计，对芯片管脚进行绑定。选择 Assignments 菜单下 Device 中的 Pin 命令，如图 4.26 所示。

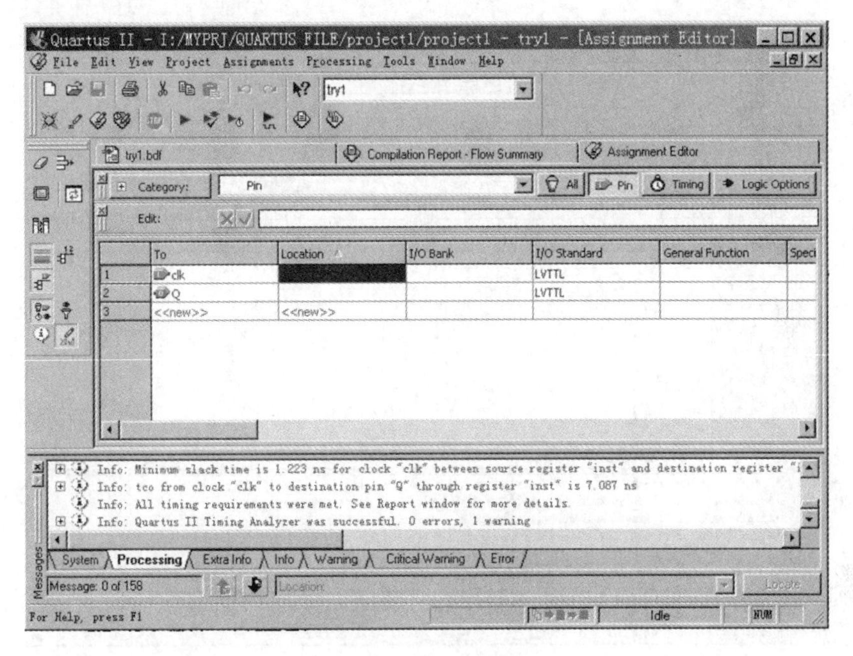

图 4.26 管脚分配界面

(3)双击对应管脚的 Location 空白框，出现下拉菜单，选择要绑定的管脚，如图 4.27 所示。

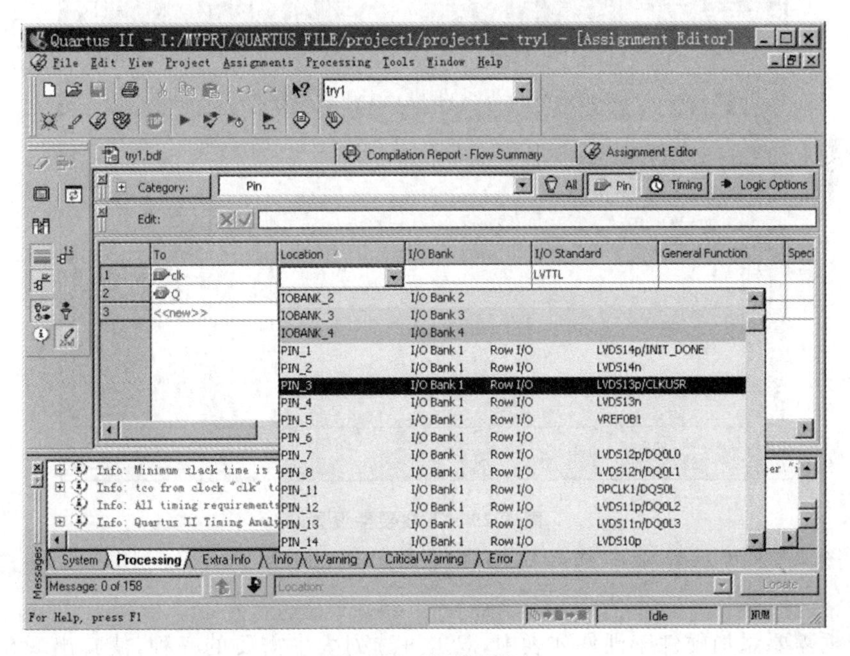

图 4.27 管脚指定

(4)在图 4.27 所示界面中完成所有管脚的分配,然后重新编译项目。

(5)对目标板适配下载(此处认为实验板已安装妥当,有关安装方法见实验板详细说明),单击图标,界面显示如图 4.28 所示。

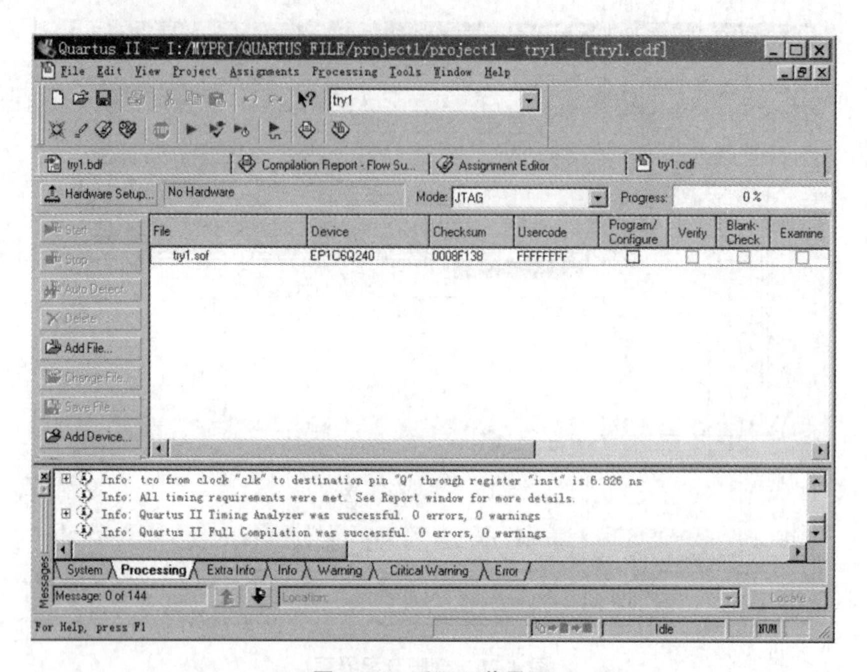

图 4.28 适配下载界面

(6)单击"Hardware Setup",出现如图 4.29 所示界面。

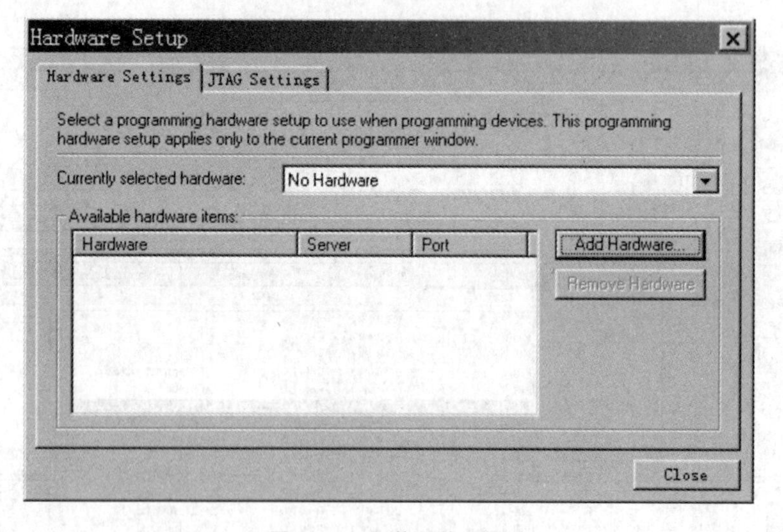

图 4.29 下载硬件设置

(7)在图 4.29 所示界面中选择添加硬件 ByteBlasterMV or ByteBlaster Ⅱ,如图 4.30 所示。

(8)根据需要添加硬件于硬件列表中,双击可选列表中需要的一种,使其出现在当前选择硬件栏中(本实验板采用 ByteBlaster Ⅱ 下载硬件),如图 4.31 所示。

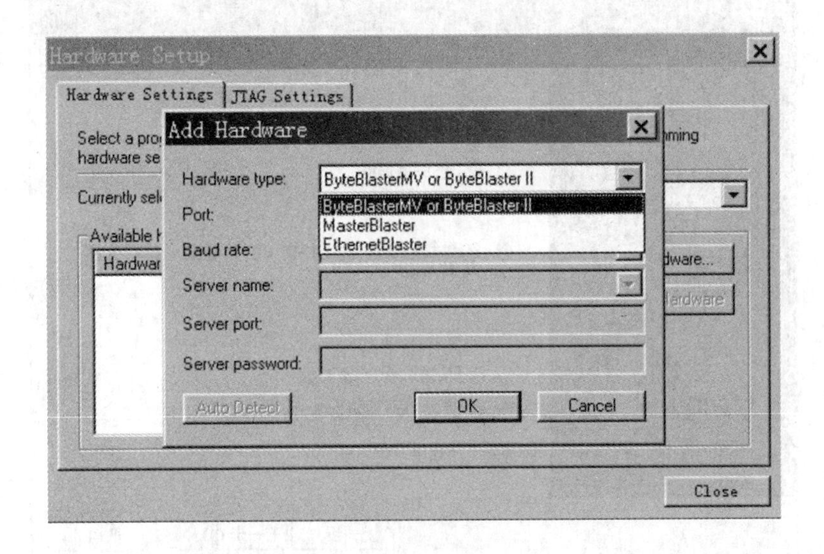

图 4.30　添加下载硬件

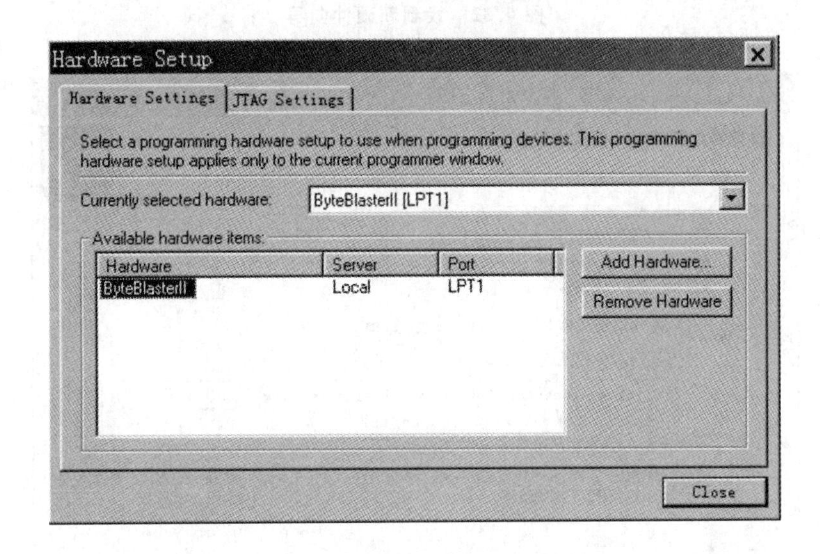

图 4.31　选择当前下载硬件

也可以选用 USB-Blaster 下载电缆安装。使用 USB 下载器时,将 USB 下载器插入计算机 USB 接口,会弹出“找到新的硬件向导”对话框,如图 4.32 所示。选择“从列表或指定位置安装(高级)”,单击“下一步”按钮。

打开搜索和安装选项界面,如图 4.33 所示,单击“浏览”按钮,选择指定安装路径,读者应根据自己软件安装的位置来决定,单击“下一步”按钮,继续安装,直到安装完成。至此,USB 下载电缆已可以使用。

接下来的是添加 USB-Blaster 的过程,这与添加 ByteBlaster Ⅱ 一样。

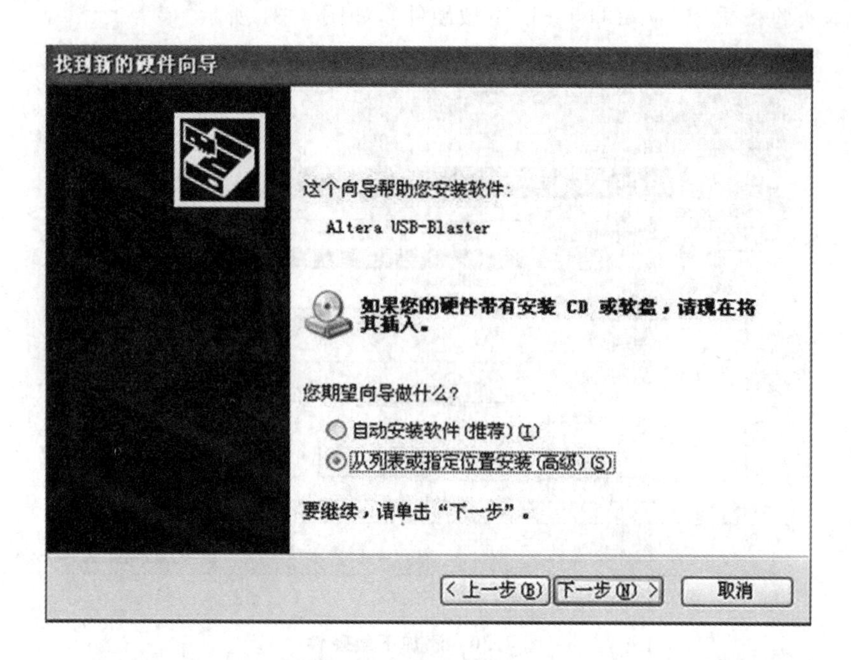

图 4.32　找到新硬件向导

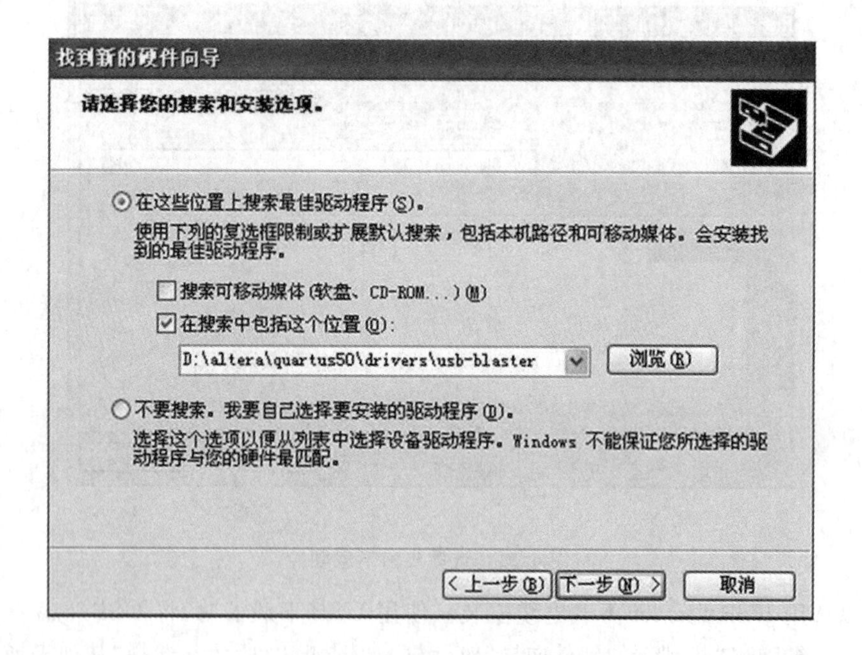

图 4.33　USB 下载安装过程

(1)选择下载模式，本实验板可采用两种配置方式：AS 模式对配置芯片下载，可以掉电保持；而 JTAG 模式对 FPGA 下载，掉电后 FPGA 信息丢失，每次上电都需要重新配置，如图 4.34所示。

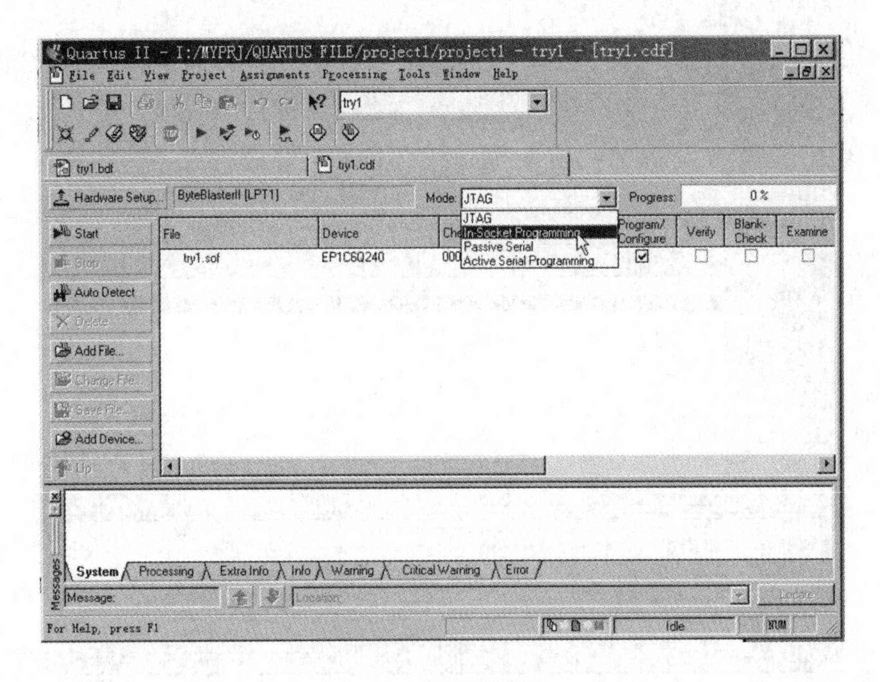

图 4.34　选择下载模式

(2)选择下载文件和器件,JTAG 模式使用扩展名为. sof 的文件,AS 模式使用扩展名为. pof 的文件,选择需要进行的操作,分别如图 4.35 和图 4.36 所示;使用 AS 模式时,选择 Assignments 菜单下 Device 命令,如图 4.37 所示,选择 Device & Pin Options 命令,如图 4.38 所示选择使用的配置芯片,并编译。

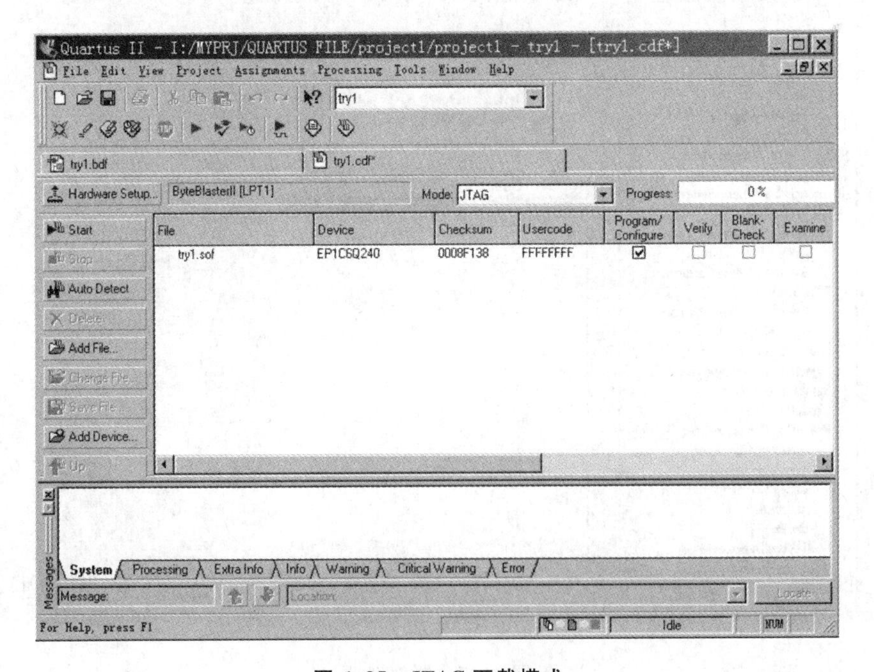

图 4.35　JTAG 下载模式

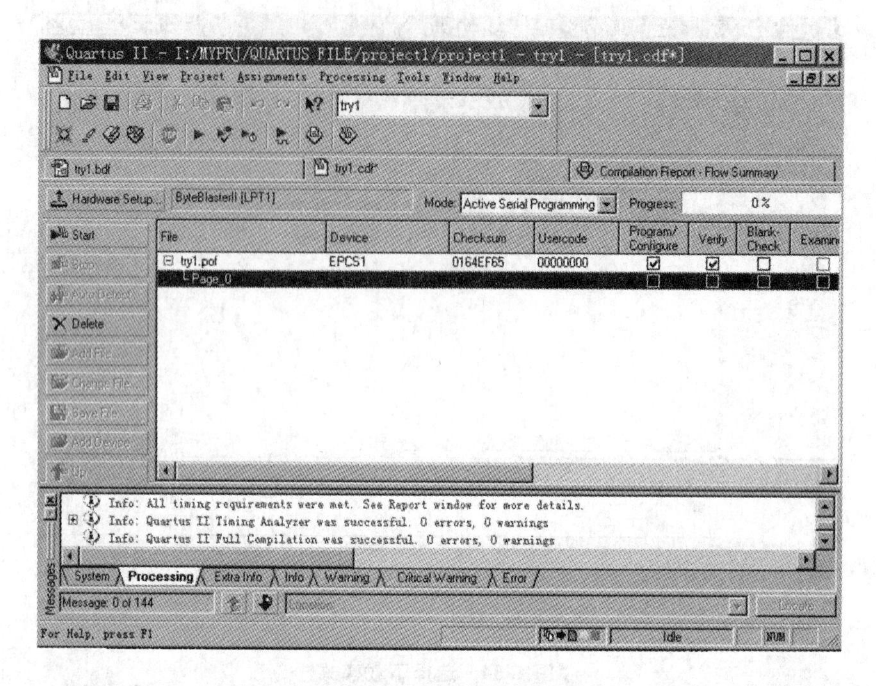

图 4.36　AS 下载模式

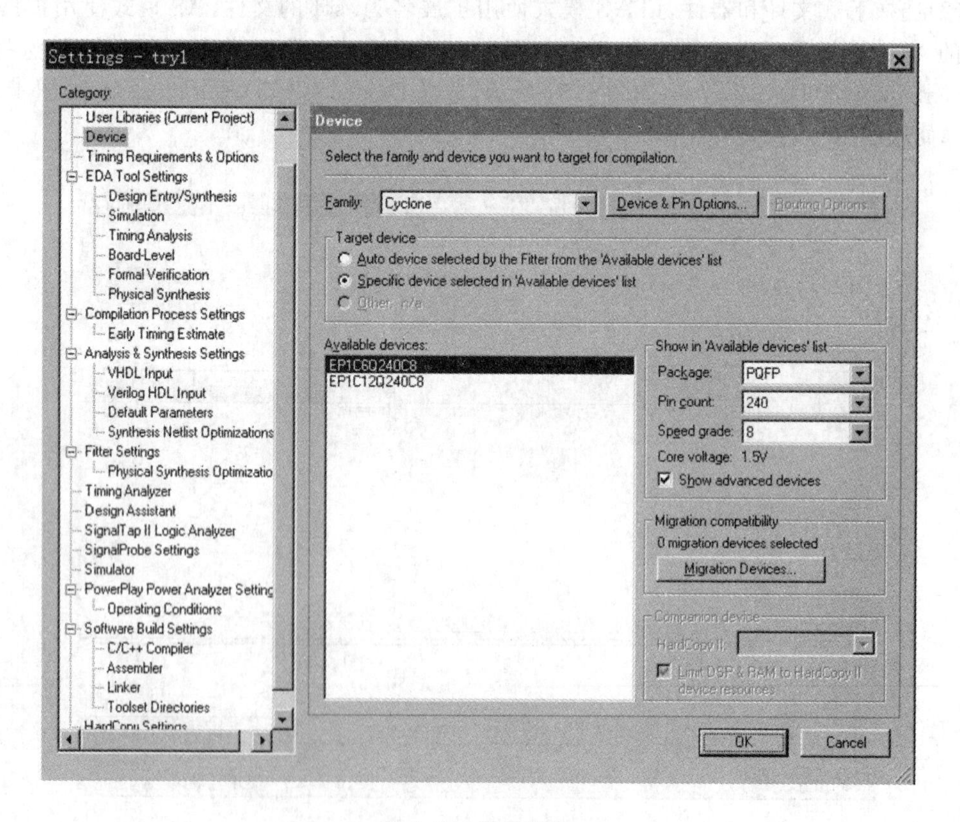

图 4.37　器件选项

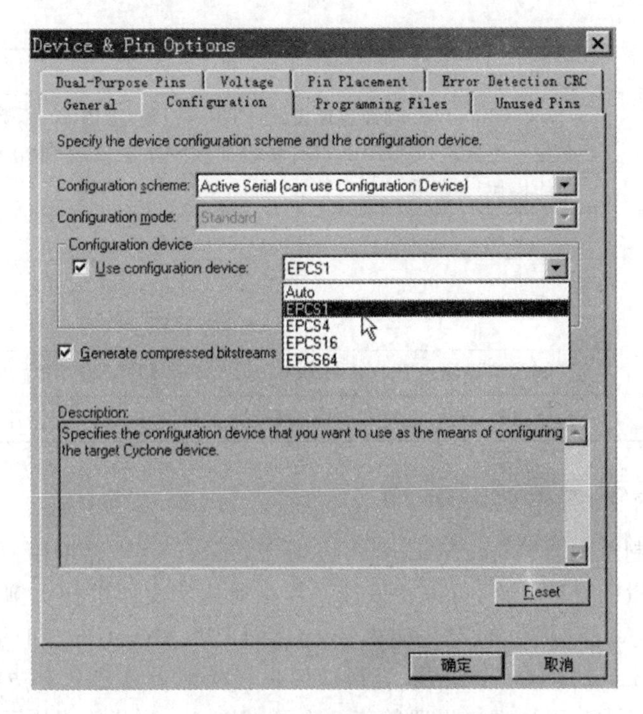

图 4.38　配置芯片选择

(3)单击图 4.36 所示界面中的“Start”按键，开始下载。

4.3　宏功能模块

4.3.1　概述

参数可设置宏功能模块实现法就是设计者可以根据实际电路的设计需要，选择 LPM (library of parameterized modules，参数可设置模块库)中的适当模块，并为其设定适当的参数，以满足自己设计需要的一种实现方法。

Altera LPM 宏功能模块是一些复杂或高级的构建模块，可以在 Quartus Ⅱ 设计文件中与门、触发器等基本单元一起使用，这些模块的功能一般都是通用的，如 Counter、FIFO、RAM/ROM 等。主要包括表 4.1 所示的模块。

表 4.1　宏功能模块和 LPM 函数

类　型	描　述
Arithmetic	算数组件：包括累加器、加法器、乘法器和 LPM 算术函数
Communications	通信组件
DSP	数字信号处理器电路
Gates	门电路：包括多路复用器和 LPM 门函数

续表

类　型	描　述
I/O	I/O组件：包括时钟数据恢复(CDR)、锁相环(PLL)、双数据速率(DDR)、千兆位收发器块(GXB)、LVDS接收器和发送器、PLL重新配置和远程更新宏功能模块
Interface	接口组件
JTAG-accessible Extensions	在系统调试组件
Memory Compiler	存储器编译器：FIFO Partitioner、RAM和ROM宏功能模块
Storage	存储组件：包括存储器、移位寄存器宏模块和LPM存储器函数

4.3.2 宏功能模块定制管理器

宏功能模块定制管理器(Mega Wizard Plug-In Manager)可以帮助用户建立或修改包含自定义宏功能模块变量的设计文件，可以在设计文件中对这些文件进行实例化。这些自定义宏功能模块变量基于Altera提供的宏功能模块，包括LPM、MegaCore和AMPP函数。Mega Wizard Plug-In Manager运行一个向导，可帮助用户轻松地为自定义宏功能模块变量指定选项。该向导用于为参数和可选端口设置数值。也可以从Tools菜单或从原理图设计文件中打开Mega Wizard Plug-In Manager，还可以将它作为独立实用程序来运行。宏功能模块定制管理器可以通过Tools→Mega Wizard Plug-In Manager命令打开，或者在原理图设计文件的“Symbol”对话框中打开，如图4.39所示。

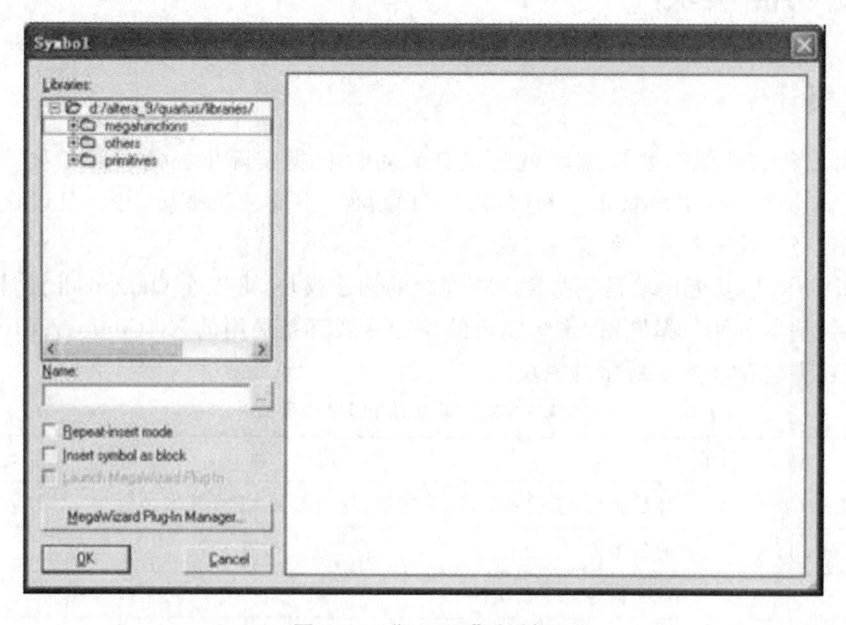

图4.39　“Symbol”对话框

在Mega Wizard Plug-In Manager中运行一个宏功能模块定制向导，用户可以轻松地为自定义宏功能模块变量指定选项。同时，该向导还可以为参数和可选端口设置数值。下面以8

位加法计数器演示宏功能模块的定制管理功能，其操作步骤如下。

(1)建立一个名为 counter 的工程，在工程中新建一个名为 counter. bdf 的原理图文件。

(2)双击原理图编辑窗口，在弹出的元件选择窗口中，单击“Mega Wizard Plug-In Manager”按钮，弹出宏功能模块定制管理器，如图 4.40 所示，选择需要的项目。

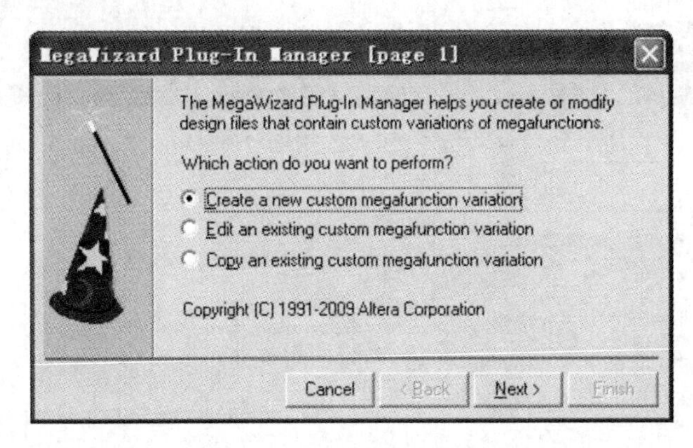

图 4.40　定制新的宏功能模块

(3)单击“Next”按钮，打开如图 4.41 所示的对话框，在左栏选择 Arithemtic 项下的 LPM_COUNTER，再根据实际选择器件和 VHDL 语言方式，最后输入文件存放的路径和文件名。

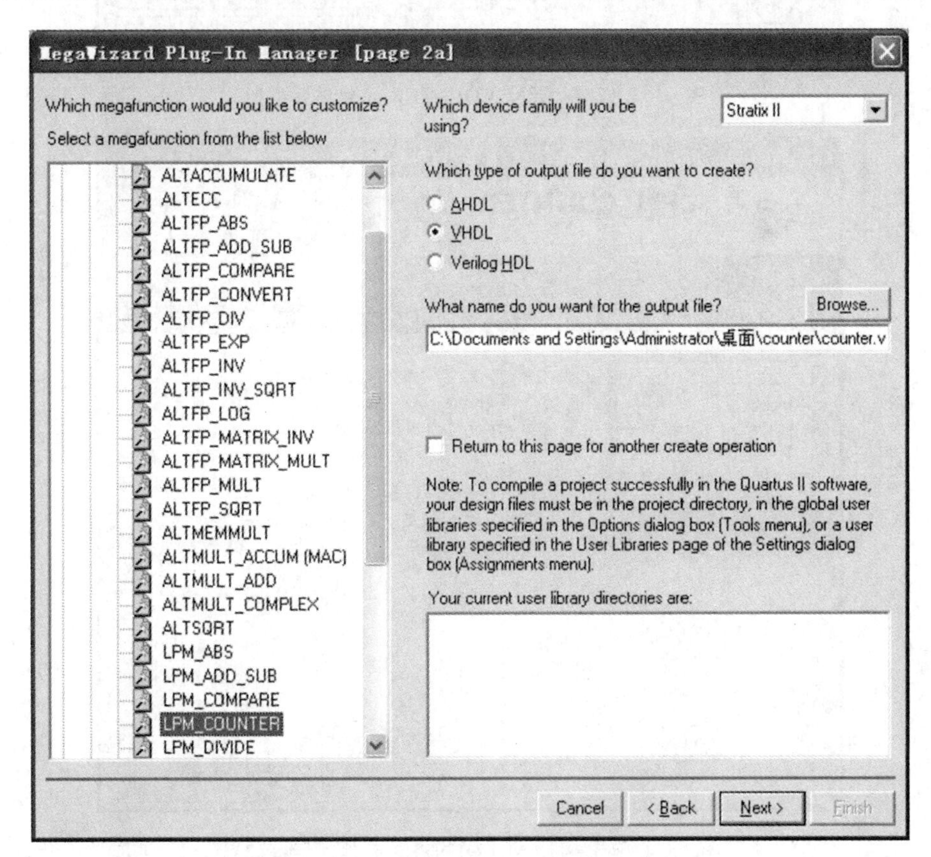

图 4.41　LPM 宏功能块设定

(4)接下来的设置根据英文提示进行,按照图4.42~图4.46所示逐步进行。

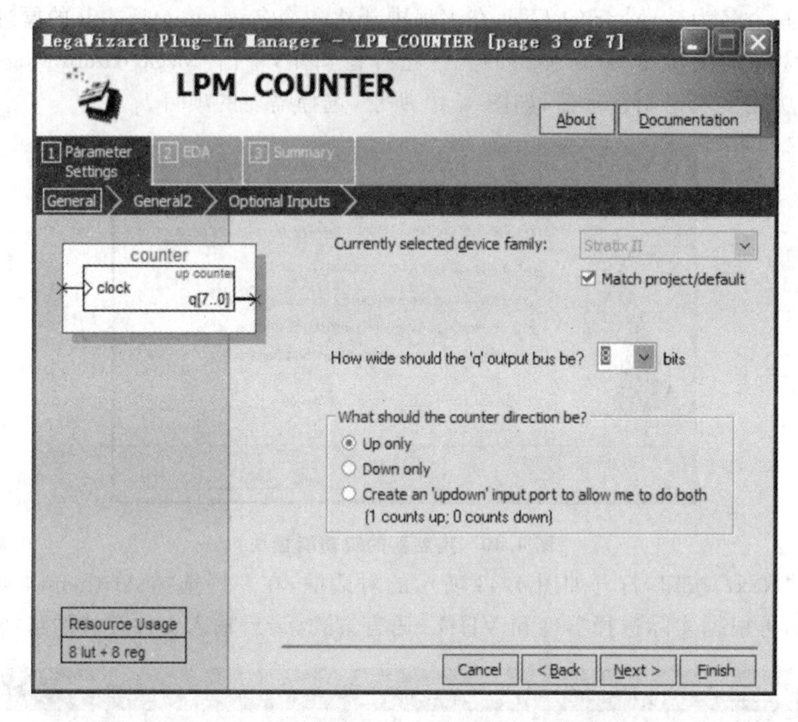

图4.42 定制LPM_COUNTER元件对话框(1)

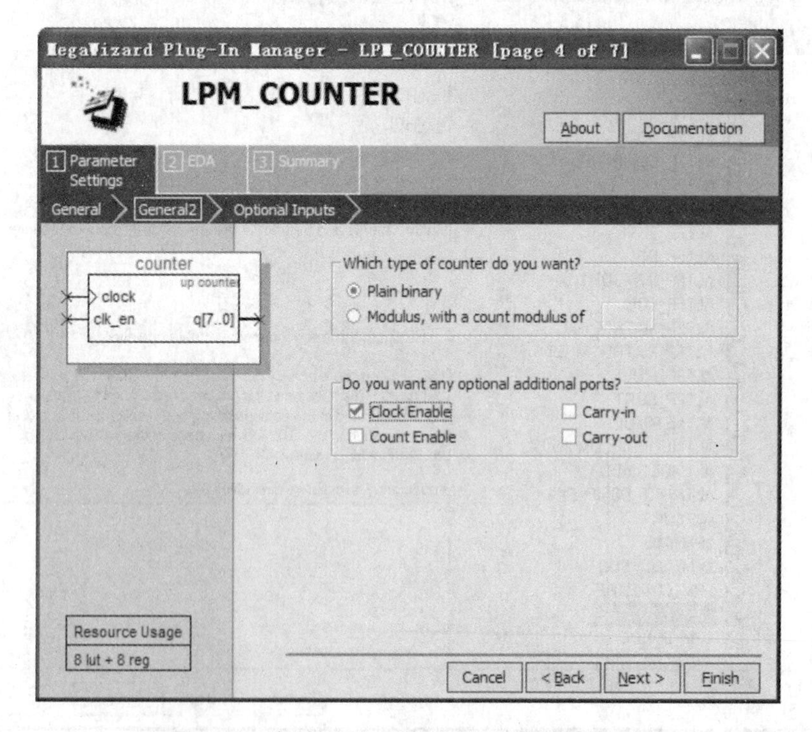

图4.43 定制LPM_COUNTER元件对话框(2)

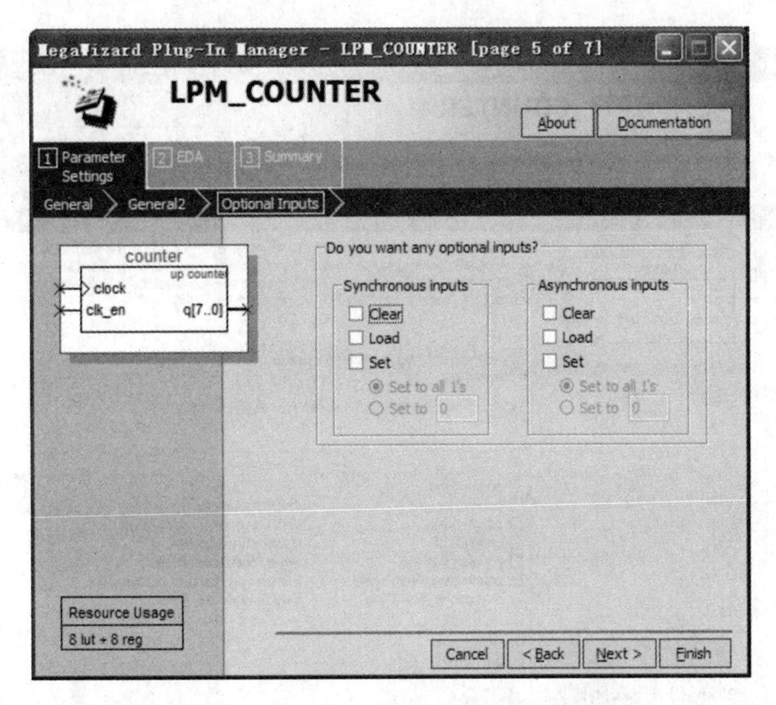

图 4.44　定制 LPM_COUNTER 元件对话框(3)

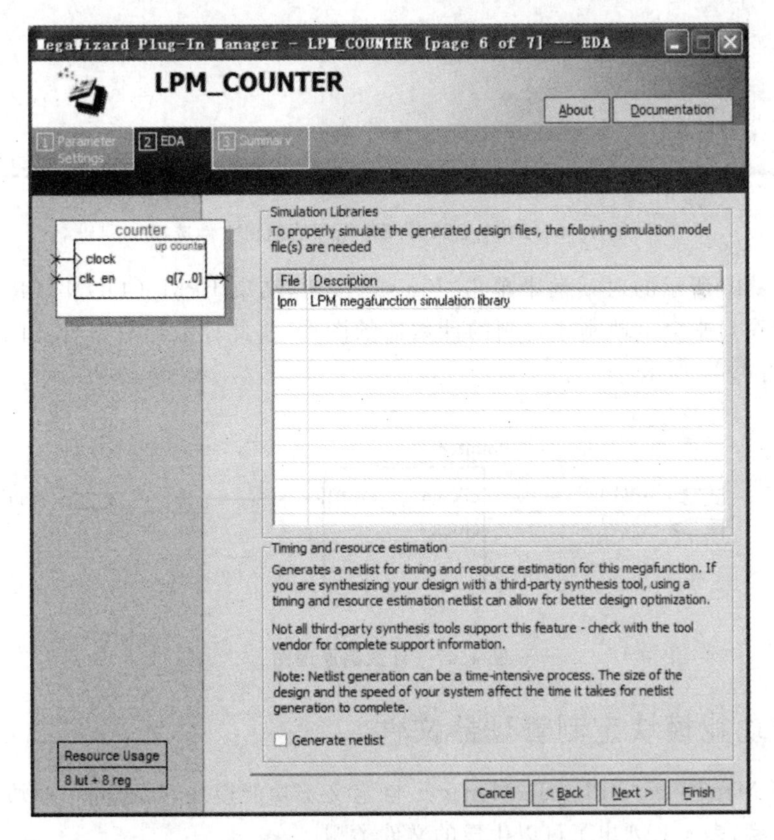

图 4.45　LPM_COUNTER 元件的仿真库的基本信息

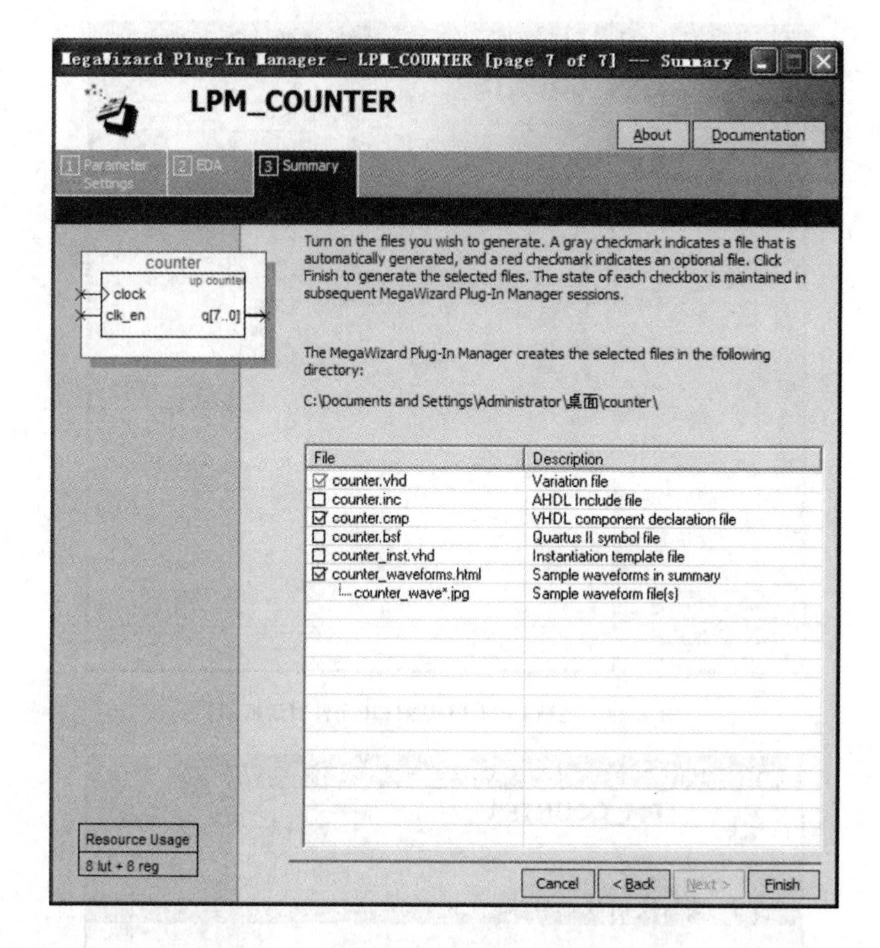

图 4.46 LPM_COUNTER 元件的输出文件选择

(5)在图 4.46 所示的对话框中单击"Finish"按钮,结束 LPM_COUNTER 元件的定制。在原理图编辑窗口中会出现刚才定制的计数器的图形,将此计数器放在合适的位置,并添加 I/O 端口,如图 4.47 所示。

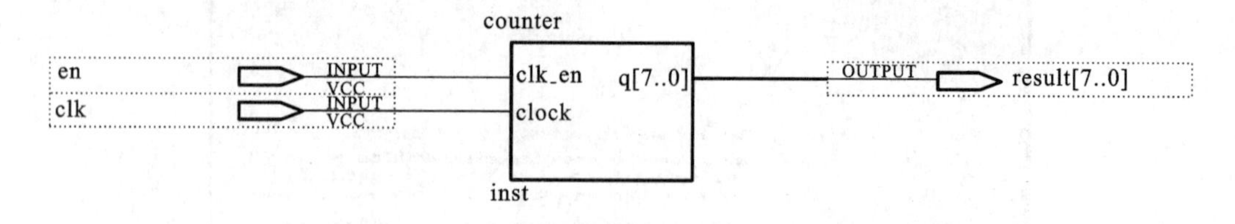

图 4.47 计数器原理图

4.3.3 宏功能模块定制管理器文件

用户利用 MegaWizard Plug-In Manager 自定义宏功能模块,对于同一模块变量,可生成不同的文件类型,表 4.2 列出了可以生成的文件类型。

表 4.2　MegaWizard Plug-In Manager 可以生成的文件类型

文件名称	描　述
〈输出文件〉.bsf	Block-Editor 中使用的宏功能模块符号(元件)
〈输出文件〉.cmp	组件申明文件
〈输出文件〉.inc	宏功能模块包装文件中模块的 AHDL 包含文件
〈输出文件〉.tdf	要在 AHDL 设计中实例化宏功能模块包装文件
〈输出文件〉.vhd	要在 VHDL 设计中实例化宏功能模块包装文件
〈输出文件〉.v	要在 Verilog HDL 设计中实例化宏功能模块包装文件
〈输出文件〉_bb.v	Verilog HDL 设计所用宏功能模块包装文件中模块的空体或 block-box 申明，用于在使用 EDA 综合工具时指定端口方向
〈输出文件〉_inst.tdf	宏功能模块包装文件中子设计的 AHDL 标准化示例
〈输出文件〉.vhd	宏功能模块包装文件中实体的 VHDL 标准化示例
〈输出文件〉_inst.v	宏功能模块包装文件中模块的 Verilog HDL 标准化示例

4.4　宏功能模块的应用

4.4.1　Arithmetic 宏功能模块

下面利用 LPM_ADD_SUB 构造一个 8 位加减法器，以此说明 Arithmetic 宏功能模块的使用方法。对于 Arithmetic 宏功能模块中其他器件的定制，可参考资料自学。

(1)建立工程名为 add_sub_8.bdf 的原理图文件。

(2)找到 LPM_ADD_SUB 模块，利用 MegaWizard Plug-In Manager 打开 LPM_ADD_SUB 模块定制对话框，如图 4.48 所示。

(3)按照图 4.49～图 4.51 所示的提示进行设置。

(4)单击“Finish”按钮，完成 LPM_ADD_SUB 的定制，就可以将符合设计要求的 8 位加减法器绘制到 add_sub_8.bdf 文件中，并给此元件添加 I/O 引脚，进行连接，如图 4.52 所示。

4.4.2　ROM 的设计

存储器的设计是 EDA 技术中的一项重要技术，在很多电子系统中都有存储器的应用。下面分别介绍利用 Memory Compiler 宏功能模块定制 ROM 的方法。

1. 建立.mif 格式文件

创建 ROM 前，首先需要建立 ROM 内的数据文件，ROM 内的数据文件可以提前进行设计或利用其他工具软件生成。在 Quartus Ⅱ 中能接受的初始化数据文件有两种：Memory Initialization File(.mif)格式和 Hexadecimal(Intel-Format)File(.hex)格式。下面以建立.mif 格式的文件为例，介绍数据文件的建立和使用。

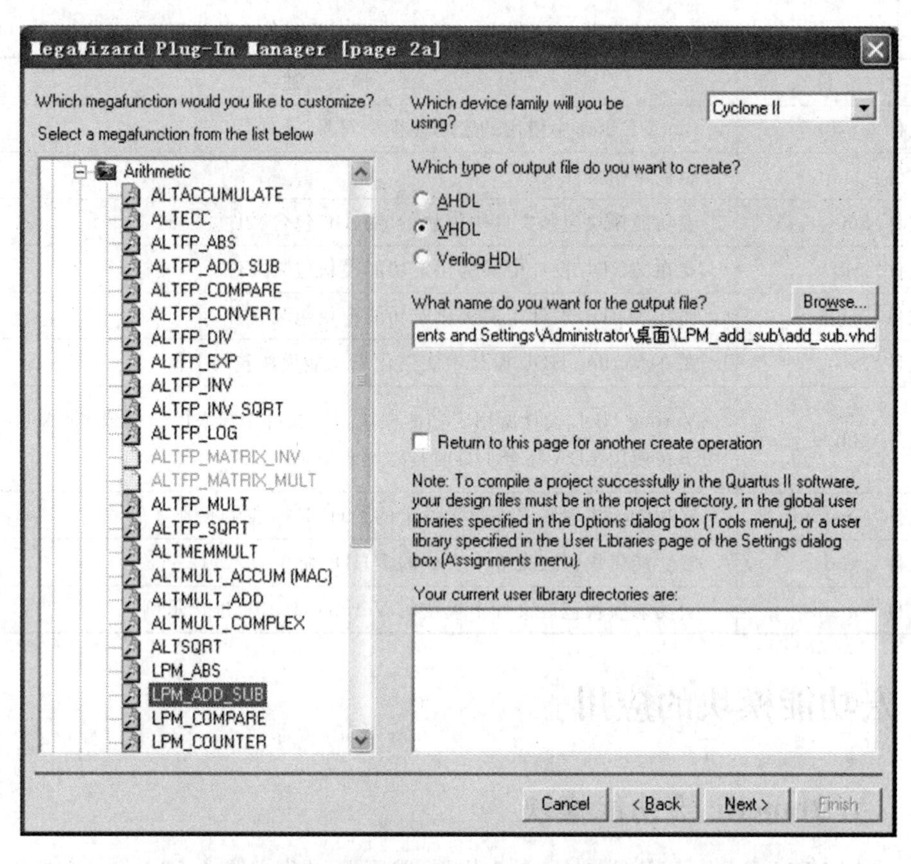

图 4.48 选择 LPM_ADD_SUB 模块

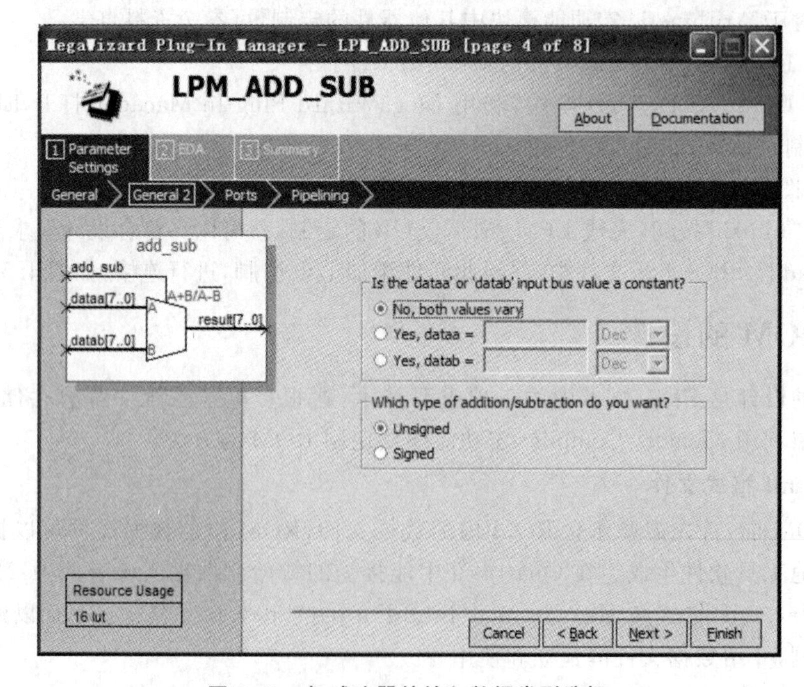

图 4.49 加减法器的输入数据类型选择

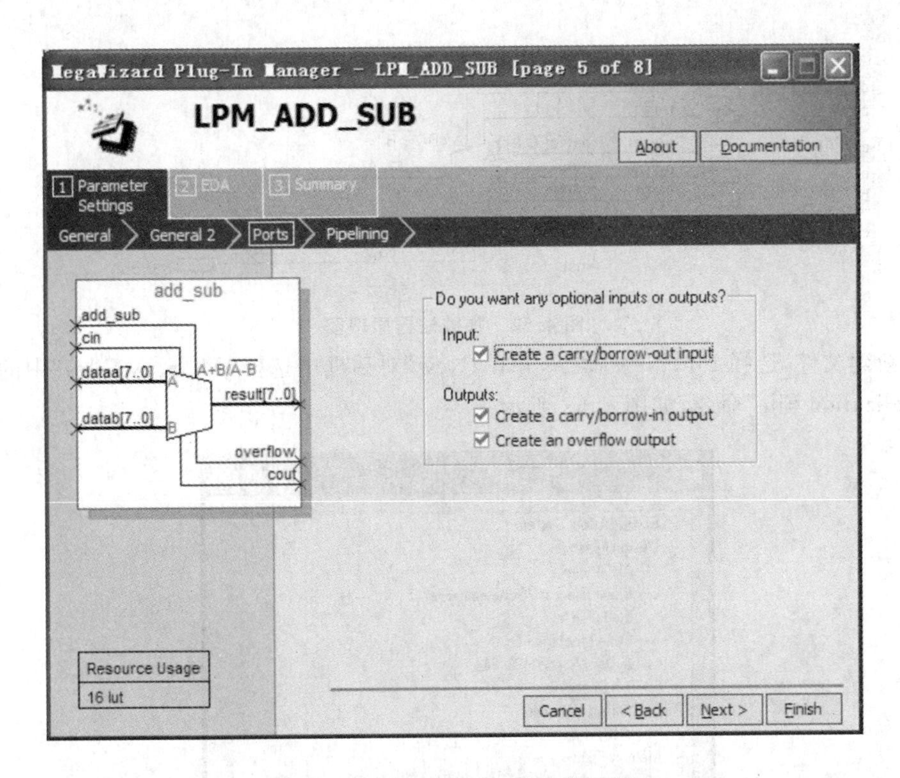

图 4.50　建议添加输入/输出端口选择

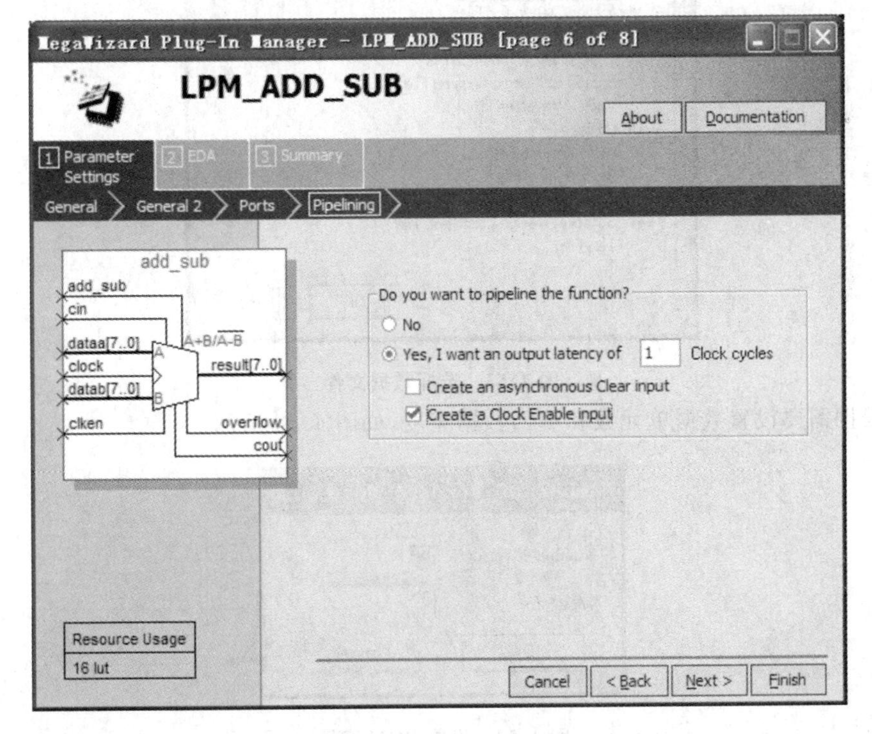

图 4.51　流水线阶数设置

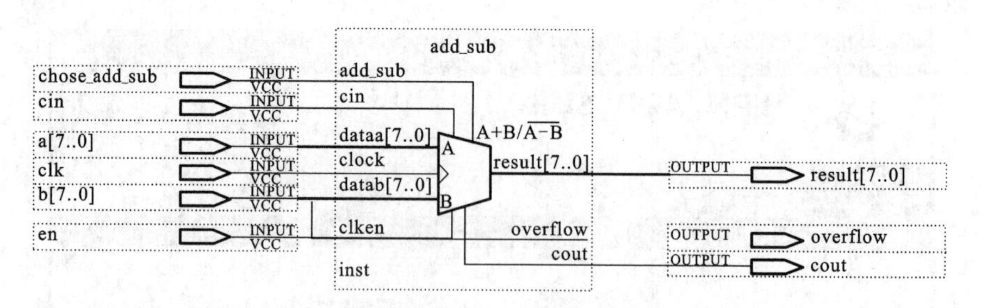

图 4.52 加减法器原理图

(1)新建文件,选择 File-New 命令,并在“New”对话框中选择“Memory Files”中的“Memory Initialization File”命令,如图 4.53 所示。

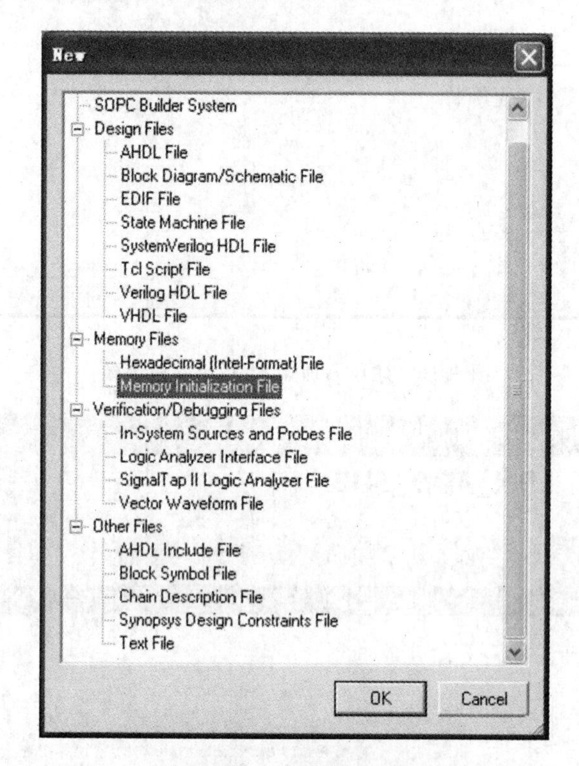

图 4.53 选择数据文件

(2)根据需要设置数据单元数和填入数据宽度,如图 4.54 所示。

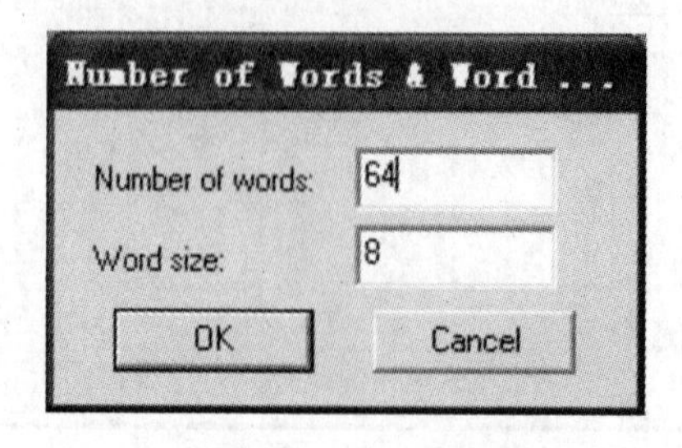

图 4.54 设置 ROM 容量

(3)填入数据,如图 4.55 所示。

rom_int.mif

Addr	+0	+1	+2	+3	+4	+5	+6	+7
0	255	254	252	249	245	239	233	225
8	217	207	197	186	174	162	150	137
16	124	112	99	87	75	64	53	43
24	34	26	19	13	8	4	1	0
32	0	1	4	8	13	19	26	34
40	43	53	64	75	87	99	112	124
48	137	150	162	174	186	197	207	217
56	225	233	239	245	249	252	254	255

图 4.55　填入数据的 mif 数据表格

(4)保存退出,保存名为 rom.mif。

2. 定制 ROM 模块

(1)建立名为 rom_example.bdf 的原理图文件。

(2)找到 Memory Complier 模块,利用 MegaWizard Plug-In Manager 打开 ROM:1-PORT 模块的定制对话框,如图 4.56 所示,选择器件、语言方式,输入 ROM 文件的存放路径和文件名。

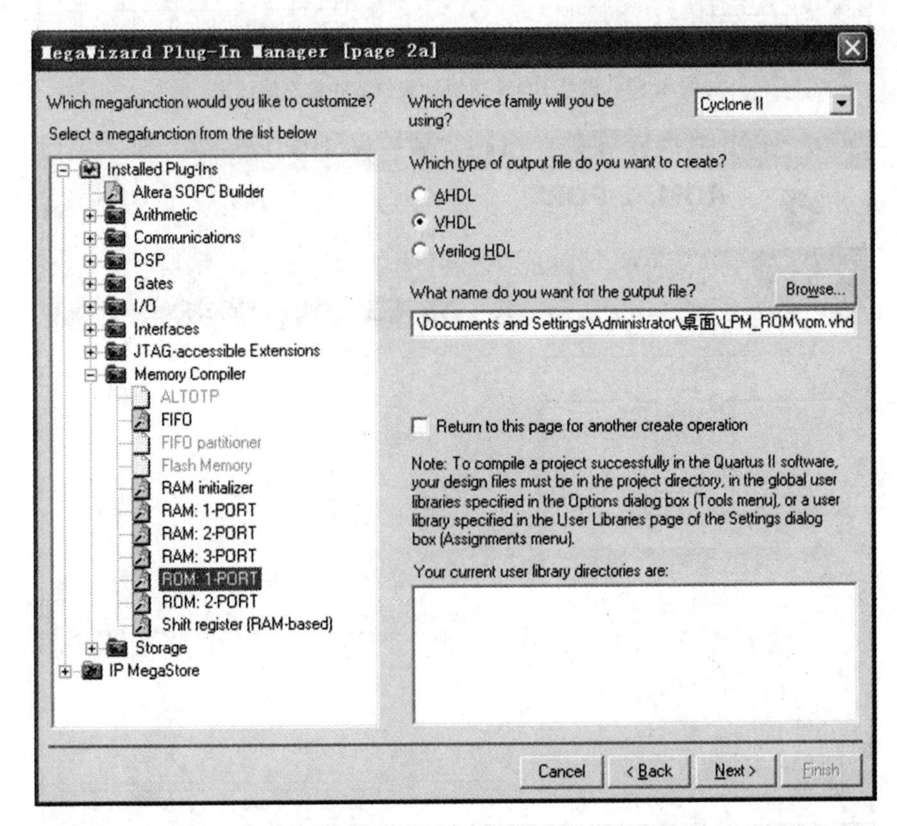

图 4.56　选择 ROM 宏模块

(3)根据图 4.57～图 4.59 所示完成参数设置。

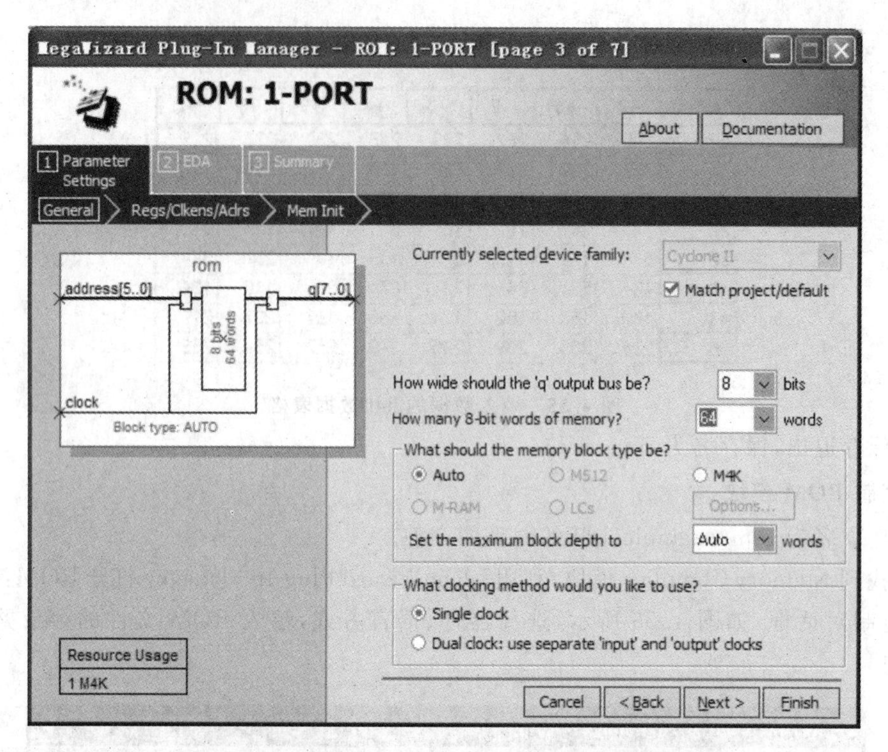

图 4.57　设置 ROM 的地址线位宽和数据线线宽

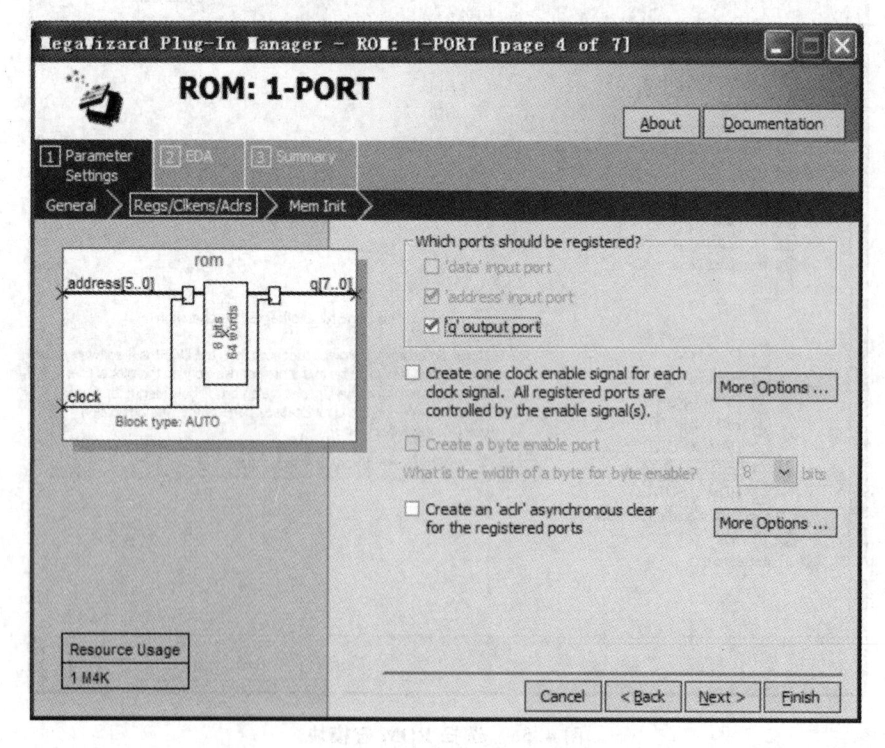

图 4.58　寄存器、使能设置

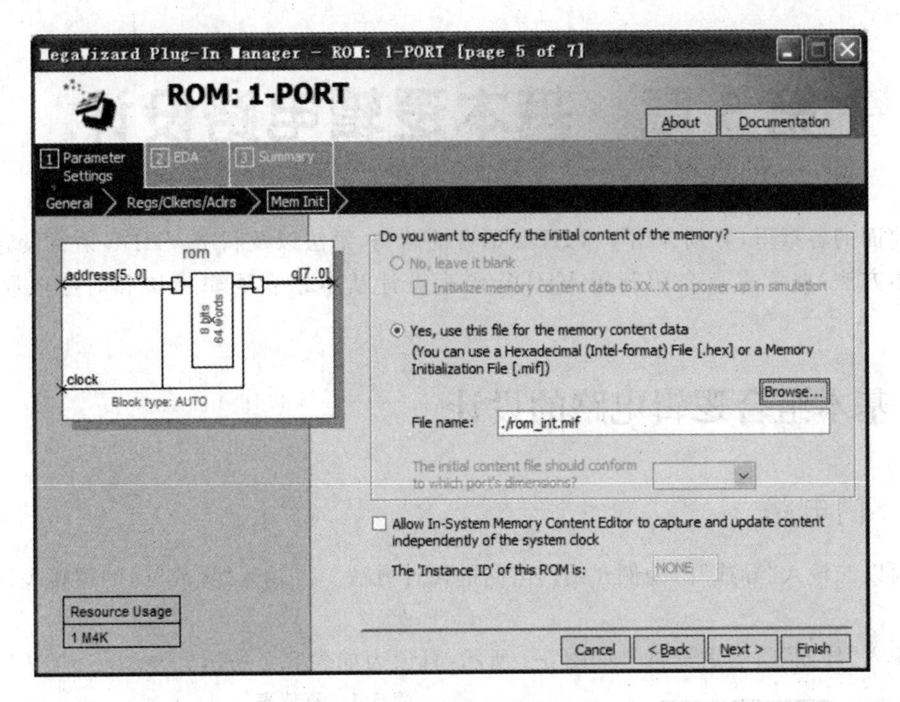

图 4.59　指定 ROM 数据文件

(4)生成 ROM 的原理图如图 4.60 所示。

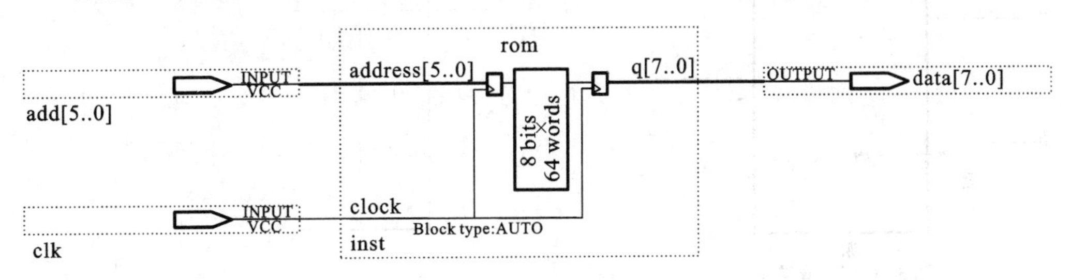

图 4.60　ROM 原理图

第 5 章　基本逻辑电路设计

在前面的各章里，分别介绍了 VHDL 语言的语句、语法以及利用 VHDL 语言设计硬件电路的基本方法，本章重点介绍利用 VHDL 语言设计基本组合逻辑模块和时序电路的设计方法。

5.1　基本组合逻辑电路的设计

5.1.1　门电路

下面以二输入“异或”门为例介绍门电路的设计方法。二输入“异或”门的逻辑表达式为

$$y=a\overline{b}+\overline{a}b。$$

二输入“异或”门的逻辑符号如图 5-1 所示，真值表如表 5.1 所示。

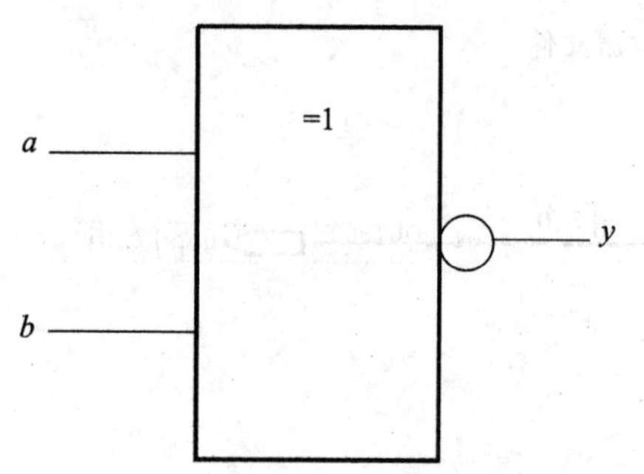

图 5.1　逻辑符号

表 5.1　真值表

a	b	y
0	0	0
0	1	1
1	0	1
1	1	0

【例 5.1.1】　采用行为描述方式设计的“异或”门(依据逻辑表达式)程序如下。

```
LIBRARY IEEE;
USE IEEE.STD_LOGIC_1164.ALL;
ENTITY XOR2A  IS
    PORT(a,b:IN STD_LOGIC;
           y:OUT STD_LOGIC);
END XOR2A;
ARCHITECTURE  ART1  OF  XOR2A  IS
BEGIN
   y <= a XOR b;
END ART1;
```

【例 5.1.2】　采用数据流描述方式设计的“异或”门(依据真值表)。

```
LIBRARY IEEE;
USE IEEE.STD_LOGIC_1164.ALL;
ENTITY XOR2A  IS
    PORT(a,b:IN STD_LOGIC;
          y:OUT STD_LOGIC);
END XOR2A;
ARCHITECTURE  ART2  OF  XOR2A  IS
BEGIN
     PROCESS(a,b)
     VARIABLE comb:  STD_LOGIC_VECTOR(1 DOWNTO 0);
     BEGIN
          comb:=a & b;
CASE comb IS
          WHEN "00"=> y<='0';
          WHEN "01"=> y<='1';
          WHEN "10"=> y<='1';
          WHEN "11"=> y<='0';
          WHEN OTHERS => y<='X';
        END CASE;
  END PROCESS;
END ART2;
```

5.1.2　编码器

用一组二进制代码按一定规则表示给定字母、数字、符号等信息的方法称为编码，能够实现这种编码功能的逻辑电路称为编码器。8-3 线编码器如图 5.2 所示，其真值表如表 5.2 所示。

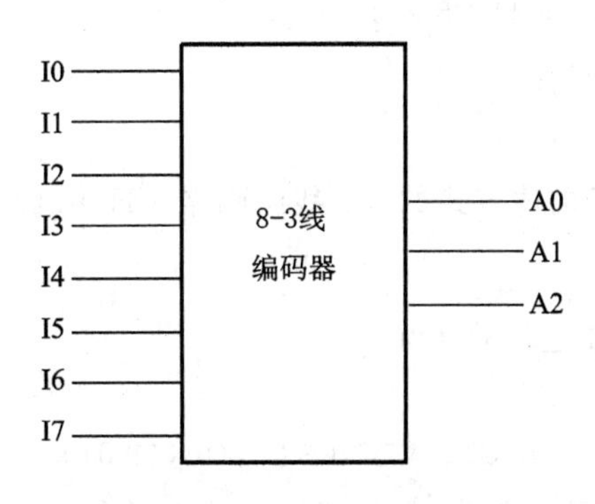

图 5.2　8-3 线编码器

表 5.2 8-3 线编码器真值表

输入								输出		
I0	I1	I2	I3	I4	I5	I6	I7	A2	A1	A0
1	0	0	0	0	0	0	0	0	0	0
0	1	0	0	0	0	0	0	0	0	1
0	0	1	0	0	0	0	0	0	1	0
0	0	0	1	0	0	0	0	0	1	1
0	0	0	0	1	0	0	0	1	0	0
0	0	0	0	0	1	0	0	1	0	1
0	0	0	0	0	0	1	0	1	1	0
0	0	0	0	0	0	0	1	1	1	1

8-3 线编码器逻辑表达式为

$$A2=I4+I5+I6+I7$$
$$A1=I2+I3+I6+I7$$
$$A0=I1+I3+I5+I7$$

【例 5.1.3】 采用行为描述方式的 8-3 线编码器 VHDL 源代码(依据逻辑表达式)如下。

```
LIBRARY IEEE;
USE IEEE.STD_LOGIC_1164.ALL;
ENTITY coder83_v1 IS
     PORT(I0,I1,I2,I3,I4,I5,I6,I7:IN STD_LOGIC;
           A0,A1,A2:OUT STD_LOGIC);
END coder83_v1;
ARCHITECTURE behave OF coder83_v1 IS
BEGIN
     A2 <= I4 OR I5 OR I6 OR I7;
     A1 <= I2 OR I3 OR I6 OR I7;
     A0 <= I1 OR I3 OR I5 OR I7;
END behave;
```

【例 5.1.4】 采用数据流描述方式的 8-3 线编码器 VHDL 源代码(依据真值表)如下。

```
LIBRARY IEEE;
USE IEEE.STD_LOGIC_1164.ALL;
ENTITY coder83_v2 IS
     PORT( I:IN STD_LOGIC_VECTOR(7 DOWNTO 0);
          A:OUT STD_LOGIC_VECTOR(2 DOWNTO 0));
END coder83_v2;
ARCHITECTURE dataflow OF coder83_v2 IS
```

```
BEGIN
    PROCESS(I)
    BEGIN
        CASE I IS
            WHEN "10000000"=> A <="111";
            WHEN "01000000"=> A <="110";
            WHEN "00100000"=> A <="101";
            WHEN "00010000"=> A <="100";
            WHEN "00001000"=> A <="011";
            WHEN "00000100"=> A <="010";
            WHEN "00000010"=> A <="001";
            WHEN OTHERS => A <="000";
        END CASE;
    END PROCESS;
END dataflow;
```

5.1.3　优先编码器

74148 8-3 线优先编码器如图 5.3 所示，其真值如表 5.3 所示。

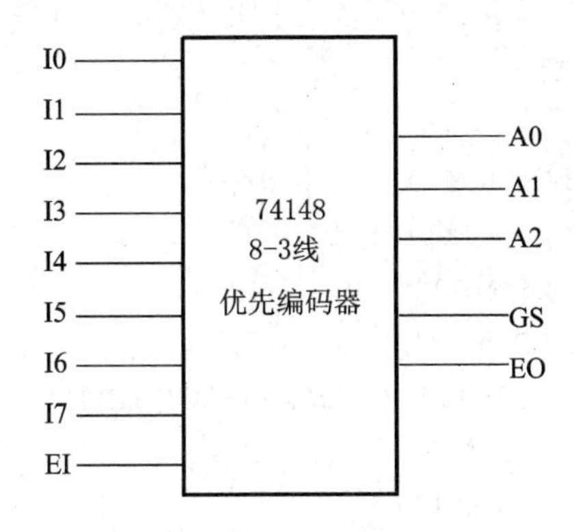

图 5.3　优先编码器

表 5.3　74148 优先编码器真值表（反码编码方案）

输入									输出				
EI	I0	I1	I2	I3	I4	I5	I6	I7	A2	A1	A0	GS	EO
1	×	×	×	×	×	×	×	×	1	1	1	1	1
0	1	1	1	1	1	1	1	1	1	1	1	1	0
0	×	×	×	×	×	×	×	0	0	0	0	0	1
0	×	×	×	×	×	×	0	1	0	0	1	0	1
0	×	×	×	×	×	0	1	1	0	1	0	0	1
0	×	×	×	×	0	1	1	1	0	1	1	0	1

续表

输入									输出				
EI	I0	I1	I2	I3	I4	I5	I6	I7	A2	A1	A0	GS	EO
0	×	×	×	0	1	1	1	1	1	0	0	0	1
0	×	×	0	1	1	1	1	1	1	0	1	0	1
0	×	0	1	1	1	1	1	1	1	1	0	0	1
0	0	1	1	1	1	1	1	1	1	1	1	0	1

【例 5.1.5】 采用 IF 语句对 74148 进行逻辑描述,编写的 VHDL 源代码如下。

```
LIBRARY IEEE;
USE IEEE.STD_LOGIC_1164.ALL;
ENTITY prioritycoder83_v2 IS
     PORT( I:IN STD_LOGIC_VECTOR(7 DOWNTO 0);
         EI:IN STD_LOGIC;
         A:OUT STD_LOGIC_VECTOR(2 DOWNTO 0);
         GS,EO:OUT STD_LOGIC);
END prioritycoder83_v2;

ARCHITECTURE dataflow OF prioritycoder83_v2 IS
BEGIN
     PROCESS(EI,I)
     BEGIN
         IF(EI='1')THEN
                   A <= "111";
                   GS <='1';
                   EO <='1';
         ELSIF(I= "11111111" AND EI='0')THEN
                   A <= "111";
                   GS <='1';
                   EO <='0';
ELSIF(I(7)='0'AND EI='0')THEN
     A <= "000";
     GS <='0';
     EO <='1';
ELSIF(I(6)='0'AND EI='0')THEN
     A <= "001";
     GS <='0';
     EO <='1';
ELSIF(I(5)='0'AND EI='0')THEN
     A <= "010";
```

```
        GS <='0';
        EO <='1';
    ELSIF(I(4)='0'AND EI='0')THEN
        A <= "011";
        GS <='0';
        EO <='1';
    ELSIF(I(3)='0'AND EI='0')THEN
        A <= "100";
        GS <='0';
        EO <='1';
    ELSIF(I(2)='0'AND EI='0')THEN
        A <= "101";
        GS <='0';
        EO <='1';
    ELSIF(I(1)='0'AND EI='0')THEN
        A <= "110";
        GS <='0';
        EO <='1';
    ELSE(I(0)='0'AND EI='0')THEN
        A <= "111";
        GS <='0';
        EO <='1';
        END IF;
      END PROCESS;
    END dataflow;
```

5.1.4　译码器

74148 3-8 线译码器及其真值表分别如图 5.4 及表 5.4 所示。

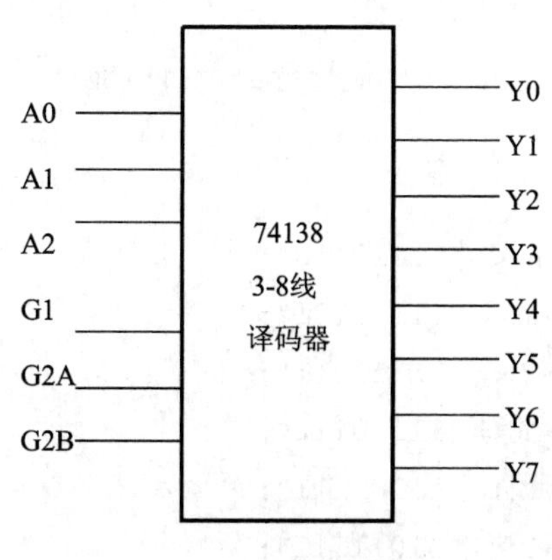

图 5.4　译码器

表 5.4　3-8 线译码器 74138 真值表

输入						输出							
G1	G2A	G2B	A2	A1	A0	Y0	Y1	Y2	Y3	Y4	Y5	Y6	Y7
×	1	×	×	×	×	1	1	1	1	1	1	1	1
×	×	1	×	×	×	1	1	1	1	1	1	1	1
0	×	×	×	×	×	1	1	1	1	1	1	1	1
1	0	0	0	0	0	0	1	1	1	1	1	1	1
1	0	0	0	0	1	1	0	1	1	1	1	1	1
1	0	0	0	1	0	1	1	0	1	1	1	1	1
1	0	0	0	1	1	1	1	1	0	1	1	1	1
1	0	0	1	0	0	1	1	1	1	0	1	1	1
1	0	0	1	0	1	1	1	1	1	1	0	1	1
1	0	0	1	1	0	1	1	1	1	1	1	0	1
1	0	0	1	1	1	1	1	1	1	1	1	1	0

【例 5.1.6】 按数据流描述方式编写的 3-8 线译码器 74138VHDL 源代码如下。

```
LIBRARY IEEE;
USE IEEE.STD_LOGIC_1164.ALL;
ENTITY decoder138_v2 IS
      PORT(G1,G2A,G2B:IN STD_LOGIC;
             A:IN STD_LOGIC_VECTOR(2 DOWNTO 0);
              Y:OUT STD_LOGIC_VECTOR(7 DOWNTO 0));
END decoder138_v2;
ARCHITECTURE dataflow OF decoder138_v2 IS
BEGIN
      ROCESS(G1,G2A,G2B,A)
      BEGIN
      IF(G1='1' AND G2A='0' AND G2B='0')THEN

C ASE A IS
      WHEN "000" =>Y <= "11111110";
      WHEN "001" =>Y <= "11111101";
      WHEN "010" =>Y <= "11111011";
      WHEN "011" =>Y <= "11110111";
      WHEN "100" =>Y <= "11101111";
      WHEN "101" =>Y <= "11011111";
      WHEN "110" =>Y <= "10111111";
```

```
    WHEN OTHERS => Y <= "01111111";
    END CASE;
    ELSE  Y <= "11111111";
    END IF;
    END PROCESS;
END dataflow;
```

5.1.5　多路选择器

74151 8 选 1 数据选择器和真值表分别见图 5.5 和表 5.5。

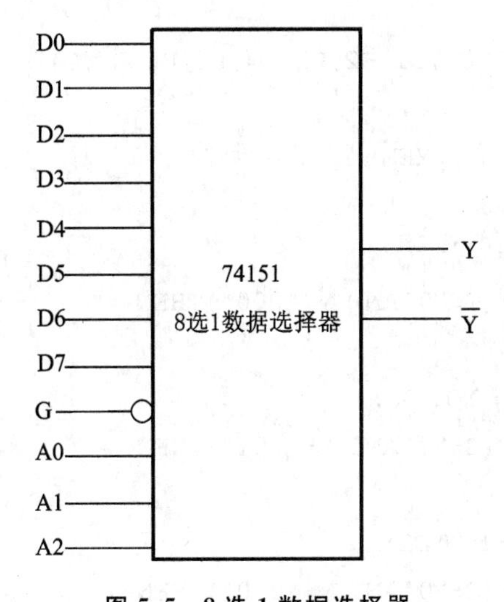

图 5.5　8 选 1 数据选择器

表 5.5　74151 8 选 1 数据选择器真值表

输　　入				输　　出
使　能	地 址 选 择			Y
G	A2	A1	A0	
1	×	×	×	0
0	0	0	0	D0
0	0	0	1	D1
0	0	1	0	D2
0	0	1	1	D3
0	1	0	0	D4
0	1	0	1	D5
0	1	1	0	D6
0	1	1	1	D7

【例 5.1.7】　参考 74151 的真值表,采用 IF 语句结构编写的多路选择器 VHDL 源代码如下。

```
LIBRARY IEEE;
```

```
USE IEEE.STD_LOGIC_1164.ALL;
ENTITY mux8_v2 IS
     PORT(A:IN STD_LOGIC_VECTOR(2 DOWNTO 0);
     D0,D1,D2,D3,D4,D5,D6,D7:IN STD_LOGIC;
     G:IN STD_LOGIC;
     Y:OUT STD_LOGIC;
     YB:OUT STD_LOGIC);
END mux8_v2;
ARCHITECTURE dataflow OF mux8_v2 IS
       BEGIN
       PROCESS(A,D0,D1,D2,D3,D4,D5,D6,D7,G)
BEGIN
          IF(G ='1')THEN
            Y <='0';
            YB <='1';
           ELSIF(G='0'AND A="000")THEN
            Y <=D0;
            YB <= NOT D0;
           ELSIF(G='0'AND A="001")THEN
            Y <=D1;
            YB <=NOT D1;
           ELSIF(G='0'AND A="010")THEN
            Y <=D2;
            YB <=NOT D2;
           ELSIF(G='0'AND A="011")THEN
            Y <=D3;
            YB <=NOT D3;
           ELSIF(G='0'AND A="100")THEN
            Y <=D4;
            YB <=NOT D4;
           ELSIF(G='0'AND A="101")THEN
            Y <=D5;
            YB <=NOT D5;
           ELSIF(G='0'AND A="110")THEN
            Y <=D6;
            YB <=NOT D6;
           ELSE
            Y <=D7;
```

```
            YB <= NOT D7;
          END IF;
      END PROCESS;
END dataflow;
```

【例 5.1.8】 采用 CASE 语句结构编写的多路选择器 VHDL 源代码如下。

```
LIBRARY IEEE;
USE IEEE.STD_LOGIC_1164.ALL;
ENTITY mux8_v3 IS
     PORT(A2,A1,A0:IN STD_LOGIC;
          D0,D1,D2,D3,D4,D5,D6,D7:IN STD_LOGIC;
          G:IN STD_LOGIC;
          Y:OUT STD_LOGIC;
          YB:OUT STD_LOGIC);
END mux8_v3;
ARCHITECTURE dataflow OF mux8_v3 IS
 SIGNAL comb:STD_LOGIC_VECTOR(3 DOWNTO 0);
BEGIN
        comb <= G & A2 & A1 & A0;
        PROCESS(comb,D0,D1,D2,D3,D4,D5,D6,D7,G)
        BEGIN
           CASE comb IS
            WHEN "0000" =>Y<= D0;
                          YB <= NOT D0;
            WHEN "0001" =>Y<= D1;
                          YB <= NOT D1;
            WHEN "0010" =>Y<= D2;
                          YB <= NOT D2;
            WHEN "0011" =>Y<= D3;
                          YB <= NOT D3
            WHEN "0100" =>Y<= D4;
                          YB <= NOT D4;
            WHEN "0101" =>Y<= D5;
                          YB <= NOT D5;
            WHEN "0110" =>Y<= D6;
                          YB < = NOT D6;
               WHEN "0111" =>Y<= D7;
                          YB <= NOT D7;
```

```
                WHEN OTHERS =>Y<='0';
                                   YB <='1';
                END CASE;
          END PROCESS;
      END dataflow;
```

5.1.6 数值比较器

数值比较器是对两个位数相同的二进制数进行比较，并判定其大小关系的算术运算电路。

【例 5.1.9】 一个采用 IF 语句编制的对两个 4 位二进制数进行比较的例子，其中 A 和 B 分别是参与比较的两个 4 位二进制数，YA、YB 和 YC 是用来分别表示 A>B、A<B 和 A=B 的 3 个输出端。数值比较器的比较控制程序如下。

```
LIBRARY IEEE;
USE IEEE.STD_LOGIC_1164.ALL;
ENTITY comp4_v1 IS
    PORT(A:IN STD_LOGIC_VECTOR(3 DOWNTO 0);
    B:IN STD_LOGIC_VECTOR(3 DOWNTO 0);
    YA,YB,YC:OUT STD_LOGIC);
END comp4_v1;
ARCHITECTURE behave OF comp4_v1 IS
  BEGIN
  PROCESS(A,B)
  BEGIN
  IF(A>B)THEN
      YA <='1';
      YB <='0';
      YC <='0';
  ELSIF(A < B)THEN
      YA <='0';
      YB <='1';
      YC <='0';
  ELSE
      YA <='0';
      YB <='0';
      YC <='1';
  END IF;
  END PROCESS;
END behave;
```

5.1.7　加法器

带进位的 4 位加法器符号如下：

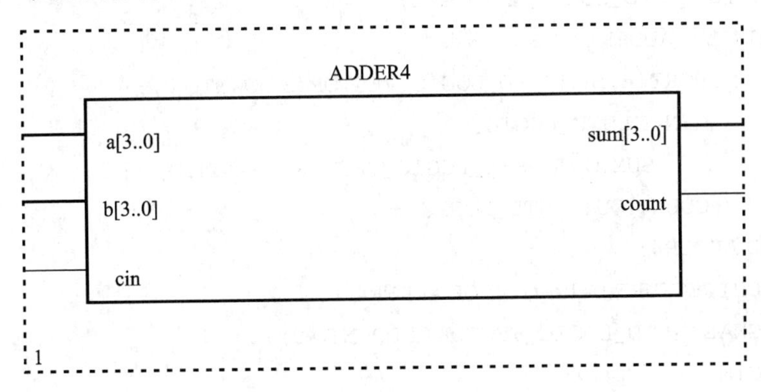


```
Sum(i)=a(i)⊕b(i)  ⊕  cin
C(i+1)=a(i)b(i)+((a(i)+b(i))c(i)
```

方法 1:用 for-loop 语句实现，即

```
LIBRARY IEEE;
USE IEEE.STD_LOGIC_1164.ALL;
ENTITY ADDER4 IS
       PORT(A,B:IN STD_LOGIC_VECTOR(3 DOWNTO 0);
       CIN:IN STD_LOGIC;
           SUM:OUT STD_LOGIC_VECTOR(3 DOWNTO 0);
       COUNT:OUT STD_LOGIC);
END ADDER4;
ARCHITECTURE behavior OF ADDER4 IS
 SIGNAL C:STD_LOGIC_VECTOR(4 DOWNTO 0);
BEGIN
PROCESS(A,B,CIN,C)
BEGIN
C(0)<=CIN;
FOR  i  in  0 to 3  loop
Sum(i)<=A(i)XOR B(i)XOR C(i);
C(i+1)<=(A(i)and  B(i))OR (C(i)and (A(i)OR  B(i)));
END LOOP;
COUNT<=C(4);
END PROCESS;
END behavior;
```

方法 2:直接使用加法“+”函数来实现,即

```
LIBRARY IEEE;
USE IEEE.STD_LOGIC_1164.ALL;
ENTITY  ADDER4  IS
      PORT(A,B:IN STD_LOGIC_VECTOR(3 DOWNTO 0);
      CIN:IN STD_LOGIC;
          SUM:OUT  STD_LOGIC_VECTOR(3 DOWNTO 0);
      COUNT:OUT  STD_LOGIC);
END ADDER4;
ARCHITECTURE behavior OF ADDER4 IS
SIGNAL C:STD_LOGIC_VECTOR(4 DOWNTO 0);
BEGIN
PROCESS(A,B,CIN,C)
BEGIN
C<=A+B+CIN;
END PROCESS;
Sum<=C(3 DOWNTO 0);
COUNT<=C(4);
END behavior;
```

5.1.8 三态门及总线缓冲器

三态门和总线缓冲器是驱动电路经常用到的器件。

【例 5.1.10】 三态门设计。三态门,是指逻辑门的输出除有高、低电平两种状态外,还有第三种状态——高阻态的门电路,高阻态相当于隔断状态。三态门都有一个控制使能端,用来控制门电路的通断。三态门实现控制的程序如下。

```
LIBRARY  IEEE;
USE IEEE.STD_LOGIC_1164.ALL;
ENTITY TRISTATE IS
    PORT(EN,DIN :IN STD_LOGIC;
             DOUT:OUT STD_LOGIC);
END TRISTATE;
ARCHITECTURE ART OF TRISTATE IS
   BEGIN
PROCESS(EN,DIN)
BEGIN
   IF EN='1'THEN
      DOUT<=DIN;
```

```
      ELSE
          DOUT<='Z';
          END IF;
        END PROCESS;
      END ART;
```

【例 5.1.11】 单向总线驱动器。

在微型计算机的总线驱动中,经常要用单向总线缓冲器,它通常由多个三态门组成,用来驱动地址总线和控制总线。一个 8 位的单向总线缓冲器如图 5.6 所示。

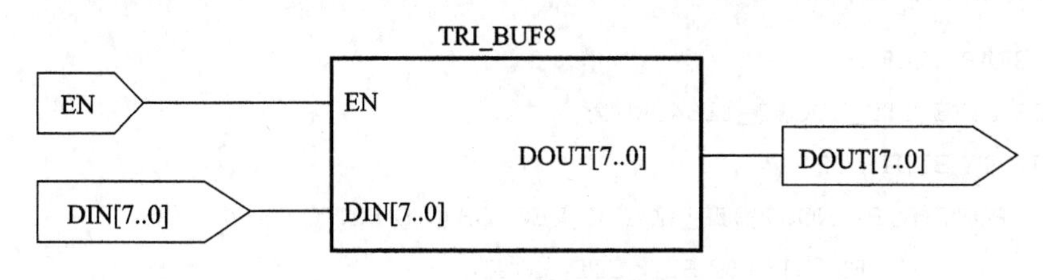

图 5.6　8 位单向总线缓冲器

单向总线驱动器程序如下。

```
LIBRARY IEEE;
USE IEEE.STD_LOGIC_1164.ALL;
ENTITY TR1_BUF8 IS
  PORT(DIN:IN STD_LOGIC_VECTOR(7 DOWNTO 0);
              EN:IN STD_LOGIC;
              DOUNT:OUT STD_LOGIC_VECTOR(7 DOWNTO 0));
ARCHITECTURE ART OF TR1_BUF8 IS
  BEGIN
  PROCESS(EN,DIN)
     IF(EN='1')THEN
           DOUT<=DIN;
     ELSE
           DOUT<="ZZZZZZZZ";
     END IF;
  END PROCESS;
END ART;
```

【例 5.1.12】 双向总线缓冲器。双向总线缓冲器用于数据总线的驱动和缓冲,典型的双向总线缓冲器如图 5.7 所示。图 5.7 中的双向总线缓冲器有两个数据 I/O 端 A 和 B,一个方向控制端 DIR 和一个选通端 EN。EN=0 时双向缓冲器选通,若 DIR=0,则 A=B;反之,则 B=A。

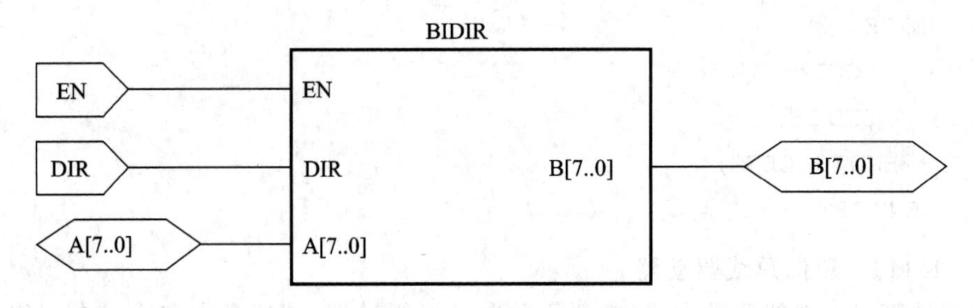

图 5.7　双向总线缓冲器

双向总线缓冲器程序如下。

```
    LIBRARY IEEE;
    USE IEEE.STD_LOGIC_1164.ALL;
    ENTITY BIDIR IS
        PORT(A,B:INOUT STD_LOGIC_VECTOR(7 DOWNTO 0);
                EN,DIR:IN STD_STD_LOGIC);
    END BIDIR;
    ARCHITECTURE ART OF BIDIR IS
      SIGNAL AOUT,BOUT:STD_LOGIC_VECTOR(7 DOWNTO 0);
      BEGIN
      PROCESS(A,EN,DIR)
      BEGIN
    IF((EN='0')AND(DIR='1'))THEN BOUT<=A;
             ELSE BOUT<"ZZZZZZZZ";
            END IF;
            B<=BOUT;
             END PROCESS;
                 PROCESS(B,EN,DIR)
                 BEGIN
       IF((EN='0')AND(DIR='0'))THEN AOUT<=B;
       ELSE AOUT<"ZZZZZZZZ";
       END IF;
       A<=AOUT;
             END PROCESS;
        END ART;
```

5.2　时序逻辑电路设计

5.2.1　时钟信号和复位信号的描述

时序电路是以时钟信号作为驱动信号的，也就是说，时序电路是在时钟信号的边沿到来时，它的状态才会发生改变。因此，在时序电路中，时钟信号是非常重要的，它是时序电路的执行条件和同步信号。

1. 时钟信号描述

在时序逻辑电路中，时钟是采用边沿来触发的，时钟边沿分为上升沿和下降沿。以下是这两种边沿的描述方式。

上升沿描述 1：

```
label1:PROCESS(clk)
BEGIN
IF(clk'EVENT AND clk ='1')THEN
⋮
AND PROCESS;
```

上升沿描述 2：

```
label2:PROCESS(clk)
BEGIN
WAIT UNTIL clk ='1';
⋮
AND PROCESS;
```

下降沿描述 1：

```
label1:PROCESS(clk)
BEGIN
IF(clk'EVENT AND clk ='0')THEN
...
AND PROCESS;
```

下降沿描述 2：

```
label2:PROCESS(clk)
BEGIN
WAIT UNTIL clk ='0';
...
AND PROCESS;
```

2. 触发器的复位信号描述

(1)同步复位:在只有以时钟为敏感信号的进程中定义。程序如下。

```
process(clock_signal)
begin
    if(clock_edge_condition)  then
          if(reset_condition)  then
                signal_out<=reset_value;
          else
                signal_out<=signal_in;
                                 ...
          end  if;
      end  if;
end  process;
```

(2)异步复位:进程的敏感信号表中除时钟信号外,还有复位信号。程序如下。

```
process(reset_signal, clock_signal)
begin
    if(reset_condition)  then
          signal_out<=reset_value;
    elsif(clock_edge_condition)  then
          signal_out<=signal_in;
                        ...
    end  if;
end  process;
```

5.2.2 触发器

1. D 触发器

【例 5.2.1】 一个完成基本功能的 D 触发器的 VHDL 描述程序如下。

```
LIBRARY IEEE;
USE IEEE.STD_LOGIC_1164.ALL;
ENTITY  DFF1  IS
   PORT(D,CLK:IN STD_LOGIC;
            Q:OUT STD_LOGIC);
   END  ENTITY  DFF1;
   ARCHITECTURE  ART  OF  DFF1 IS
     BEGIN
     PROCESS(CLK)IS
```

```
    BEGIN
    IF(CLK'EVENT AND CLK='1')THEN
      Q<=D;
    END IF;
    END PROCESS;
  END  ARCHITECTURE  ART;
```

【例 5.2.2】 一个异步置位/复位 D 触发器的描述程序如下。

```
LIBRARY IEEE;
USE IEEE.STD_LOGIC_1164.ALL;
ENTITY  DFF3  IS
PORT(CLK,D,PRESET,CLR:IN STD_LOGIC;
                  Q:OUT STD_LOGIC);
END ENTITY  DFF3;
ARCHITECTURE  ART  OF  DFF3  IS
BEGIN
 PROCESS(CLK,PRESET,CLR)
 BEGIN
 IF(PRESET='1')THEN
    Q<='1';
 ELSIF  (CLR='1')  THEN
    Q<='0';
 ELSIF(CLK'EVENT AND CLK='1')  THEN
    Q<=D;
 END IF;   END PROCESS;
END ARCHITECTURE ART;
```

2. JK 触发器

【例 5.2.3】 一个 JK 触发器的 VHDL 描述程序如下。

```
LIBRARY IEEE;
USE IEEE.STD_LOGIC_1164.ALL;
ENTITY JKff_v1 IS
        PORT(J,K:IN STD_LOGIC;
             clk:IN STD_LOGIC;
             set:IN STD_LOGIC;
           reset:IN STD_LOGIC;
            Q,QB:OUT STD_LOGIC);
END JKff_v1;
```

```
ARCHITECTURE behave OF JKff_v1 IS
    SIGNAL Q_temp,QB_temp: STD_LOGIC;
BEGIN
    PROCESS(clk,set,reset)
    BEGIN
            IF(set ='0'AND reset ='1')THEN
                Q_temp  <='1';
                QB_temp <='0';
            ELSIF(set ='1'AND reset ='0')THEN
                Q_temp  <=0';
                QB_temp <='1';
            ELSIF(clk'EVENT AND clk ='1')THEN
              IF(J='0'AND K='1')THEN
                Q_temp  <='0';
                QB_temp <='1';
            ELSIF(J='1'AND K='0')THEN
                Q_temp  <='1';
                QB_temp <='0';
            ELSIF(J='1'AND K='1')THEN
                Q_temp  <=NOT Q_temp;
                QB_temp <=NOT QB_temp;
               END IF;
              END IF;
              Q  <=Q_temp;
              QB <=QB_temp;
      END PROCESS;
  END behave;
```

5.2.3 寄存器和移位寄存器

1. 寄存(锁存)器

寄存器用于寄存一组二值代码,广泛用于各类数字系统。因为一个触发器能存储1位二值代码,所以用 N 个触发器组成的寄存器能存储一组 N 位的二值代码。

【例 5.2.4】 给出一个8位寄存器的 VHDL 描述程序如下。

```
LIBRARY IEEE;
USE IEEE.STD_LOGIC_1164.ALL;
ENTITY REG IS
    PORT(D:IN STD_LOGIC_VECTOR(0 TO 7);
```

```
    CLK:IN STD_LOGIC;
     Q:OUT STD_LOGIC_VECTOR(0 TO 7));
END REG;
ARCHITECTURE ART OF REG IS
     BEGIN
     PROCESS(CLK)BEGIN
       IF(CLK'EVENT AND CLK='1')THEN
           Q<=D;
     END IF;
   END PROCESS;
END ART;
```

2. 移位寄存器

移位寄存器除了具有存储代码的功能以外，还具有移位功能。所谓移位功能，是指寄存器里存储的代码能在移位脉冲的作用下依次左移或右移。因此，移位寄存器不但可以用来寄存代码，还可用来实现数据的串并转换、数值的运算以及数据处理等。

【例 5.2.5】 设计一个 8 位右移功能的寄存器，端口如图 5.8 所示。其中，CLK：时钟，上升沿有效；LOAD：加载，高电平有效；DIN：数据输入；QB：输出。程序如下。

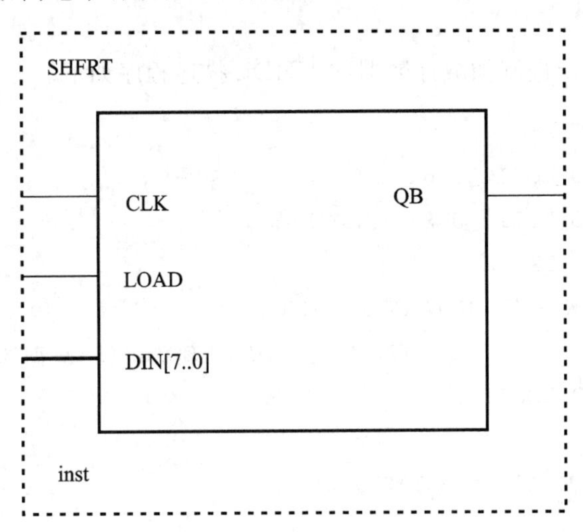

图 5.8　8 位右移功能的寄存器

```
LIBRARY IEEE;
USE IEEE.STD_LOGIC_1164.ALL;
ENTITY SHFRT IS                       -- 8位右移寄存器
     PORT(CLK,LOAD:IN STD_LOGIC;
                             DIN:IN STD_LOGIC_VECTOR(7 DOWNTO 0);
                              QB:OUT STD_LOGIC);
```

```
END SHFRT;
ARCHITECTURE behav OF SHFRT IS
    BEGIN
    PROCESS(CLK, LOAD)
     VARIABLE REG8:STD_LOGIC_VECTOR(7 DOWNTO 0);
    BEGIN
          IF CLK'EVENT AND CLK ='1'THEN
              IF LOAD ='1'THEN   REG8:=DIN;
                 ELSE   REG8(6 DOWNTO 0):=REG8(7 DOWNTO 1);
          END IF;
      END IF;
          QB <=REG8(0); -- 输出最低位
    END PROCESS;
END behav;
```

5.2.4 计数器

同步计数器是指在时钟脉冲(计数脉冲)的控制下,构成计数器的各触发器状态时发生变化的计数器。

【例 5.2.6】 一个十进制加减计数器的 VHDL 描述程序如下。

```
LIBRARY IEEE;
USE IEEE.STD_LOGIC_1164.ALL;
USE IEEE.STD_LOGIC_UNSIGNED.ALL;
ENTITY CNT10 IS
    PORT(CLK,RST,EN:IN STD_LOGIC;
                      CQ:OUT STD_LOGIC_VECTOR(3 DOWNTO 0);
COUT:OUT STD_LOGIC);
END CNT10;
ARCHITECTURE behav OF CNT10 IS
BEGIN
   PROCESS(CLK, RST, EN)
     VARIABLE CQI:STD_LOGIC_VECTOR(3 DOWNTO 0);
   BEGIN
     IF RST ='1'THEN CQI:=(OTHERS =>'0');  --计数器异步复位
     ELSIF CLK'EVENT AND CLK='1'THEN  --检测时钟上升沿
       IF EN ='1'THEN  --检测是否允许计数(同步使能)
       IF CQI <9 THEN CQI:=CQI+1;  --允许计数,检测是否小于 9
           ELSE CQI:=(OTHERS =>'0');  --大于 9,计数值清零
```

```
        END IF;
      END IF;
    END IF;
     IF CQI = 9 THEN COUT <='1';   --计数大于 9,输出进位信号
       ELSE COUT <='0';
    END IF;
       CQ <=CQI;  --将计数值向端口输出
  END PROCESS;
END behav;
```

5.3　分频器设计

分频器就是对某个给定较高频率的信号进行分频操作，以期得到所需的较低频率的电路。

分频器一般分为整数分频器和小数分频器等两类。整数分频器分为偶数分频器和奇数分频器等两类。在时钟源与所需的频率不成整数倍的场合下，采用小数分频器，此类分频器的设计较整数分频器的设计复杂。

5.3.1　偶数分频器设计

偶数分频器就是指分频系数为偶数的分频器，即分频系数 $N=2n(n=1,2,\cdots)$。若输入的信号频率为 f，那么分频器的输出信号的频率为 $f/(2n)(n=1,2,\cdots)$。偶数分频器完全可以通过计数器计数来实现。

【例 5.3.1】 设计一个分频系数分别为 2、4 和 8 的分频器。程序如下。

```
LIBRARY IEEE;
USE IEEE.STD_LOGIC_1164.ALL;
USE IEEE.STD_LOGIC_ARITH.ALL;
USE IEEE.STD_LOGIC_UNSIGNED.ALL;

ENTITY cnt1 IS
  PORT(clk:IN STD_LOGIC;
       div2,div4,div8:OUT STD_LOGIC);
 END cnt1;
 ARCHITECTURE  divcnt OF cnt1 IS
  SIGNAL temp:STD_LOGIC_VECTOR(2 DOWNTO 0);
 BEGIN
  PROCESS(clk)
  BEGIN
    IF(clk'EVENT AND clk='1')THEN
```

```
            IF(temp="111")THEN
                temp<=(OTHERS=>'0');
            ELSE
                temp<=temp+1;
            END IF;
          END IF;
        END PROCESS;
        div2<=NOT temp(0);
        div4<=NOT temp(1);
        div8<=temp(2);
      END divcnt;
```

5.3.2 奇数分频器设计

奇数分频器就是指分频系数为奇数的分频器，即分频系数 $N=2n+1$ ($n=1,2,\cdots$)。若输入的信号频率为 f，那么分频器的输出信号的频率为 $f/(2n+1)(n=1,2,\cdots)$。奇数分频器完全可以通过计数器计数来实现。

【例 5.3.2】 设计一个占空比为 1∶2 的 3 分频电路。程序如下。

```
LIBRARY IEEE;
USE IEEE.STD_LOGIC_1164.ALL;
USE IEEE.STD_LOGIC_ARITH.ALL;
USE IEEE.STD_LOGIC_UNSIGNED.ALL;
ENTITY cnt4 IS
  PORT(clk:IN STD_LOGIC;
       div3:OUT STD_LOGIC);
END cnt4;
ARCHITECTURE  divcnt OF cnt4 IS
  SIGNAL temp:STD_LOGIC_VECTOR(1 DOWNTO 0);
  CONSTANT cst:STD_LOGIC_VECTOR(1 DOWNTO 0):="10";
BEGIN
  p1:PROCESS(clk)
    BEGIN
     IF(clk'EVENT AND clk='1')THEN
        IF(temp= cst)THEN
        temp<=(OTHERS=>'0');
     ELSE
        temp<=temp+1;
     END IF;
```

```
        END IF;
      END PROCESS;
  p2:PROCESS(clk)
      BEGIN
        IF(clk'EVENT AND clk='1')THEN
           IF(temp<1)THEN
              div3<='1';
           ELSE
              div3<='0';
           END IF;
        END IF;
     END PROCESS;
END divcnt;
```

第 6 章　有限状态机的 VHDL 设计

6.1　有限状态机的基本结构和功能

有限状态机(finite state machine,FSM)是数字逻辑电路以及数字系统的重要组成部分,应用于数字系统核心部件的设计时,可实现高效率高可靠性的逻辑控制。一般状态机的结构如图 6.1 所示。

有限状态机实现了以下两个基本功能。

(1)根据当前状态和输入条件决定状态机的内部状态转换。

(2)根据当前状态和输入条件确定输出信号序列。

状态机的分类有以下几种方法。

按输出信号的特点分可将状态机分为摩尔(moore)型状态机和米立(mealy)型状态机等两类。

按结构分,分为单进程状态机和多进程状态机等两类。

按状态表达方式分,分为有符号化状态机和确定状态编码的状态机等两类。

按编码方式分,分为有顺序编码状态机、一位热码编码状态机和其他编码方式状态机等两类。

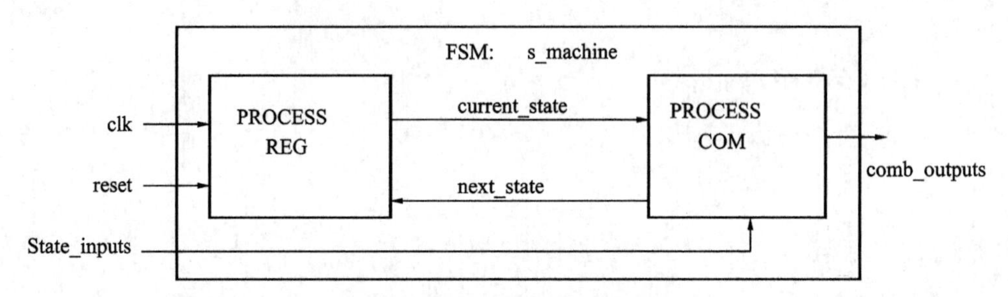

图 6.1　一般状态机的结构图

有限状态机的结构中两个进程的作用分别如下。

组合逻辑进程:用于实现状态机的状态选择和信号输出。

时序逻辑进程:用于实现状态机状态的转化。

6.2　一般有限状态机的 VHDL 组成

(1)说明部分:主要是设计者使用 TYPE 语句定义新的数据类型,如:

```
TYPE states IS(st0, st1, st2, st3, st4, st5);
   SIGNAL present_state, next_state:states;
```

(2)主控时序逻辑部分:负责状态机运转和在外部时钟驱动下实现内部状态转换的进程。时序进程的实质是一组触发器,因此,该进程中往往也包括一些清零或置位的输入控制信号,如Reset信号。

时序逻辑进程的程序如下。

```
process(reset,clock)
   begin
      IF  (reset='1')  THEN
           current_state<= state0;
      ELSIF  (clock'EVENT  AND  clock='1')  THEN
           output<=temp;
           current_state<=next_state;
      END  IF;
   END  PROCESS;
```

(3)主控组合逻辑部分:任务是根据状态机外部输入的状态控制信号(包括来自外部的和状态机内部的非进程的信号)和当前的状态值current_state来确定下一状态next_state的取值内容,以及对外部或对内部其他进程输出控制信号的内容。

组合逻辑进程的程序如下。

```
PROCESS(input, current_state)
  BEGIN
    CASE  current_state  IS
     WHEN  state0=>
       temp<=<value>;
      IF  (condition)  THEN
       next_state <=state1;
      ELSE  ...
      END IF;
      WHEN  state1=>
       temp<=<value>;
       IF  (condition)  THEN
         next_state <=state1;
       ELSE  ...
       END IF;
     WHEN  state2=>
       temp<=<value>;
       IF  (condition)  THEN
         next_state <=state1;
       ELSE  ...
```

```
        END IF;
        ...
      END CASE;
    END  PROCESS:
```

【例 6.1】 一个状态机的 VHDL 设计举例程序如下。

```
LIBRARY IEEE;
USE IEEE.STD_LOGIC_1164.ALL;
ENTITY S_MACHINE IS
    PORT(CLK,RESET   :IN STD_LOGIC;
         STATE_INPUTS:IN STD_LOGIC_VECTOR(0 TO 1)
         COMB_OUTPUTS:OUT STD_LOGIC_VECTOR(0 TO 1));
END   S_MACHINE;
ARCHITECTURE ART OF S_MACHINE IS
 TYPE STATES IS(ST0,ST1,ST2,ST3);  --定义 STATES 为枚举型数据类型
SIGNAL   CURRENT_STATE,NEXT_STATE:STATES;
    BEGIN
    REG:PROCESS(RESET,CLK)  --时序逻辑进程
    BEGIN
        IF RESET='1'THEN
        CURRENT_STATE<=ST0;  --异步复位
      ELSIF(CLK='1'AND CLK'EVENT)THEN
          CURRENT_STATE<=NEXT_STATE;  --当测到时钟上升沿时转换至下一状态
      END IF;
  END PROCESS;
COM:PROCESS(CURRENT_STATE,STATE_INPUTS)  --组合逻辑进程
BEGIN
   CASE CURRENT_STATE IS  --确定当前状态的状态值
   WHEN ST0=>COMB_OUTPUTS<="00";  --初始态译码输出"00"
        IF STARE_INPUTS="00"THEN  --根据外部的状态控制输入"00"
          NEXT_STATE<=ST0;  --在下一时钟后,进程 REG 的状态将维持为 ST0
        ELSE
          NEXT_STATE<=ST1;  --否则,在下一时钟后,进程 REG 的状态将为 ST1
        END IF;
WHEN ST1=>COMB_OUTPUTS<="01";  --对应 ST1 的译码输出"01"
        IF START_INPUTS="00"THEN  --根据外部的状态控制输入"00"
          NEXT_STATE<=ST1;  --在下一时钟后,进程 REG 的状态将维持为 ST1
        ELSE
```

```
            NEXT_STATE<= ST2;   --否则,在下一时钟后,进程 REG 的状态将为 ST2
          END IF;
      WHEN ST2=> COMB_OUTPUTS<= "10";   --以下类推
          IF STATE_INPUTS= "11"THEN
            NEXT_STATE<= ST2;
          ELSE
            NEXT_STATE<= ST3;
          END IF;
      WHEN ST3=> COMB_OUTPUTS<= "11";
          IF STATE_INPUTS= "11"THEN
            NEXT_STATE<= ST3;
            ELSE
            NEXT_STATE<= ST0;   --否则,在下一时钟后,进程 REG 的状态将为 ST0
            END IF;
        END CASE;
    END PROCESS;
  END ART;
```

进程间一般是并行运行的，但由于敏感信号的设置不同以及电路的延迟，在时序上进程间的动作是有先后的。本例中，进程"REG"在时钟上升沿到来时，将首先运行，完成状态转换的赋值操作。如果外部控制信号 STATE_INPUTS 不变，只有当来自进程 REG 的信号 CURRENT_STATE 改变时，进程 COM 才开始动作。此进程将根据 CURRENT_STATE 的值和外部的控制码 STATE_INPUTS 来决定下一时钟边沿到来后，进程 REG 的状态转换方向。这个状态机的两位组合输出 COMB_OUTPUTS 是对当前状态的译码，读者可以通过这个输出值了解状态机内部的运行情况；同时可以利用外部控制信号 STATE_INPUTS 任意改变状态机的状态变化模式。

在设计中，如果希望输出的信号具有寄存器锁存功能，则需要为此输出写第 3 个进程，并把 CLK 和 RESET 信号放到敏感信号表中。

本例中，用于进程间信息传递的信号 CURRENT_STATE 和 NEXT_STATE，在状态机设计中称为反馈信号。状态机运行中，信号传递的反馈机制的作用是实现当前状态的存储和下一个状态的译码设定等功能。在 VHDL 中可以有两种方式来创建反馈机制，即使用信号的方式和使用变量的方式，通常倾向于使用信号的方式。一般地，先在进程中使用变量传递数据，然后使用信号将数据带出进程。

6.3　摩尔状态机设计

从状态机的信号输出方式上看，可以将状态机分为摩尔型(moore)和米立型(mealy)。摩尔型有限状态机输出只与当前状态有关，而与输入信号的当前值无关。

【例 6.2】　四状态摩尔型有限状态机的描述程序如下。

```
  LIBRARY IEEE;
  USE IEEE.STD_LOGIC_1164.ALL;
  ENTITY four_state_moore_state_machine IS
  PORT(
  Clk:IN STD_LOGIC;
  Input:IN STD_LOGIC;
  reset:IN STD_LOGIC;
  output:OUTSTD_LOGIC_VECTOR(1 DOWNTO 0)
);
END ENTITY;
ARCHITECTURE rtl OF four_state_moore_state_machine IS
--定义枚举类型的状态机
TYPE state_type IS(s0, s1, s2, s3);
--定义一个信号保存当前工作状态
SIGNAL state:state_type;
BEGIN
PROCESS(clk, reset)  --状态转换的时序进程
BEGIN
    IF reset ='1'THEN state <= s0;
    ELSIF(clk'EVENT and clk='1')THEN
       CASE state IS
       WHEN s0=>    IF input ='1'THEN  state <= s1;
          ELSE      state <= s0;
          END IF;
       WHEN s1=>    IF input ='1'THEN  state <= s2;
          ELSE      state <= s1;
          END IF;
       WHEN s2=>    IF input ='1'THEN  state <= s3;
          ELSE      state <= s2;
          END IF;
       WHEN s3 =>   IF input ='1'THEN  state <= s0;
          ELSE      state <= s3;
          END IF;
       END CASE;
       END IF;
END PROCESS;
PROCESS(state)  --输出由当前状态唯一决定的组合逻辑进程
BEGIN
```

```
    CASE state IS
    WHEN s0 =>    output<= "00";
    WHEN s1 =>    output<= "01";
    WHEN s2 =>    output<= "10";
    WHEN s3 =>    output<= "11";
    END CASE;
END PROCESS;
END rtl;
```

6.4　米立型状态机设计

米立型状态机的输出是现态和所有输入的函数，输出随输入变化而发生变化。因此，从时序的角度上看，米立型状态机属于异步输出的状态机，输出不依赖于系统时钟，也不存在摩尔型状态机中输出滞后一个时钟周期来反映输入变化的问题。

【例 6.3】 四状态米立型状态机的描述程序如下。

```
LIBRARY IEEE;
USE IEEE.STD_LOGIC_1164.ALL;

ENTITY four_state_mealy_state_machine IS
PORT
(
    clk        :IN STD_LOGIC;
    input      :IN STD_LOGIC;
    reset      :IN STD_LOGIC;
    output     :OUT STD_LOGIC_VECTOR(1 DOWNTO 0)
);
END ENTITY;

ARCHITECTURE rtl OF four_state_mealy_state_machine IS
    TYPE state_type IS(s0, s1, s2, s3);  --定义枚举类型的状态机
    SIGNAL state:state_type;  --定义一个信号保存当前工作状态
BEGIN
 REG: PROCESS(clk,reset)
 BEGIN
 IF reset ='1'THEN   state <=s0;  --高电平有效的系统异步复位
 ELSIF(rising_edge(clk))THEN
     CASE state IS   --依据当前状态和输入信号同步决定下一个状态
```

```
            WHEN s0=> IF input ='0'THEN   state <= s0;
                      ELSE  state <= s1;
                      END IF;
            WHEN s1=> IF input ='0'THEN   state <= s1;
                      ELSE  state <= s2;
                      END IF;
            WHEN s2=> IF input ='0'THEN   state <= s2;
                      ELSE  state <= s3;
                      END IF;
            WHEN s3=> IF input ='0'THEN   state <= s3;
                      ELSE  state <= s0;
                      END IF;
            END CASE;
    END IF;
        END PROCESS;
    COM:PROCESS(state, input)   --依据当前状态和输入信号决定输出信号,与时钟
                                  无关
    BEGIN
        CASE state IS
            WHEN s0=> IF input ='0'THEN   output <= "00";
                      ELSE  output <= "01";
                      END IF;
            WHEN s1=> IF input ='0'THEN   output <= "01";
                      ELSE  output <= "10";
                      END IF;
            WHEN s2=> IF input ='0'THEN   output <= "10";
                      ELSE  output <= "11";
                      END IF;
            WHEN s3=> IF input ='0'THEN   output <= "11";
                      ELSE  output <= "00";
                      END IF;
    END CASE;
      END PROCESS;
    END rtl;
```

6.5 状态机编码

状态机的状态编码方式有多种,具体采用哪一种需要根据设计的状态机的实际情况来

确定。

从编码方式上看，可分为有顺序编码状态机、一位热码编码状态机和其他编码方式状态机等三类。

1. 顺序编码

顺序编码是采用自然数的方式对状态机的状态进行编码的方式。例如：

```
...
SIGNAL CRURRENT_STATE,NEXT_STATE:STD_LOGIC_VECTOR(2 DOWNTO 0);
CONSTANT ST0:STD_LOGIC_VECTOR(2 DOWNTO 0):="000";
CONSTANT ST1:STD_LOGIC_VECTOR(2 DOWNTO 0):="001";
CONSTANT ST2:STD_LOGIC_VECTOR(2 DOWNTO 0):="010";
CONSTANT ST3:STD_LOGIC_VECTOR(2 DOWNTO 0):="011";
CONSTANT ST4:STD_LOGIC_VECTOR(2 DOWNTO 0):="100";
...
```

采用顺序编码方式的优点是，编码方式简单，需要的触发器数量最少。缺点是尽管节省了触发器，却增加了从一种状态向另一种状态转换的译码组合逻辑，这对于在那些触发器资源丰富而组合逻辑资源相对较少的 CPLD/FPGA 器件中实现是不利的；此外，该编码方式的运行速度慢。

2. 一位热码编码

一位热码编码方式是用 n 个触发器来实现具有 n 个状态的状态机的方法，在这种编码方式下，每个状态都需要一个触发器。因此，它需要的触发器数量最多。在这种情况下，对 n 个状态编码就需要 n 个触发器。

一位热码编码的编码方式简单，并具有最快的状态转换速度。建议在 CPLD/FPGA 器件的寄存器资源比较多而组合逻辑资源较少的情况下采用此编码方式。此外，许多面向 CPLD/FPGA 设计的 VHDL 综合器都有将符号化状态机自动优化设置成为一位热码编码状态的功能。

3. 状态位直接输出型编码

状态位直接输出型编码方式是指状态机的状态位可以直接用于输出的编码方式。该编码方式要求状态位码的编制具有一定的规律。采用该编码方式可以节省器件资源。

6.6　状态机设计中需要注意的问题

在状态机设计中，有些状态在状态机的正常运行中是不需要出现的，通常称为剩余状态。

在器件上电的随机启动过程中，或在外界不确定的干扰或内部电路产生毛刺的作用下，状态机可能进入不可预测的非法状态而使状态机失控，或无法摆脱非法状态而失去正常的功能。这就需要对状态机的剩余状态进行处理。

对于非法状态的处理，常用的方法是将状态变量改变为初始状态，自动复位或将状态变量导向专门用于处理出错恢复的状态中。描述程序如下。

```
WHEN st_ilg1=>next_state<= st0;
  WHEN st_ilg2=>next_state<= st0;

.
TYPE states IS(st0, st1, st2, st3,st4, st_ilg1,st_ilg2 ,st_ilg3);
SIGNAL current_state, next_state: states;
...
COM:PROCESS(current_state, state_Inputs)  --组合逻辑进程
BEGIN
    CASE current_state IS  --确定当前状态的状态值
        ...
        WHEN OTHERS =>next_state <= st0;
        END case;
...
alarm <= (st0 AND(st1 OR st2 OR st3 OR st4 OR st5))OR
            (st1 AND(st0 OR st2 OR st3 OR st4 OR st5))OR
            (st2 AND(st0 OR st1 OR st3 OR st4 OR st5))OR
            (st3 AND(st0 OR st1 OR st2 OR st4 OR st5))OR
            (st4 AND(st0 OR st1 OR st2 OR st3 OR st5))OR
            (st5 AND(st0 OR st1 OR st2 OR st3 OR st4));
```

6.7 习题

序列检测器可用于检测一组或多组由二进制码组成的脉冲序列信号，在序列检测器连续收到一组串行二进制码后，如果这组码与检测器中预先设置的码相同，则输出 1；否则输出 0。由于这种检测的关键在于正确码的收到必须是连续的，这就要求检测器必须记住前一次的正确码及正确序列，直到在连续的检测中所收到的每 1 位码都与预置数的对应码相同。在检测过程中，任何 1 位不相同都将回到初始状态重新开始检测。例 6.4 描述的电路完成对序列数“11100101”的检测，在这一串序列数高位在前(左移)串行进入检测器后，若此数与预置的密码数相同，则输出“A”；否则仍然输出“B”。

【例 6.4】

```
LIBRARY IEEE;
USE IEEE.STD_LOGIC_1164.ALL;
ENTITY SCHK IS
  PORT(DIN,CLK,CLR :IN STD_LOGIC;  --串行输入数据位/工作时钟/复位信号
        AB:OUT STD_LOGIC_VECTOR(3 DOWNTO 0));  --检测结果输出
END SCHK;
ARCHITECTURE behav OF SCHK IS
```

```
  SIGNAL Q:INTEGER RANGE 0 TO 8;
  SIGNAL D:STD_LOGIC_VECTOR(7 DOWNTO 0);   --8 位待检测预置数(密码= E5H)
BEGIN
  D<= "11100101 ";  --8 位待检测预置数
 PROCESS( CLK, CLR )
 BEGIN
 IF CLR ='1'THEN Q <= 0;
 ELSIF  CLK'EVENT AND CLK='1'THEN  --时钟到来时,判断并处理当前输入的位
CASE Q IS
 WHEN 0=>   IF DIN =D(7)THEN Q <=1; ELSE Q <=0; END IF;
 WHEN 1=>   IF DIN =D(6)THEN Q <=2; ELSE Q <=0; END IF;
 WHEN 2=>   IF DIN =D(5)THEN Q <=3; ELSE Q <=0; END IF;
 WHEN 3=>   IF DIN =D(4)THEN Q <=4; ELSE Q <=0; END IF;
 WHEN 4=>   IF DIN =D(3)THEN Q <=5; ELSE Q <=0; END IF;
 WHEN 5=>   IF DIN =D(2)THEN Q <=6; ELSE Q <=0; END IF;
 WHEN 6=>   IF DIN =D(1)THEN Q <=7; ELSE Q <=0; END IF;
 WHEN 7=>   IF DIN =D(0)THEN Q <=8; ELSE Q <=0; END IF;
 WHEN OTHERS =>Q <=0;
      END CASE;
  END IF;
 END PROCESS;
 PROCESS( Q ) --检测结果判断输出
 BEGIN
    IF Q =8  THEN  AB <= "1010";  --序列数检测正确,输出"A"
    ELSE  AB <= "1011";  --序列数检测错误,输出"B"
    END IF;
  END PROCESS;
END behav;
```

要求 1:说明例 6.4 的代码表达的是什么类型的状态机,它的优点是什么? 详述其功能和对序列数检测的逻辑过程。

要求 2:根据例 6.4 写出由两个主控进程构成的相同功能的符号化 Moore 型有限状态机,画出状态图,并给出其仿真测试波形。

要求 3:将 8 位待检测预置数作为外部输入信号,即可以随时改变序列检测器中的比较数据。写出此程序的符号化单进程有限状态机。

提示:对于 D<=“11100101”,电路需分别不间断记忆:初始状态、1、11、111、1110、11100、111001、1110010、11100101 共 9 种状态。

根据图 6.2(a)所示的状态图,分别按照图 6.2(b)和图 6.2(c)写出对应结构的 VHDL 状态机。

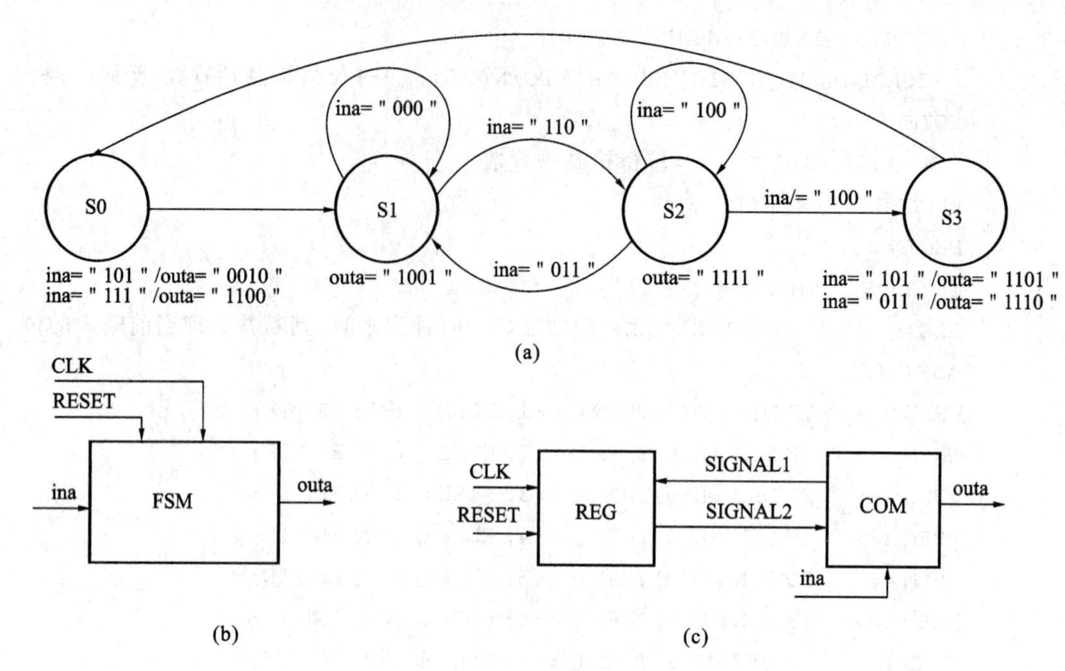
ina= " 000 "
ina= " 110 "
ina= " 100 "
S0
S1
S2
S3
ina/= " 100 "
ina= " 011 "
ina= " 101 " /outa= " 0010 "
ina= " 111 " /outa= " 1100 "
outa= " 1001 "
outa= " 1111 "
ina= " 101 " /outa= " 1101 "
ina= " 011 " /outa= " 1110 "
(a)
CLK
RESET
ina
FSM
outa
(b)
CLK
RESET
REG
SIGNAL1
SIGNAL2
COM
outa
ina
(c)

图 6.2　状态图

第7章 VHDL设计应用实例

7.1 8位加法器的设计

7.1.1 设计思路

加法器是数字系统中的基本逻辑器件,减法器和硬件乘法器都可由加法器来构成。多位加法器的构成有两种方式:并行进位和串行进位。并行进位加法器设有进位产生逻辑,运算速度较快;串行进位方式将全加器级联构成多位加法器。并行进位加法器通常比串行级联加法器占用更多的资源。随着位数的增加,相同位数的并行加法器与串行加法器的资源占用差距也越来越大。因此,在工程中使用加法器时,要在速度和容量之间寻找平衡点。

实践证明,4位二进制并行加法器和串行级联加法器占用几乎相同的资源。因此,多位加法器由4位二进制并行加法器级联构成是较好的折中选择。本设计中的8位二进制并行加法器即是由两个4位二进制并行加法器级联而成的,其电路原理图如图7.1所示。

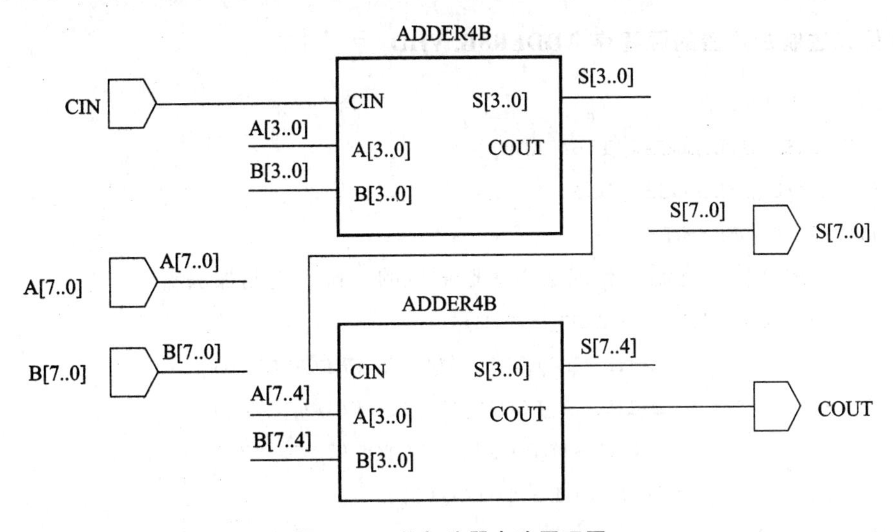

图7.1 8位加法器电路原理图

7.1.2 VHDL源程序

1.4位二进制并行加法器的源程序ADDER4B.VHD

```
LIBRARY IEEE;
USE IEEE.STD_LOGIC_1164.ALL;
```

```
USE IEEE.STD_LOGIC_UNSIGNED.ALL;
ENTITY ADDER4B IS        --4位二进制并行加法器
    PORT(CIN:IN STD_LOGIC;     --低位进位
        A:IN STD_LOGIC_VECTOR(3 DOWNTO 0);      --4位加数
        B:IN STD_LOGIC_VECTOR(3 DOWNTO 0);      --4位被加数
        S:OUT STD_LOGIC_VECTOR(3 DOWNTO 0);      --4位和
        CONT:OUT STD_LOGIC);      --进位输出
END ADDER4B;
ARCHITECTURE ART OF ADDER4B IS
    SIGNAL SINT:STD_LOGIC_VECTOR(4 DOWNTO 0);
    SIGNAL AA,BB:STD_LOGIC_VECTOR(4 DOWNTO 0);
    BEGIN
        AA<='0'& A;     --将4位加数矢量扩为5位,为进位提供空间
        BB<='0'& B;     --将4位被加数矢量扩为5位,为进位提供空间
        SINT<= AA+ BB+ CIN;
        S<= SINT(3 DOWNTO 0);
        CONT<= SINT(4);
END ART;
```

2. 8位二进制加法器的源程序 ADDER8B. VHD

```
LIBRARY IEEE;
USE IEEE_STD.LOGIC_1164.ALL;
USE IEEE_STD.LOGIC_UNSIGNED.ALL:
ENTITY ADDER8B IS
    --由4位二进制并行加法器级联而成的8位二进制加法器
        PORT(CIN:IN STD_LOGIC;
                A:IN STD_LOGIC_VECTOR(7 DOWNTO 0);
                B:IN STD_LOGIC_VECTOR(7 DOWNTO 0);
                S:OUT STD_LOGIC_VECTOR(7 DOWNTO 0);
                COUT:OUT STD_LOGIC);
END ADDER8B;
ARCHICTURE ART OF ADDER8B IS
COMPONENET ADDER4B          --对要调用的元件ADDER4B的界面端口进行定义
        PORT(CIN:IN STD_LOGIC;
                A:IN STD_LOGIC_VECTOR(3 DOWNTO 0);
    B:IN STD_LOGIC_VECTOR(3 DOWNTO 0);
    S:OUT STD_LOGIC_VECTOR(3 DOWNTO 0);
```

```
    CONT:OUT STD_LOGIC);
END COMPONENT;
SIGNAL CARRY_OUT:STD_LOGIC;       --4 位加法器的进位标志
BEGIN
      U1:ADDER4B      --例化(安装)一个 4 位二进制加法器 U1
PORT MAP(CIN=> CIN,A=> A(3 DOWNTO 0),B=> B(3 DOWNTO0),
    S=> S(3 DOWNTO 0),COUT=> CARRY_OUT);
U2:ADDER4B     --例化(安装)一个 4 位二进制加法器 U2
    PORT MAP(CIN=> CARRY_OUT,A=> A(7 DOWNTO 4),B=> B(7 DOWNTO 4),
    S=> S(7 DOWNTO 4);CONT=> CONT);
END ART;
```

7.2　序列检测器的设计

7.2.1　设计思路

序列检测器可用于检测一组或多组由二进制码组成的脉冲序列信号，这在数字通信领域有广泛的应用。当序列检测器连续收到一组串行二进制码后，如果这组码与检测器中预先设置的码相同，则输出 1，否则输出 0。由于这种检测的关键在于正确码必须是连续的，这就要求检测器必须记住前一次的正确码及正确序列，直到在连续的检测中所收到的每一位码都与预置数的对应码相同。在检测过程中，任何一位不相同都将回到初始状态重新开始检测。如图 7.2 所示，当一串待检测的串行数据进入检测器后，若此数在每一位的连续检测中都与预置的密码数相同，则输出“A”，否则仍然输出“B”。

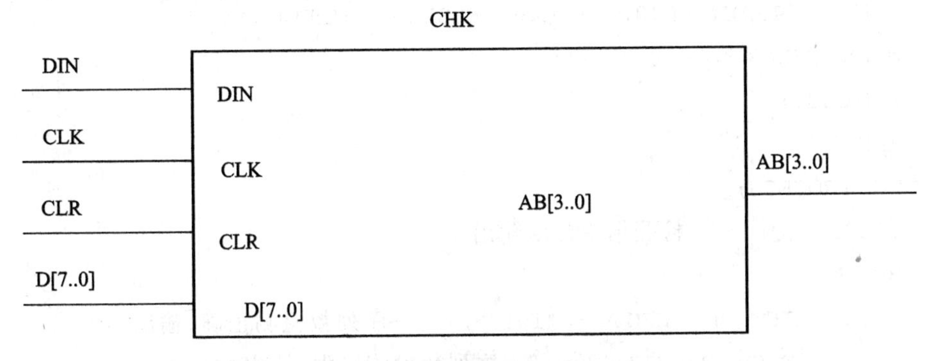

图 7.2　8 位序列检测器逻辑图

7.2.2　VHDL 源程序

VHDL 源程序如下：

```
LIBRARY IEEE;
```

```
USE IEEE.STD_LOGIC_1164.ALL;
ENTITY CHK IS
PORT(DIN:IN STD_LOGIC;              --串行输入数据位
        CLK,CLR:IN STD_LOGIC;          --工作时钟/复位信号
        D:IN STD_LOGIC_VECTOR(7 DOWNTO 0);        --8位待检测预置数
        AB:OUT STD_LOGIC_VECTOR(3 DOWNTO 0));       --检测结果输出
END CHK;
ARCHITECTURE ART OF CHK IS
SIGNAL Q:INTEGER RANGE 0 TO 8;
BEGIN
PROCESS( CLK,CLR )
BEGIN
    IF CLR='1'THEN   Q<= 0;
    ELSIF CLK'EVENT AND CLK='1'THEN
    --时钟到来时,判断并处理当前输入的位
    CASE Q IS
    WHEN 0 =>    IF DIN = D(7)THEN Q<= 1;ELSE Q<= 0;END IF;
    WHEN 1 =>    IF DIN = D(6)THEN Q<= 2;ELSE Q<= 0;END IF;
    WHEN 2 =>    IF DIN = D(5)THEN Q<= 3;ELSE Q<= 0;END IF;
WHEN 3=>IF DIN = D(4)THEN Q<= 4;ELSE Q<= 0;END IF;
WHEN 4 => IF DIN = D(3)THEN Q<= 5;ELSE Q<= 0;END IF;
WHEN 5 => IF DIN = D(2)THEN Q<= 6;ELSE Q<= 0;END IF;
WHEN 6 => IF DIN = D(1)THEN Q<= 7;ELSE Q<= 0;END IF;
WHEN 7 => IF DIN = D(0)THEN Q<= 8;ELSE Q<= 0;END IF;
WHEN OTHERS =>Q<= 0;
END CASE;
END IF;
END PROCESS;
PROCESS(Q)      --检测结果判断输出
BEGIN
        IF Q= 8   THEN AB<= "1010";       --序列数检测正确,输出"A"
        ELSE AB<= "1011";      --序列数检测错误,输出"B"
        END IF;
   END PROCESS;
END  ART;
```

7.3　秒表的设计

7.3.1　设计思路

设计一个计时范围为 0.01 s～1 h 的秒表，首先需要获得一个比较精确的计时基准信号，这里选择周期为 1/100 s 的计时脉冲。其次，除了对每一计数器需设置清零信号输入外，还需在 6 个计数器中设置时钟使能信号，即计时允许信号，以便作为秒表的计时启停控制开关。因此该秒表可由 1 个分频器、4 个十进制计数器(1/100 s、1/10 s、1 s、1 min)以及 2 个六进制计数器(10 s、10 min)组成，如图 7.3 所示。6 个计数器中的每一计数器的 4 位输出，通过外设的 BCD 译码器输出显示。图 7.3 所示的 6 个 4 位二进制计数输出的最小显示值分别为 DOUT[3..0]1/100 s、DOUT[7..4]1/10 s、DOUT[11..8]1 s、DOUT[15..12]10 s、DOUT[19..16]1 min、DOUT[23..20]10 min。

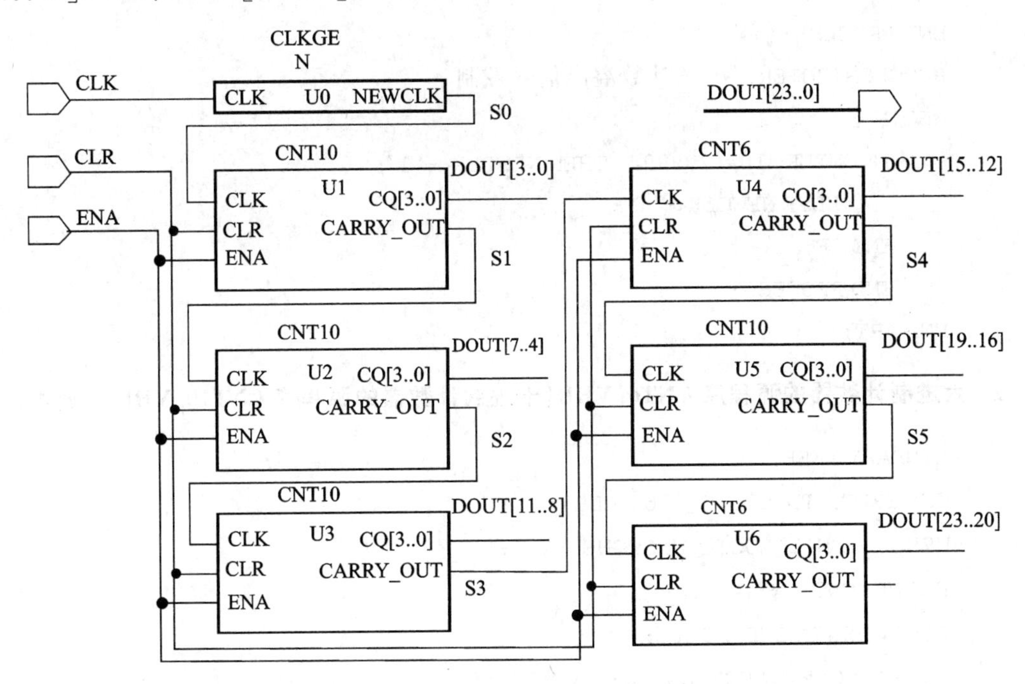

图 7.3　秒表电路逻辑图

7.3.2　VHDL 源程序

1. 3 MHz→100 Hz 分频器的源程序 CLKGEN. VHD

```
LIBRARY IEEE;
USE IEEE.STD_LOGIC_1164.ALL;
ENTITY CLKGEN IS
    PORT(CLK:IN STD_LOGIC;       --3 MHz 信号输入
```

```
        NEWCLK:OUT STD_LOGIC   );      --100 Hz 计时时钟信号输出
END CLKGEN;
ARCHITECTURE ART OF  CLKGEN IS
    SIGNAL CNTER:INTEGER RANGE 0 TO 10# 29999# ;      --十进制计数预制数
    BEGIN
    PROCESS(CLK)      --分频计数器,由 3 MHz 时钟产生 100 Hz 信号
    BEGIN
IF CLK'EVENT AND CLK='1'THEN
        IF CNTER=10# 29999# THEN CNTER<=0;
--3 MHz 信号变为 100 Hz,计数常数为 30 000
        ELSE CNTER<=CNTER+1;
        END IF;
    END IF;
END PROCESS;
PROCESS(CNTER)      --计数溢出信号控制
BEGIN
    IF CNTER=10# 29999# THEN NEWCLK<='1';
        ELSE NEWCLK<='0';
    END IF;
    END PROCESS;
END ART;
```

2. 六进制计数器的源程序 CNT6.VHD(十进制计数器的源程序 CNT10.VHD 与此类似)

```
LIBRARY IEEE;
USE IEEE.STD_LOGIC_1164.ALL;
USE IEEE.STD_LOGIC_UNSIGNED.ALL;
ENTITY CNT6 IS
PORT(CLK:IN STD_LOGIC;
        CLR:IN STD_LOGIC;
        ENA:IN STD_LOGIC;
        CQ:OUT STD_LOGIC_VECTOR(3 DOWNTO 0);
CARRY_OUT:OUT STD_LOGIC );
END CNT6;
ARCHITECTURE ART OF CNT6 IS
SIGNAL CQI:STD_LOGIC_VECTOR(3 DOWNTO 0);
BEGIN
PROCESS(CLK,CLR,ENA)
```

```
BEGIN
    IF CLR='1'THEN CQI<= "0000";
    ELSIF CLK'EVENT AND CLK='1'THEN
        IF ENA='1'THEN
            IF CQI="0101" THEN CQI<="0000";
ELSE CQI<=CQI+'1';END IF;
            END IF;
        END IF;
    END PROCESS;
    PROCESS(CQI)
    BEGIN
        IF CQI="0000" THEN CARRY_OUT<='1';
            ELSE CARRY_OUT<='0';END IF;
    END PROCESS;
    CQ<=CQI;
END ART;
```

3. 秒表的源程序 TIMES. VHD

```
LIBRARY IEEE;
USE IEEE.STD_LOGIC_1164.ALL;
ENTITY TIMES IS
    PORT(CLR:IN STD_LOGIC;
        CLK:IN STD_LOGIC;
        ENA:IN STD_LOGIC;
        DOUT:OUT STD_LOGIC_VECTOR(23 DOWNTO 0));
END TIMES;
ARCHITECTURE ART OF TIMES IS
    COMPONENT CLKGEN
        PORT(CLK:IN STD_LOGIC;
                NEWCLK:OUT STD_LOGIC);
END COMPONENT;
COMPONENT CNT10
    PORT(CLK,CLR,ENA:IN STD_LOGIC;
        CQ:OUT STD_LOGIC_VECTOR(3 DOWNTO 0);
        CARRY_OUT:OUT STD_LOGIC);
END COMPONENT;
COMPONENT CNT6
```

```
        PORT(CLK,CLR,ENA:IN STD_LOGIC;
            CQ:OUT STD_LOGIC_VECTOR(3 DOWNTO 0);
            CARRY_OUT:OUT STD_LOGIC);
    END COMPONENT;
    SIGNAL NEWCLK:STD_LOGIC;
        SIGNAL CARRY1:STD_LOGIC;
        SIGNAL CARRY2:STD_LOGIC;
        SIGNAL CARRY3:STD_LOGIC;
        SIGNAL CARRY4:STD_LOGIC;
        SIGNAL CARRY5:STD_LOGIC;
        BEGIN
        U0:CLKGEN PORT MAP(CLK=>CLK,NEWCLK=>NEWCLK);
        U1:CNT10 PORT MAP(CLK=>NEWCLK,CLR=>CLR,ENA=>ENA,
                CQ=>DOUT(3 DOWNTO 0),CARRY_OUT=>CARRY1);
    U2:CNT10 PORT MAP(CLK=>CARRY1,CLR=>CLR,ENA=>ENA,
                CQ=>DOUT(7 DOWNTO 4),CARRY_OUT=>CARRY2);
        U3:CNT10 PORT MAP(CLK=>CARRY2,CLR=>CLR,ENA=>ENA,
                CQ=>DOUT(11 DOWNTO 8),CARRY_OUT=>CARRY3);
        U4:CNT6 PORT MAP(CLK=>CARRY3,CLR=>CLR,ENA=>ENA,
                CQ=>DOUT(15 DOWNTO 12),CARRY_OUT=>CARRY4);
        U5:CNT10 PORT MAP(CLK=>CARRY4,CLR=>CLR,ENA=>ENA,
                CQ=>DOUT(19 DOWNTO 16),CARRY_OUT=>CARRY5);
        U6:CNT6 PORT MAP(CLK=>CARRY5,CLR=>CLR,ENA=>ENA,
                CQ=>DOUT(23 DOWNTO 20));
    END ART;
```

7.4 交通灯信号控制器的设计

7.4.1 设计思路

交通灯信号控制器用于主干道与支道公路的交叉路口，要求优先保证主干道的畅通。因此，平时处于“主干道绿灯，支道红灯”状态，只有在支道有车辆要穿行主干道时，才将交通灯切向“主干道红灯，支道绿灯”，一旦支道无车辆通过路口，交通灯又回到“主干道绿灯，支道红灯”的状态。此外，主干道和支道每次通行的时间不得短于 30 s，而在两个状态交换过程出现的“主干道黄，支道红”和“主干道红，支道黄”状态，持续时间都为 4 s。根据交通灯信号控制的要求，可把该交通灯信号控制器分解为定时器和控制器两部分，其原理框图如图 7.4 所示。

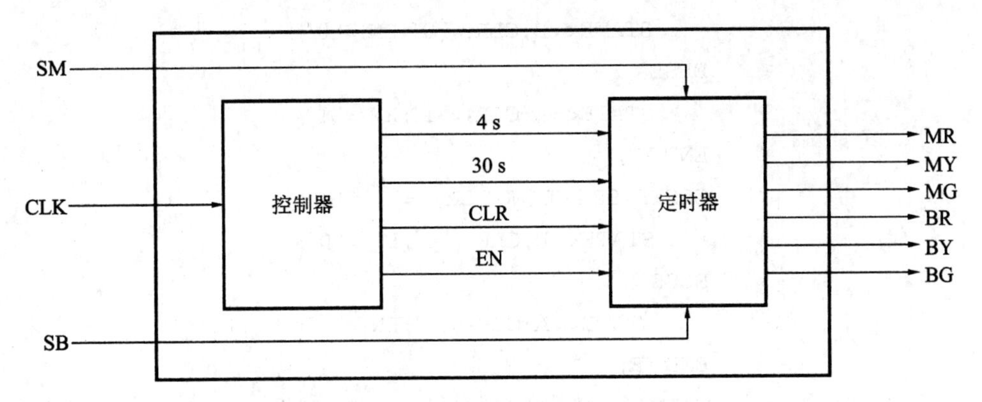

图 7.4　交通灯信号控制器原理框图

7.4.2　VHDL 源程序

交通灯信号控制源程序如下。

```
LIBRARY IEEE;
USE IEEE.STD_LOGIC_1164.ALL;
ENTITY JTDKZ IS
    PORT(CLK,SM,SB:IN BIT;      --这里要求 CLK 为 1 kHz
              MR,MY,MG,BR,BY,BG:OUT BIT);
END JTDKZ;
ARCHITECTURE ART OF JTDKZ IS
    TYPE STATE_TYPE IS(A,B,C,D);
    SIGNAL STATE:STATE_TYPE;
    BEGIN
CNT:PROCESS(CLK)
VARIABLE S:INTEGER RANGE 0 TO 29;
VARIABLE CLR,EN:BIT;
BEGIN
IF(CLK'EVENT AND CLK='1')THEN
    IF CLR ='0'THEN S:= 0;
        ELSIF EN ='0'THEN S:= S;
            ELSE S:=S+1;
        END IF;
CASE STATE IS
        WHEN A=>MR<='0';MY<='0';MG<='1';
                        BR<='1';BY<='0';BG<='0';
IF(SB AND SM)='1'THEN
                IF S= 29 THEN
```

```
                STATE<= B;CLR:='0';EN:='0';
            ELSE
                STATE<= A;CLR:='1';EN:='1';
            END IF;
            ELSIF(SB AND(NOT SM))='1'THEN
                STATE<= B;CLR:='0';EN:='0';
            ELSE
                STATE<= A;CLR:='1';EN:='1';
            END IF;
            WHEN B =>MR<='0';MY<='1';MG<='0';
                BR<='1';BY<='0';BG<='0';
IF S=3 THEN
            STATE <= C;CLR:='0';EN:='0';
        ELSE
            STATE<= B;CLR:='1';EN:='1';
        ENDIF;
        WHEN C =>MR<='1';MY<='0';MG<='0';
                        BR<='0';BY<='0';BG <='1';
        IF(SM AND SB)='1'THEN
            IF S=29 THEN
                STATE<= D;CLR:='0';EN:='0';
        ELSE
                STATE<= C;CLR:='1';EN:='1';
        ELSIF SB ='0'THEN
            STATE <= D;CLR:='0';EN:='0';
ELSE
                STATE<= C;CLR:='1';EN:='1';
            END IF;
            WHEN D=>MR<='1';MY<='0';MG<='0';
                        BR<='0';BY<='1';BG<='0';
            IF S =3 THEN
                STATE<= A;CLR:='0';EN:='0';
            ELSE
                STATE<= D;CLR:='1';EN:='1';
            END IF;
        END CASE;
    END IF;
  END PROCESS CNT;
```

```
END ART;
```

7.5　彩灯控制电路设计

7.5.1　设计思路

设计一个 8 路彩灯控制器，可实现依次点亮、依次熄灭、从中间向两边点亮、从两边向中间熄灭、奇偶位循环点亮、全部熄灭，转换频率重新开始。

设计电路由分频器和控制器模块构成，分频器负责将输入的时钟信号分频为本设计需要的 1 Hz 的时钟信号；控制器实现工作模式的切换和各个模式发光二极管的闪烁过程。本设计的顶层设计原理如图 7.5 所示。

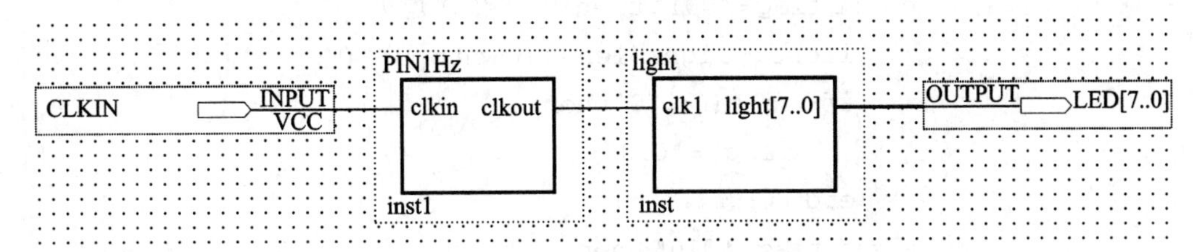

图 7.5　彩灯控制电路设计原理图

7.5.2　VHDL 源程序

彩灯控制电路设计源程序如下。

```
library ieee;
use ieee.std_logic_1164.all;
use ieee.std_logic_unsigned.all;
entity light is
port(clk1: in std_logic;       --时钟信号
        light: buffer std_logic_vector(7 downto 0));     --输出
end light;
architecture behv of light is
  constant len   :integer:=7;
  signal banner:std_logic:='0';  --定义信号 banner 为两种节拍转换信号
    signal       clk,clk2:std_logic;      --信号 CLK1、CLK2 作为辅助时钟
begin
    clk<=(clk1 and banner)or(clk2 and not banner);
    process(clk1)
    begin
        if clk1'event and clk1='1'then       --CLK1 二分频得 CLK2
        clk2<=not clk2;
```

```
            end if;
    end process;
    process(clk)
            variable flag:bit_vector(2 downto 0):="000";
    begin
            if clk'event and clk='1'then
                if flag="000" then
                    light<='1'& light(len downto 1);      --顺序循环移位
                    if light(1)='1'then      --依次点亮
                        flag:="001";
                    end if;
                elsif flag="001" then      --依次熄灭
                    light<= light(len-1 downto 0)&'0';
                    if light(6)='0'then
                        flag:="010";
                    end if;
                elsif flag="010" then
                    light(len downto 4)<= light(len-1 downto 4)&'1';
                      --从中间向两边点亮
                    light(len-4 downto 0)<='1'&light(len- 4 downto 1);
                    if light(1)='1'then
                        flag:="011";
                    end if;
                elsif flag="011" then
                    light(len downto 4)<='0'&light(len downto 5);
                      --从两边向中间熄灭
                    light(len-4 downto 0)<= light(len-5 downto 0)&'0';
                    if light(2)='0'then
                        flag:="100";
                    end if;
                elsif flag="100" then
                    light(len downto 4)<='1'&light(len downto 5);
                      --奇偶位循环点亮
                    light(len-4 downto 0)<='1'&light(len-4 downto 1);
                    if light(1)='1'then
                        flag:="101";
                    end if;
                elsif flag="101" then
```

```
                light<= "00000000";
                flag:= "110";
            elsif flag= "110" then      --重新开始
                banner<= not banner;  --banner信号转换,实现第二种节拍
                flag:= "000";
            end if;
        end if;
    end process;
end behv;
```

参 考 文 献

[1] 罗朝霞,高树莉.CPLD/FPGA 设计及应用[M].北京:人民邮电出版社,2007.
[2] 杨健.EDA 技术与 VHDL 基础[M].北京:清华大学出版社,2013.
[3] 吴延海.EDA 技术及应用[M].西安:西安电子科技大学出版社,2012.
[4] 潘松,黄继业.EDA 技术与 VHDL(第三版)[M].北京:清华大学出版社,2009.
[5] 谭会生,张昌凡.EDA 技术及应用(第 2 版)[M]. 西安:西安电子科技大学出版社,2004.
[6] 刘爱荣, 王振成.EDA 技术与 CPLD/FPGA 开发应用简明教程[M]. 北京:清华大学出版社,2007.